数据可视化实战

洪锦魁 著

清华大学出版社

北 京

内 容 简 介

本书借助 matplotlib 讲解开展数据可视化实践所需要掌握的关键知识和技能，从设置图表基础元素（坐标轴、标签、颜色、数学符号等），到根据表现内容绘制不同类型的图表（折线图、条形图、圆饼图、小提琴图等），全面讲解了 matplotlib 的使用方法。为方便读者学习，书中对相关操作都配以案例及代码进行讲解，读者可以根据自身需求，灵活使用其中的函数和语句。

本书适合数据分析、数据可视化领域的爱好者、从业者阅读，也适合作为高校相关专业的教材。

图书在版编目（CIP）数据

matplotlib 数据可视化实战 / 洪锦魁著 . —北京：清华大学出版社，2023.4
ISBN 978-7-302-62999-3

Ⅰ.① m… Ⅱ.①洪… Ⅲ.①可视化软件—数据处理 Ⅳ.① TP317.3

中国国家版本馆 CIP 数据核字 (2023) 第 040063 号

责任编辑： 杜 杨
封面设计： 杨玉兰
版式设计： 方加青
责任校对： 徐俊伟
责任印制： 丛怀宇

出版发行： 清华大学出版社
      网　　址： http://www.tup.com.cn，http://www.wqbook.com
      地　　址： 北京清华大学学研大厦 A 座　　　　　　**邮　　编：** 100084
      社 总 机： 010-83470000　　　　　　　　　　　**邮　　购：** 010-62786544
      投稿与读者服务： 010-62776969，c-service@tup.tsinghua.edu.cn
      质 量 反 馈： 010-62772015，zhiliang@tup.tsinghua.edu.cn
印 装 者： 涿州汇美亿浓印刷有限公司
经　　销： 全国新华书店
开　　本： 170mm×240mm　　　**印　　张：** 23.75　　**字　　数：** 674 千字
版　　次： 2023 年 5 月第 1 版　　　**印　　次：** 2023 年 5 月第 1 次印刷
定　　价： 119.00 元

产品编号：099045-01

前 言

人工智能的兴起，除了机器学习与深度学习带领风潮，从 2D 到 3D 的数据可视化也成为人工智能工程师钻研的主题。笔者多次与教育界的朋友聊天，一致感觉目前国内缺乏这方面完整叙述的书籍，这也是笔者撰写本书的动力。

本书包含 32 个主题，500 多个程序实例，整本书内容如下：

❑ 完整解说操作 matplotlib 需要的 NumPy 知识

❑ 认识坐标轴与图表内容设计

❑ 绘制多个图表

❑ 图表的注释

❑ 彻底认识图表数学符号

❑ 折线图与堆叠折线图

❑ 散点图

❑ 色彩映射图

❑ 色彩条

❑ 建立数据图表

❑ 长条图与横条图

❑ 直方图

❑ 圆饼图

❑ 箱线图

❑ 极坐标绘图

❑ 阶梯图

❑ 棉棒图

❑ 影像金字塔

❑ 间断长条图

- ❏ 小提琴图

- ❏ 误差条

- ❏ 轮廓图

- ❏ 箭头图

- ❏ 几何图形绘制

- ❏ 表格制作

- ❏ 基础 3D 绘图

- ❏ 3D 曲面设计

- ❏ 3D 长条图

- ❏ 设计动画

　　笔者写过许多的计算机著作，本书沿袭笔者著作的特色，程序实例丰富，相信读者只要遵循本书内容，必定可以快速精通使用 Python + matplotlib 完成数据可视化。笔者编著本书虽力求完美，但是书中谬误难免，尚请读者不吝指正。

　　本书附录及程序实例代码文件可扫描下方二维码下载。

附录

代码文件

洪锦魁

目 录

第 1 章

学习 matplotlib 需要的 NumPy 知识

Python 是一个应用范围很广的程序语言，虽然列表 (list) 和元组 (tuple) 可以执行绘制图表所需的一维数组 (one-dimension array) 或是多维数组 (multi-dimension array) 运算的数据，但是，如果我们强调需要使用高速计算时，就必须使用 NumPy，事实上，matplotlib 模块是建立在 NumPy 基础上的绘图函数库。如果使用列表 (list) 和元组 (tuple) 当作绘图的数据来源，虽然简单，伴随的优点却同时产生了下列缺点：

☐ 执行速度慢。

☐ 需要较多系统资源。

为此，许多高速运算的模块应运而生，在科学运算或人工智能领域最常见、应用最广的模块是 NumPy，此名称所代表的英文是 Numerical Python。本章将针对未来操作 matplotlib 需要的 NumPy 知识做一个完整的说明。

本书主要是使用 Python 讲解 matplotlib 的完整知识，如果读者不熟悉 Python，可以阅读下列书籍。

Python 王者归来（增强版）　　　　　Python 数据科学零基础一本通

1-1　数组 ndarray

NumPy 模块所建立的数组数据形态称为 ndarray(n-dimension array)，n 代表维度，例如一维数组、二维数组、……、n 维数组。ndarray 数组的几个特色如下：

❑　数组大小是固定的。
❑　数组元素内容的数据形态是相同的。

也因为上述 NumPy 数组的特色，让它运算时可以有较好的执行速度与需要较少的系统资源。

1-2　NumPy 的数据形态

NumPy 支持比 Python 更多的数据形态，下列是 NumPy 所定义的数据形态。

❑　bool_ ：和 Python 的 bool 兼容，以一个字节存储 True 或 False。
❑　int_ ：默认的整数形态，与 C 语言的 long 相同，通常是 int32 或 int64。
❑　intc ：与 C 语言的 int 相同，通常是 int32 或 int64。
❑　intp ：用于索引的整数，与 C 语言的 size_t 相同，通常是 int32 或 int64。
❑　int8 ：8 位整数 (−128 ~ 127)。
❑　int16 ：16 位整数 (−32768 ~ 32767)。
❑　int32 ：32 位整数 (−2147483648 ~ 2147483647)。
❑　int64 ：64 位整数 (−9223372036854775808 ~ 9223372036854775807)。
❑　uint8 ：8 位无符号整数 (0 ~ 255)。
❑　uint16 ：16 位无符号整数 (0 ~ 65535)。
❑　uint32 ：32 位无符号整数 (0 ~ 4294967295)。
❑　uint64 ：64 位无符号整数 (0 ~ 18446744073709551615)。

- ❑ float_ ：与 Python 的 float 相同。
- ❑ float16 ：半精度浮点数，符号位，5 位指数，10 位尾数。
- ❑ float32 ：单精度浮点数，符号位，8 位指数，23 位尾数。
- ❑ float64 ：双倍精度浮点数，符号位，11 位指数，52 位尾数。
- ❑ complex_ ：复数，complex_128 的缩写。
- ❑ complex64 ：复数，由 2 个 32 位浮点数表示（实部和虚部）。
- ❑ complex128 ：复数，由 2 个 64 位浮点数表示（实部和虚部）。

1-3　使用 array( ) 函数建立一维或多维数组

1-3-1　认识 ndarray 的属性

当使用 NumPy 模块建立 ndarray 数据形态的数组后，可以使用下列方式获得 ndarray 的属性，下列是几个常用的属性。

ndarray.dtype ：数组元素形态。
ndarray.itemsize ：数组元素数据形态大小（或称所占空间），单位为字节。
ndarray.ndim ：数组的维度。
ndarray.shape ：数组维度元素个数，数据形态是元组，也可以用于调整数组大小。
ndarray.size ：数组元素个数。

1-3-2　使用 array( ) 函数建立一维数组

我们可以使用 array( ) 函数建立一维数组，array( ) 函数的语法如下：

numpy.array(object, dtype=None, ndmin)

上述参数意义如下：

- ❑ object ：数组数据。
- ❑ dtype ：数据类型，如果省略，将使用可以容纳数据最省的类型。
- ❑ ndmin ：建立数组维度。

建立时在小括号内填上中括号，然后将数组数值放在中括号内，彼此用逗号隔开。

实例 1 ：建立一维数组，数组内容是 1, 2, 3，同时列出数组的数据形态。

```
>>> import numpy as np
>>> x = np.array([1, 2, 3])
>>> print(type(x))          —— 输出 x 数据类型
<class 'numpy.ndarray'>
>>> print(x)                —— 输出 x 数组内容
[1 2 3]
```

左侧所建立的一维数组图形如下：

x[0] 1
x[1] 2
x[2] 3

数组建立好后，可以用索引方式取得或设定内容。

实例 2：列出数组元素内容。

```
>>> import numpy as np
>>> x = np.array([1, 2, 3])
>>> print(x[0])
1
>>> print(x[1])
2
>>> print(x[2])
3
```

实例 3：设定数组内容。

```
>>> import numpy as np
>>> x = np.array([1, 2, 3])
>>> x[1] = 10
>>> print(x)
[ 1 10  3]
```

实例 4：认识 ndarray 的属性。

```
>>> import numpy as np
>>> x = np.array([1, 2, 3])
>>> x.dtype          ←──────── 输出 x 数组元素形态
dtype('int32')
>>> x.itemsize       ←──────── 输出 x 数组元素大小
4
>>> x.ndim           ←──────── 输出 x 数组维度
1
>>> x.shape          ←──────── 输出 x 数组外形, 3 是第 1 维元素个数
(3,)
>>> x.size           ←──────── 输出 x 数组元素个数
3
```

上述 x.dtype 获得 int32，表示是 32 位的整数。x.itemsize 是数组元素大小，其中以字节为单位，1 字节是 8 位，由于元素是 32 位整数，所以回传是 4。x.ndim 回传数组维度是 1，表示这是一维数组。x.shape 以元组方式回传第一维元素的个数是 3，未来二维数组还会解说。x.size 则是回传元素个数。

实例 5：array( ) 函数也可以接受使用 dtype 参数设定元素的数据形态。

```
>>> import numpy as np
>>> x = np.array([2, 4, 6], dtype=np.int8)
>>> x.dtype
dtype('int8')
```

因为上述元素是 8 位整数，所以执行 x.itemsize，所得的结果是 1。

```
>>> x.itemsize
1
```

实例 6：浮点数数组的建立与打印。

```
>>> import numpy as np
>>> y = np.array([1.1, 2.3, 3.6])
>>> y.dtype
dtype('float64')
>>> y
array([1.1, 2.3, 3.6])
>>> print(y)
[1.1 2.3 3.6]
```

上述所建立的一维数组图形如下：

x[0]	1.1
x[1]	2.3
x[2]	3.6

1-3-3 使用 array( ) 函数建立多维数组

在使用 array( ) 函数建立数组时，如果设定参数 ndmin，就可以建立多维数组。

程序实例 ch1_1.py：建立二维数组。

```
1  # ch1_1.py
2  import numpy as np
3
4  row1 = [1, 2, 3]
5  arr1 = np.array(row1, ndmin=2)
6  print(f"数组维度 = {arr1.ndim}")
7  print(f"数组外形 = {arr1.shape}")
8  print(f"数组大小 = {arr1.size}")
9  print("数组内容")
10 print(arr1)
11 print("-"*70)
12 row2 = [4, 5, 6]
13 arr2 = np.array([row1,row2], ndmin=2)
14 print(f"数组维度 = {arr2.ndim}")
15 print(f"数组外形 = {arr2.shape}")
16 print(f"数组大小 = {arr2.size}")
17 print("数组内容")
18 print(arr2)
```

执行结果

```
================== RESTART: D:\matplotlib\ch1\ch1_1.py
数组维度 = 2
数组外形 = (1, 3)
数组大小 = 3
数组内容
[[1 2 3]]
----------------------------------------------------------------------
数组维度 = 2
数组外形 = (2, 3)
数组大小 = 6
数组内容
[[1 2 3]
 [4 5 6]]
>>>
```

程序实例 ch1_2.py：采用另一种设定二维数组的方式重新设计程序实例 ch1_1.py。

```
1  # ch1_2.py
2  import numpy as np
3
4  x = np.array([[1, 2, 3], [4, 5, 6]])
5  print(f"数组维度 = {x.ndim}")
6  print(f"数组外形 = {x.shape}")
7  print(f"数组大小 = {x.size}")
8  print("数组内容")
9  print(x)
```

执行结果

```
============ RESTART: D:\matplotlib\ch1\ch1_2.py =
数组维度 = 2
数组外形 = (2, 3)
数组大小 = 6
数组内容
[[1 2 3]
 [4 5 6]]
```

上述所建立的二维数组与二维数组索引的图形如下：

| 1 | 2 | 3 |
| 4 | 5 | 6 |

二维数组内容

| x[0][0] | x[0][1] | x[0][2] |
| x[1][0] | x[1][1] | x[1][2] |

二维数组索引

也可以用 x[0, 2] 代表 x[0][2]，可以参考下列实例，未来在实际应用中常采用 x[0, 2] 表达方式。

程序实例 ch1_3.py：认识引用二维数组索引的方式。

```
1  # ch1_3.py
2  import numpy as np
3
4  x = np.array([[1, 2, 3], [4, 5, 6]])
5  print(x[0][2])
6  print(x[1][2])
7  # 或是
8  print(x[0, 2])
9  print(x[1, 2])
```

执行结果

```
============ RESTART: D:\matplotlib\ch1\ch1_3.py
3
6
3
6
```

上述第 5 行与第 8 行意义相同，读者可以了解引用索引方式。

1-4　使用 zeros( ) 函数建立内容是 0 的多维数组

zeros( ) 函数可以建立内容是 0 的数组，语法如下：

np.zeros(shape, dtype=float)

上述参数意义如下：

❑　shape：数组外形。

❑　dtype：默认是浮点数数据类型，也可以用此设定数据类型。

程序实例 ch1_4.py：分别建立 1×3 一维和 2×3 二维外形的数组，一维数组元素数据类型是浮点数 (float)，二维数组元素数据类型是 8 位无符号整数 (unit8)。

```
1  # ch1_4.py
2  import numpy as np
3
4  x1 = np.zeros(3)
5  print(x1)
6  print("-"*70)
7  x2 = np.zeros((2, 3), dtype=np.uint8)
8  print(x2)
```

执行结果

```
============ RESTART: D:\matplotlib\ch1\ch1_4.py
[0. 0. 0.]
----------------------------------------------------------------------
[[0 0 0]
 [0 0 0]]
```

1-5　使用 ones( ) 函数建立内容是 1 的多维数组

ones( ) 函数可以建立内容是 1 的数组，语法如下：

np.ones(shape, dtype=None)

上述参数意义如下：

❑ shape：数组外形。

❑ dtype：默认是 64 浮点数数据类型 (float64)，也可以用此设定数据类型。

程序实例 ch1_5.py：分别建立 1×3 一维和 2×3 二维外形的数组，一维数组元素数据类型是浮点数 (float)，二维数组元素数据类型是 8 位无符号整数 (unit8)。

```
1  # ch1_5.py
2  import numpy as np
3
4  x1 = np.ones(3)
5  print(x1)
6  print("-"*70)
7  x2 = np.ones((2, 3), dtype=np.uint8)
8  print(x2)
```

执行结果

```
==================== RESTART: D:/matplotlib/ch1/ch1_5.py
[1. 1. 1.]
----------------------------------------------------------------------
[[1 1 1]
 [1 1 1]]
```

1-6 使用 random.randint( ) 函数建立随机数数组

random.randint( ) 函数可以建立均匀分布随机数内容的数组，语法如下：

```
np.random.randint(low, high=None, size=None, dtype=int)
```

上述参数意义如下：

❑ low：随机数的最小值 (含此值)。

❑ high：这是选项，如果有此参数，代表随机数的最大值 (不含此值)；如果不含此参数，则随机数是 0 ~ low。

❑ size：这是选项，数组的维数。

❑ dtype：默认是整数数据类型 (int)，也可以用此设定数据类型。

程序实例 ch1_6.py：分别建立单一随机数、含 10 个元素数组的随机数、3×5 的二维数组的随机数。

```
1  # ch1_6.py
2  import numpy as np
3
4  x1 = np.random.randint(10, 20)
5  print("回传值是10(含)至20(不含)的单一随机数")
6  print(x1)
7  print("-"*70)
8  print("回传一维数组10个元素，值是1(含)至5(不含)的随机数")
9  x2 = np.random.randint(1, 5, 10)
10 print(x2)
11 print("-"*70)
12 print("回传单3*5数组，值是0(含)至10(不含)的随机数")
13 x3 = np.random.randint(10, size=(3, 5))
14 print(x3)
```

执行结果

```
==================== RESTART: D:\matplotlib\ch1\ch1_6.py ====================
回传值是10(含)至20(不含)的单一随机数
16
----------------------------------------------------------------------
回传一维数组10个元素，值是1(含)至5(不含)的随机数
[4 4 3 4 2 1 3 4 4 4]
----------------------------------------------------------------------
回传单3*5数组，值是0(含)至10(不含)的随机数
[[7 1 7 3 8]
 [1 0 2 0 7]
 [8 1 1 8 1]]
>>>
```

1-7　使用 arange( ) 函数建立数组数据

arange( ) 函数是建立数组数据的方法，此函数语法如下：

```
np.arange(start, stop, step)                    # start 和 step 可以省略
```

start 是起始值，如果省略，默认值是 0；stop 是结束值，但是所产生的数组不包含此值；step 是数组相邻元素的间距，如果省略，默认值是 1。

程序实例 ch1_7.py：建立连续数值 0 ~ 15 的一维数组。

```
1  # ch1_7.py
2  import numpy as np
3
4  x = np.arange(16)
5  print(x)
```

执行结果

```
================= RESTART: D:/matplotlib/ch1/ch1_7.py =
[ 0  1  2  3  4  5  6  7  8  9 10 11 12 13 14 15]
```

程序实例 ch1_8.py：在 0 和 2(不含) 之间建立间距是 0.1 的一维数组。

```
1  # ch1_8.py
2  import numpy as np
3
4  x = np.arange(0,2,0.1)
5  print(x)
```

执行结果

```
================= RESTART: D:/matplotlib/ch1/ch1_8.py =================
[0.  0.1 0.2 0.3 0.4 0.5 0.6 0.7 0.8 0.9 1.  1.1 1.2 1.3 1.4 1.5 1.6 1.7
 1.8 1.9]
```

1-8　使用 linspace( ) 函数建立数组

linspace( ) 函数可以建立指定区间均匀间隔的数字数组，语法如下：

```
np.linspace(start, end, num)
```

start 是起始值 (含)，如果省略，默认值是 0；end 是结束值 (含)；num 是区间的元素个数。

程序实例 ch1_9.py：在 0 和 2 之间建立 100 个点的数组。

```
1  # ch1_9.py
2  import numpy as np
3
4  x = np.linspace(0,2,100)
5  print(x)
```

执行结果

```
==================== RESTART: D:/matplotlib/ch1/ch1_9.py ====================
[0.         0.02020202 0.04040404 0.06060606 0.08080808 0.1010101
 0.12121212 0.14141414 0.16161616 0.18181818 0.2020202  0.22222222
 0.24242424 0.26262626 0.28282828 0.3030303  0.32323232 0.34343434
 0.36363636 0.38383838 0.4040404  0.42424242 0.44444444 0.46464646
 0.48484848 0.50505051 0.52525253 0.54545455 0.56565657 0.58585859
 0.60606061 0.62626263 0.64646465 0.66666667 0.68686869 0.70707071
 0.72727273 0.74747475 0.76767677 0.78787879 0.80808081 0.82828283
 0.84848485 0.86868687 0.88888889 0.90909091 0.92929293 0.94949495
 0.96969697 0.98989899 1.01010101 1.03030303 1.05050505 1.07070707
 1.09090909 1.11111111 1.13131313 1.15151515 1.17171717 1.19191919
 1.21212121 1.23232323 1.25252525 1.27272727 1.29292929 1.31313131
 1.33333333 1.35353535 1.37373737 1.39393939 1.41414141 1.43434343
 1.45454545 1.47474747 1.49494949 1.51515152 1.53535354 1.55555556
 1.57575758 1.5959596  1.61616162 1.63636364 1.65656566 1.67676768
 1.6969697  1.71717172 1.73737374 1.75757576 1.77777778 1.7979798
 1.81818182 1.83838384 1.85858586 1.87878788 1.8989899  1.91919192
 1.93939394 1.95959596 1.97979798 2.        ]
```

1-9 使用 reshape( ) 函数更改数组形式

reshape( ) 函数可以更改数组形式，语法如下：

```
np.reshape(a, newshape)
```

上述 a 是要更改的数组，newshape 是新数组的外形，newshape 可以是整数或是元组。

程序实例 ch1_10.py：将 1×16 数组改为 2×8 数组。

```
1  # ch1_10.py
2  import numpy as np
3
4  x = np.arange(16)
5  print(x)
6  print(np.reshape(x,(2,8)))
```

执行结果

```
=================== RESTART: D:/matplotlib/ch1/ch1_10.py
[ 0  1  2  3  4  5  6  7  8  9 10 11 12 13 14 15]
[[ 0  1  2  3  4  5  6  7]
 [ 8  9 10 11 12 13 14 15]]
```

有时候，reshape( ) 函数的元组 newshape 的其中一个元素是 -1，这表示将依照另一个元素安排元素内容。

程序实例 ch1_11.py：重新设计程序实例 ch1_10.py，但是 newshape 元组的其中一个元素值是 -1，整个 newshape 内容是 (4, -1)。

```
1  # ch1_11.py
2  import numpy as np
3
4  x = np.arange(16)
5  print(x)
6  print(np.reshape(x,(4,-1)))
```

执行结果

```
=================== RESTART: D:/matplotlib/ch1/ch1_11.py
[ 0  1  2  3  4  5  6  7  8  9 10 11 12 13 14 15]
[[ 0  1  2  3]
 [ 4  5  6  7]
 [ 8  9 10 11]
 [12 13 14 15]]
```

程序实例 ch1_12.py：重新设计程序实例 ch1_10.py，但是 newshape 元组的其中一个元素值是 -1，整个 newshape 内容是 (-1, 8)。

```
1  # ch1_12.py
2  import numpy as np
3
4  x = np.arange(16)
5  print(x)
6  print(np.reshape(x,(-1,8)))
```

执行结果

```
=================== RESTART: D:/matplotlib/ch1/ch1_12.py
[ 0  1  2  3  4  5  6  7  8  9 10 11 12 13 14 15]
[[ 0  1  2  3  4  5  6  7]
 [ 8  9 10 11 12 13 14 15]]
```

第 2 章

认识 matplotlib
基础与绘制折线图

　　matplotlib 是一个绘图的模块，搭配 **Python** 可以建立静态、动态和交互式的可视化图表，有了此工具可以使数据变得容易理解，同时也可以将图表转换成不同格式输出，这也是本书的主题。使用前需先安装：

```
pip install matplotlib
```

　　matplotlib 是一个庞大的绘图库模块，只要导入其中的 pyplot 子模块内的 API 函数，就可以完成许多图表绘制，如下所示：

```
import matplotlib.pyplot as plt
```

　　经过上述声明后，就可以采用 plt 调用相关模块的方法。本书未来如果没有特别说明，所有函数皆是 pyplot 子模块内的 API 函数。本书也将会在需要时，介绍其他子模块。

2-1　matplotlib 模块的历史

　　matplotlib 模块是适用于 Python 语言的绘图模块，主要使用 Python 编写，考虑平台兼容特性，部分用 C、Objective-C 和 JavaScript 编写。matplotlib 最初是由 John D. Hunter 开发，同时在 2003 年遵循 BSD 授权条款发布上市，因此所有人可以免费使用，这期间同时有许多人也参与贡献，2012 年 8 月 John D. Hunter 过世前，Michael Droettboom 被提名为 matplotlib 的首席开发者。

　　目前此模块也是不断地在开发与扩充当中，了解 matplotlib 版本可以使用 __version__ 属性。程序实例 ch2_0.py：了解 matplotlib 的版本。

```
1  # ch2_0.py
2  import matplotlib
3
4  print(f"matplotlib version : {matplotlib.__version__}")
```

执行结果

```
============================ RESTART: D:/matplotlib/ch2/ch2_0.py
matplotlib version : 3.3.0
```

2-2　使用 plot( ) 函数绘制折线图：了解数据趋势

　　plot( ) 函数可以绘制折线图，常用语法格式如下：

`matplotlib.pyplot.plot(x, y, **kwargs)`

但是我们会在程序前方增加下列指令导入模块：

`import matplotlib.pyplot as plt`

所以可以将语法改写如下，这个模式适用本书所有程序。

`plt.plot(x, y, **kwargs)`

上述函数各参数用法如下：

- ❑　x：x 轴系列值，如果省略系列值，将自动标记 0, 1, …。
- ❑　y：y 轴系列值。

　　上述常见的选项参数 **kwargs 可有可无，下列所述的线条特性称为 2D 线条参数，未来许多有关线条的设定皆可以参考此参数，其用法如下：

- ❑　lw：lw 是 linewidth 的缩写，可以用 lw 或 linewidth 设定折线图的线条宽度，可以参考 2-3 节。
- ❑　ls：ls 是 linestyle 的缩写，可以用 ls 或 linestyle 设定折线图的线条样式，也可以省略。
- ❑　label：图表的标题，可以参考 2-7 节。
- ❑　color：缩写是 c，可以设定色彩，可以参考 2-4 节。
- ❑　marker：节点样式，可以参考 2-6 节。
- ❑　zorder：当绘制多条线时，先绘制 zorder 值较小的。

（注）**kwargs 参数皆是选项，可有可无，此模式可以应用在本书未来所有章节。

2-2-1　使用 show( ) 函数显示图表

　　show( ) 函数可以显示图表，这个函数通常放在程序的最后一行，读者可以参考程序实例 ch2_1.py 的第 7 行。

2-2-2　画线基础实例

这个程序是将含有数据的列表当作参数传给 plot( ) 函数，列表内的数据会被视为 y 轴的值，x 轴的值会依照列表值的索引位置自动产生。

程序实例 ch2_1.py：绘制折线的应用，squares[ ] 列表有 9 个数据代表 y 轴的值，数据 squares[ ] 基本上是 x 轴索引 0 ～ 8 的平方值序列。

```
1  # ch2_1.py
2  import matplotlib.pyplot as plt
3
4  x = [0, 1, 2, 3, 4, 5, 6, 7, 8]
5  squares = [0, 1, 4, 9, 16, 25, 36, 49, 64]
6  plt.plot(x, squares)
7  plt.show()
```

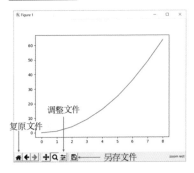

上述使用 🖫 图标另存文件的方法将在 2-8-1 节解说。

程序实例 ch2_2.py：重新设计程序实例 ch2_1.py，这个实例使用列表生成式建立 x 轴数据。

```
1  # ch2_2.py
2  import matplotlib.pyplot as plt
3
4  x = [x for x in range(9)]
5  squares = [0, 1, 4, 9, 16, 25, 36, 49, 64]
6  plt.plot(squares)
7  plt.show()
```

执行结果　与程序实例 ch2_1.py 相同。

在绘制线条时，默认颜色是蓝色，更多相关设定将在 2-3 节解说。如果 x 轴的数据是 0, 1, …, n，在使用 plot( ) 函数时我们可以省略 x 轴数据，可以参考下列程序实例。

程序实例 ch2_3.py：省略 x 轴数据重新设计程序实例 ch2_1.py。

```
1  # ch2_3.py
2  import matplotlib.pyplot as plt
3
4  squares = [0, 1, 4, 9, 16, 25, 36, 49, 64]
5  plt.plot(squares)
6  plt.show()
```

执行结果　与程序实例 ch2_1.py 相同。

从上述执行结果可以看到左下角的轴刻度不是 (0,0)，这一点将在下一章解说。

2-2-3　绘制函数图形

使用 plot( ) 函数也可以绘制函数图形。

程序实例 ch2_4.py：绘制 0 ～ 2π 间的 sin 函数的波形。

```
1  # ch2_4.py
2  import matplotlib.pyplot as plt
3  import numpy as np
4
5  x = np.linspace(0, 2*np.pi, 500)      # 建立含500个元素的数组
6  y = np.sin(x)                          # sin()函数
7  plt.plot(x, y)
8  plt.show()
```

执行结果 可以参考下方左图。

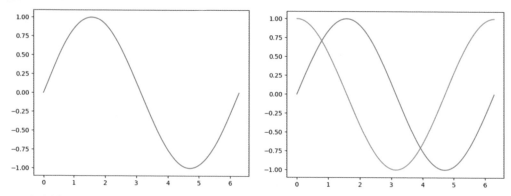

在绘制图形时，也可以在一组图形内绘制多组数据。

程序实例 ch2_5.py：扩充程序实例 ch2_4.py，同时增加绘制 cos 函数波形。

```
1  # ch2_5.py
2  import matplotlib.pyplot as plt
3  import numpy as np
4
5  x = np.linspace(0, 2*np.pi, 500)    # 建立含500个元素的数组
6  y1 = np.sin(x)                       # sin()函数
7  y2 = np.cos(x)                       # cos()函数
8  plt.plot(x, y1)
9  plt.plot(x, y2)
10 plt.show()
```

执行结果 可以参考上方右图，波形的颜色则是默认颜色。

上述程序第 8 行和第 9 行是使用两个 plot( ) 函数绘制两组数据，其实也可以使用一个 plot( ) 函数。

程序实例 ch2_6.py：使用一个 plot( ) 函数重新设计程序实例 ch2_5.py。

```
1  # ch2_6.py
2  import matplotlib.pyplot as plt
3  import numpy as np
4
5  x = np.linspace(0, 2*np.pi, 500)    # 建立含500个元素的数组
6  y1 = np.sin(x)                       # sin()函数
7  y2 = np.cos(x)                       # cos()函数
8  plt.plot(x, y1, x, y2)
9  plt.show()
```

执行结果 与程序实例 ch2_5.py 相同。

2-3 线条宽度

最简单的方式是使用 plot( ) 函数内的 linewidth(简写是 lw) 参数，设定线条宽度。也可以使用 matplotlib.pyplot.rcParams 设定线条宽度。

注 2-11 节会列出 matplotlib.pyplot.rcParams 完整列表，此列表内容包含 matplotlib.pyplot 模块的整个绘图设定默认值，未来本书使用 rcParams 字符串表示完整的 matplotlib.pyplot.rcParams。

2-3-1 使用 lw 和 linewidth 设定线条宽度

参数 lw 或 linewidth 所设定线条宽度的单位是像素点。

程序实例 ch2_6_1.py：用不同的线条宽度绘制 sin( ) 和 cos( ) 函数线条。

```
1  # ch2_6_1.py
2  import matplotlib.pyplot as plt
3  import numpy as np
4
5  x = np.linspace(0, 2*np.pi, 500)      # 建立含500个元素的数组
6  y1 = np.sin(x)                        # sin()函数
7  y2 = np.cos(x)                        # cos()函数
8  plt.plot(x, y1, lw = 2)               # 线条宽度是 2
9  plt.plot(x, y2, linewidth = 5)        # 线条宽度是 5
10 plt.show()
```

执行结果　可以参考下方左图。

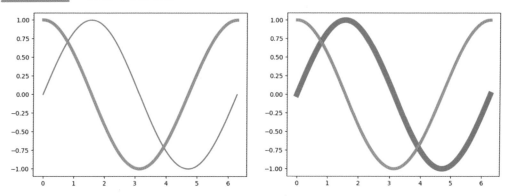

2-3-2　使用 rcParams 更改线条宽度

有关 rcParams 列表内容可以设定的参数内容非常多，如果没有任何设定，会使用默认值。其中，lines.linewidth 可以设定线条宽度，下列是将线条宽度改为 9。

```
plt.rcParams['lines.linewidth'] = 9
```

注　rcParams 的相关设定还有许多，未来需要时逐步解说。

程序实例 ch2_6_2.py：将 sin 的线条宽度改为 9，cos 的线条宽度改为 5。

```
1  # ch2_6_2.py
2  import matplotlib.pyplot as plt
3  import numpy as np
4
5  plt.rcParams['lines.linewidth'] = 9  # 设定线条宽度
6  x = np.linspace(0, 2*np.pi, 500)      # 建立含500个元素的数组
7  y1 = np.sin(x)                        # sin()函数
8  y2 = np.cos(x)                        # cos()函数
9  plt.plot(x, y1)                       # 线条宽度是 9
10 plt.plot(x, y2, linewidth = 5)        # 线条宽度是 5
11 plt.show()
```

执行结果　可以参考上方右图。

2-3-3　使用 zorder 控制绘制线条的顺序

使用 plot() 函数绘制线条时，默认是依照出现顺序绘制线条，如果在 plot() 函数内增加 zorder 参数时，可以改为先绘制 zorder 值比较低的线条。

程序实例 ch2_6_3.py：zorder 参数的应用，理论上应该先绘制第 9 行 plot() 的 sin 线条，但是因为它的 zorder 参数是 3，而第 10 行 plot() 的 zorder 参数是 2，所以先绘制第 10 行的 cos 线条。

```
1   # ch2_6_3.py
2   import matplotlib.pyplot as plt
3   import numpy as np
4
5   plt.rcParams['lines.linewidth'] = 9  # 设定线条宽度
6   x = np.linspace(0, 2*np.pi, 500)     # 建立含500个元素的数组
7   y1 = np.sin(x)                       # sin()函数
8   y2 = np.cos(x)                       # cos()函数
9   plt.plot(x, y1, zorder=3)            # 绘制sin线条, zorder是 3
10  plt.plot(x, y2, zorder=2)            # 绘制cos线条, zorder是 2
11  plt.show()
```

执行结果

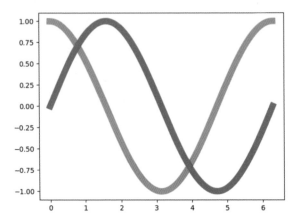

由于 sin 线条是后绘制的，所以和 cos 线条交接处，sin 线条压在 cos 线条上方。

2-4 线条色彩

2-4-1 使用色彩字符设定线条色彩

如果想设定线条色彩，可以在 plot( ) 内增加下列 color 参数设定，下列是常见的色彩表。

色彩字符	色彩说明
'b'	blue(蓝色)
'c'	cyan(青色)
'g'	green(绿色)
'k'	black(黑色)
'm'	magenta(品红)
'r'	red(红色)
'w'	white(白色)
'y'	yellow(黄色)

注 附录 B 有完整的色彩名称列表可以参考使用，请在本书前言扫码下载。

程序实例 ch2_7.py：重新设计程序实例 ch2_6.py，设定 sin 函数的颜色是青色，cos 函数的颜色是红色。

```
1  # ch2_7.py
2  import matplotlib.pyplot as plt
3  import numpy as np
4
5  x = np.linspace(0, 2*np.pi, 500)    # 建立含500个元素的数组
6  y1 = np.sin(x)                       # sin()函数
7  y2 = np.cos(x)                       # cos()函数
8  plt.plot(x, y1, color='c')           # 设定青色cyan
9  plt.plot(x, y2, color='r')           # 设定红色red
10 plt.show()
```

执行结果

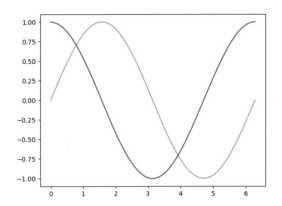

注　上述也可以用色彩全名，例如：cyan 代表青色，red 代表红色。

程序实例 ch2_8.py：使用色彩全名，重新设计程序实例 ch2_7.py。

```
1  # ch2_8.py
2  import matplotlib.pyplot as plt
3  import numpy as np
4
5  x = np.linspace(0, 2*np.pi, 500)    # 建立含500个元素的数组
6  y1 = np.sin(x)                       # sin()函数
7  y2 = np.cos(x)                       # cos()函数
8  plt.plot(x, y1, color='cyan')        # 设定青色cyan
9  plt.plot(x, y2, color='red')         # 设定红色red
10 plt.show()
```

执行结果　与程序实例 ch2_7.py 相同。

2-4-2　省略 color 参数名称设定线条色彩

设定色彩时，color 参数名称也可以省略，例如：直接使用 'c' 代表青色 (cyan)，直接使用 'r' 代表红色 (red)。

程序实例 ch2_9.py：省略 color 参数名称，重新设计程序实例 ch2_7.py。

```
1  # ch2_9.py
2  import matplotlib.pyplot as plt
3  import numpy as np
4
5  x = np.linspace(0, 2*np.pi, 500)    # 建立含500个元素的数组
6  y1 = np.sin(x)                       # sin()函数
7  y2 = np.cos(x)                       # cos()函数
8  plt.plot(x, y1, 'c')                 # 设定青色cyan
9  plt.plot(x, y2, 'r')                 # 设定红色red
10 plt.show()
```

执行结果　与程序实例 ch2_7.py 相同。

上述省略 color 参数名称时，也可以将第 8 行和第 9 行组成一行，可以参考下列实例。

程序实例 ch2_9_1.py：使用省略方式重新设计程序实例 ch2_9.py。

```
1  # ch2_9_1.py
2  import matplotlib.pyplot as plt
3  import numpy as np
4
5  x = np.linspace(0, 2*np.pi, 500)    # 建立含500个元素的数组
6  y1 = np.sin(x)                      # sin()函数
7  y2 = np.cos(x)                      # cos()函数
8  plt.plot(x, y1, 'c', x, y2, 'r')    # 设定cyan和red
9  plt.show()
```

执行结果　与程序实例 ch2_9. py 相同。

2-4-3　使用 RGB 模式的十六进制数字字符串处理线条色彩

此外，也可以使用 RGB 模式，用十六进制数字字符串处理线条色彩。

程序实例 ch2_10.py：使用十六进制数字字符串处理线条色彩。

```
1  # ch2_10.py
2  import matplotlib.pyplot as plt
3  import numpy as np
4
5  x = np.linspace(0, 2*np.pi, 500)    # 建立含500个元素的数组
6  y1 = np.sin(x)                      # sin()函数
7  y2 = np.cos(x)                      # cos()函数
8  plt.plot(x, y1, color=('#00ffff'))  # 设定青色cyan
9  plt.plot(x, y2, color=('#ff0000'))  # 设定红色red
10 plt.show()
```

执行结果　与程序实例 ch2_7. py 相同。

有关上述 RGB 色彩数值与颜色模式可以参考附录 B，请在前言扫码下载。

2-4-4　使用 RGB 模式处理线条色彩

建立色彩时，也可以使用 RGB 模式处理线条色彩，这时传入的数据形态是元组，同时 Red、Green、Blue 的色彩值必须处理在 0 ~ 1。

程序实例 ch2_11.py：使用 RGB 模式重新设计程序实例 ch2_7.py。

```
1  # ch2_11.py
2  import matplotlib.pyplot as plt
3  import numpy as np
4
5  x = np.linspace(0, 2*np.pi, 500)              # 建立含500个元素的数组
6  y1 = np.sin(x)                                # sin()函数
7  y2 = np.cos(x)                                # cos()函数
8  plt.plot(x,y1,color=((0/255,255/255,255/255)))  # 设定青色cyan
9  plt.plot(x,y2,color=((255/255,0/255,0/255)))    # 设定红色red
10 plt.show()
```

执行结果　上述第 8 行和第 9 行将色彩值除以 255，就可以得到 0 ~ 1 的值。

2-4-5　使用 RGBA 模式处理线条色彩

本节模式基本上是 RGB 的扩充，所谓的 A 就是指透明度，此值介于 0 ~ 1，0 代表完全透明，值越大透明度越低，当等于 1 时代表完全不透明。

程序实例 ch2_12.py：使用 RGBA 模式重新设计程序实例 ch2_7.py，绘制 sin 函数的透明度是 0.8，绘制 cos 函数的透明度是 0.2。

```
1  # ch2_12.py
2  import matplotlib.pyplot as plt
3  import numpy as np
4
5  x = np.linspace(0, 2*np.pi, 500)                  # 建立含500个元素的数组
6  y1 = np.sin(x)                                    # sin()函数
7  y2 = np.cos(x)                                    # cos()函数
8  plt.plot(x,y1,color=((0/255,255/255,255/255,0.8)))  # 青色，透明度0.8
9  plt.plot(x,y2,color=((255/255,0/255,0/255,0.2)))    # 红色，透明度0.2
10 plt.show()
```

执行结果 读者可以将上述执行结果与程序实例 ch2_7.py 做比较。

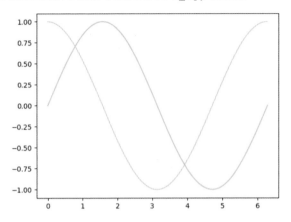

2-4-6 色彩调色板

Tableau Palette 可以翻译为色彩调色板，有时候可以看到一些设计师使用此当作色彩，使用方式如下：

程序实例 ch2_12_1.py：使用色彩调色板，用不同颜色设计程序实例 ch2_7.py。

```
1  # ch2_12_1.py
2  import matplotlib.pyplot as plt
3  import numpy as np
4
5  x = np.linspace(0, 2*np.pi, 500)      # 建立含500个元素的数组
6  y1 = np.sin(x)                        # sin()函数
7  y2 = np.cos(x)                        # cos()函数
8  plt.plot(x, y1, color='tab:orange')   # 设定 orange
9  plt.plot(x, y2, color='tab:purple')   # 设定 purple
10 plt.show()
```

执行结果

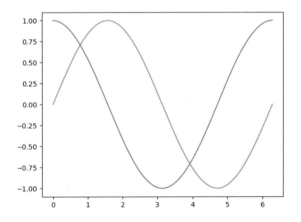

2-4-7　CSS 色彩

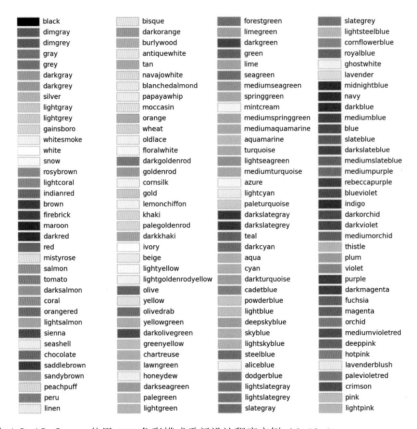

black	bisque	forestgreen	slategrey
dimgray	darkorange	limegreen	lightsteelblue
dimgrey	burlywood	darkgreen	cornflowerblue
gray	antiquewhite	green	royalblue
grey	tan	lime	ghostwhite
darkgray	navajowhite	seagreen	lavender
darkgrey	blanchedalmond	mediumseagreen	midnightblue
silver	papayawhip	springgreen	navy
lightgray	moccasin	mintcream	darkblue
lightgrey	orange	mediumspringgreen	mediumblue
gainsboro	wheat	mediumaquamarine	blue
whitesmoke	oldlace	aquamarine	slateblue
white	floralwhite	turquoise	darkslateblue
snow	darkgoldenrod	lightseagreen	mediumslateblue
rosybrown	goldenrod	mediumturquoise	mediumpurple
lightcoral	cornsilk	azure	rebeccapurple
indianred	gold	lightcyan	blueviolet
brown	lemonchiffon	paleturquoise	indigo
firebrick	khaki	darkslategray	darkorchid
maroon	palegoldenrod	darkslategrey	darkviolet
darkred	darkkhaki	teal	mediumorchid
red	ivory	darkcyan	thistle
mistyrose	beige	aqua	plum
salmon	lightyellow	cyan	violet
tomato	lightgoldenrodyellow	darkturquoise	purple
darksalmon	olive	cadetblue	darkmagenta
coral	yellow	powderblue	fuchsia
orangered	olivedrab	lightblue	magenta
lightsalmon	yellowgreen	deepskyblue	orchid
sienna	darkolivegreen	skyblue	mediumvioletred
seashell	greenyellow	lightskyblue	deeppink
chocolate	chartreuse	steelblue	hotpink
saddlebrown	lawngreen	aliceblue	lavenderblush
sandybrown	honeydew	dodgerblue	palevioletred
peachpuff	darkseagreen	lightslategray	crimson
peru	palegreen	lightslategrey	pink
linen	lightgreen	slategray	lightpink

程序实例 ch2_12_2.py：使用 CSS 色彩模式重新设计程序实例 ch2_12_1.py。

```python
1  # ch2_12_2.py
2  import matplotlib.pyplot as plt
3  import numpy as np
4
5  x = np.linspace(0, 2*np.pi, 500)    # 建立含500个元素的数组
6  y1 = np.sin(x)                      # sin()函数
7  y2 = np.cos(x)                      # cos()函数
8  plt.plot(x, y1, color='lawngreen') # 设定 CSS 色彩
9  plt.plot(x, y2, color='coral')     # 设定 CSS 色彩
10 plt.show()
```

执行结果

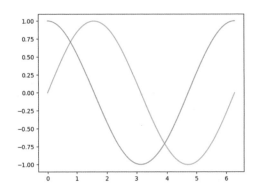

2-4-8　建立灰阶强度的线条色彩

使用 plot( ) 函数也可以建立灰阶强度的色彩，值在 0~1，0 代表黑色，1 代表白色。越接近 1 颜色越淡，越接近 0 颜色越深。

程序实例 ch2_13.py：设定 sin( ) 函数的灰阶值是 0.9，cos( ) 函数的灰阶值是 0.3。

```
1  # ch2_13.py
2  import matplotlib.pyplot as plt
3  import numpy as np
4
5  x = np.linspace(0, 2*np.pi, 500)    # 建立含500个元素的数组
6  y1 = np.sin(x)                      # sin()函数
7  y2 = np.cos(x)                      # cos()函数
8  plt.plot(x, y1, color='0.9')        # 设定灰阶0.9
9  plt.plot(x, y2, color='0.3')        # 设定灰阶0.3
10 plt.show()
```

执行结果

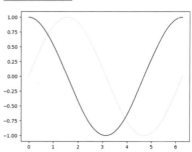

2-5　建立线条样式

可以使用 ls 或 linestyle 设定线条样式。

字符	英文字符串	说明
'-'	'solid'	默认实线
'--'	'dashed'	虚线样式
'-.'	'dashdot'	虚点线样式
':'	'dotted'	虚点样式

当使用 ls 或 linestyle 设定时，只能使用英文字符串。如果省略 ls 或 linestyle，则可以使用字符设定。

程序实例 ch2_13_1.py：使用 ls 和 linestyle 设定线条样式，颜色使用默认值。

```
1  # ch2_13_1.py
2  import matplotlib.pyplot as plt
3
4  d1 = [1, 2, 3, 4, 5, 6, 7, 8]            # data1线条的y值
5  d2 = [1, 3, 6, 10, 15, 21, 28, 36]       # data2线条的y值
6  d3 = [1, 4, 9, 16, 25, 36, 49, 64]       # data3线条的y值
7  d4 = [1, 7, 15, 26, 40, 57, 77, 100]     # data4线条的y值
8
9  plt.plot(d1, linestyle = 'solid')        # 默认 实线
10 plt.plot(d2, linestyle = 'dotted')       # 虚点样式
11 plt.plot(d3, ls = 'dashed')              # 虚线样式
12 plt.plot(d4, ls = 'dashdot')             # 虚点线样式
13 plt.show()
```

执行结果

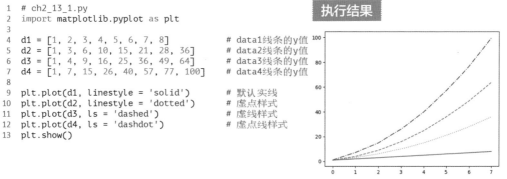

程序实例 ch2_13_2.py：省略 ls 或 linestyle 重新设计程序实例 ch2_13_1.py，直接使用字符设定。

```
1  # ch2_13_2.py
2  import matplotlib.pyplot as plt
3
4  d1 = [1, 2, 3, 4, 5, 6, 7, 8]          # data1线条的y值
5  d2 = [1, 3, 6, 10, 15, 21, 28, 36]     # data2线条的y值
6  d3 = [1, 4, 9, 16, 25, 36, 49, 64]     # data3线条的y值
7  d4 = [1, 7, 15, 26, 40, 57, 77, 100]   # data4线条的y值
8
9  plt.plot(d1, '-')                      # 默认实线
10 plt.plot(d2, ':')                      # 虚点样式
11 plt.plot(d3, '--')                     # 虚线样式
12 plt.plot(d4, '-.')                     # 虚点线样式
13 plt.show()
```

执行结果　　与程序实例 ch2_13_1.py 相同。

程序实例 ch2_13_3.py：使用特定的颜色重新设计程序实例 ch2_13_1.py，同时将第 9～12 行浓缩成 1 行。

```
1  # ch2_13_3.py
2  import matplotlib.pyplot as plt
3
4  d1 = [1, 2, 3, 4, 5, 6, 7, 8]          # data1线条的y值
5  d2 = [1, 3, 6, 10, 15, 21, 28, 36]     # data2线条的y值
6  d3 = [1, 4, 9, 16, 25, 36, 49, 64]     # data3线条的y值
7  d4 = [1, 7, 15, 26, 40, 57, 77, 100]   # data4线条的y值
8
9  seq = [1, 2, 3, 4, 5, 6, 7, 8]
10 plt.plot(seq,d1,'g-',seq, d2,'r:',seq,d3,'y--',seq,d4,'k-.')
11 plt.show()
```

执行结果

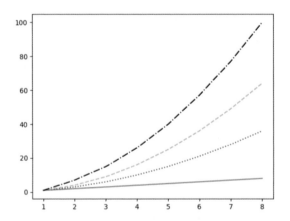

2-6　建立线条上的节点样式

　　下列是常见的样式表，可以使用 marker 参数单独设定使用，参考程序实例 ch2_14.py；也可以混合使用，若要放在一个 plot( ) 函数内绘制多条线，需要省略 marker，参考程序实例 ch2_15.py。

字符	说明
'-' 或 'solid'	默认实线
'- -' 或 'dashed'	虚线样式
'-.' 或 'dashdot'	虚点线样式
':' 或 'dotted'	虚点样式

续表

字符	说明
'.'	点标记
','	像素标记
'o'	圆标记
'v'	三角形向下标记
'^'	三角形向上标记
'<'	左三角形
'>'	右三角形
'1'	tri_down 标记
'2'	tri_up 标记
'3'	三左标记
'4'	三右标记
's'	方形标记
'p'	五角标记
'*'	星星标记
'+'	加号标记
'D'	钻石记号笔
'd'	Thin_diamond 标记
'x'	X 标记
'H'	六边形 1 标记
'h'	六边形 2 标记

　　上述字符可以混合使用，例如：'r-.' 代表红色虚点线，也可以搭配 marker 参数单独使用。

程序实例 ch2_14.py：使用默认颜色与 marker 参数设定不同标记，绘制实心线条。

```
1  # ch2_14.py
2  import matplotlib.pyplot as plt
3
4  d1 = [1, 2, 3, 4, 5, 6, 7, 8]            # data1线条的y值
5  d2 = [1, 3, 6, 10, 15, 21, 28, 36]       # data2线条的y值
6  d3 = [1, 4, 9, 16, 25, 36, 49, 64]       # data3线条的y值
7  d4 = [1, 7, 15, 26, 40, 57, 77, 100]     # data4线条的y值
8
9  seq = [1, 2, 3, 4, 5, 6, 7, 8]
10 plt.plot(seq,d1,'-',marker='x')
11 plt.plot(seq,d2,'-',marker='o')
12 plt.plot(seq,d3,'-',marker='^')
13 plt.plot(seq,d4,'-',marker='s')
14 plt.show()
```

执行结果

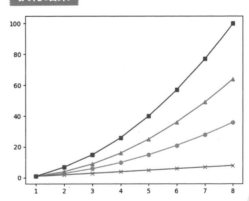

实际上，如果程序不是太复杂，一般皆省略 marker 参数。

程序实例 ch2_14_1.py：省略 marker 参数，同时使用一个 plot( ) 函数重新设计程序实例 ch2_14.py。

```
1   # ch2_14_1.py
2   import matplotlib.pyplot as plt
3
4   d1 = [1, 2, 3, 4, 5, 6, 7, 8]          # data1线条的y值
5   d2 = [1, 3, 6, 10, 15, 21, 28, 36]     # data2线条的y值
6   d3 = [1, 4, 9, 16, 25, 36, 49, 64]     # data3线条的y值
7   d4 = [1, 7, 15, 26, 40, 57, 77, 100]   # data4线条的y值
8
9   seq = [1, 2, 3, 4, 5, 6, 7, 8]
10  plt.plot(seq,d1,'-x',seq, d2,'-o',seq,d3,'-^',seq,d4,'-s')
11  plt.show()
```

执行结果　　与程序实例 ch2_14.py 相同。

程序实例 ch2_15.py：绘制水平直线，分别使用不同的标记。

```
1   # ch2_15.py
2   import matplotlib.pyplot as plt
3
4   d1 = [10 for y in range(1, 9)]         # data1线条的y值
5   d2 = [20 for y in range(1, 9)]         # data2线条的y值
6   d3 = [30 for y in range(1, 9)]         # data3线条的y值
7   d4 = [40 for y in range(1, 9)]         # data4线条的y值
8   d5 = [50 for y in range(1, 9)]         # data5线条的y值
9   d6 = [60 for y in range(1, 9)]         # data6线条的y值
10  d7 = [70 for y in range(1, 9)]         # data7线条的y值
11  d8 = [80 for y in range(1, 9)]         # data8线条的y值
12  d9 = [90 for y in range(1, 9)]         # data9线条的y值
13  d10 = [100 for y in range(1, 9)]       # data10线条的y值
14  d11 = [110 for y in range(1, 9)]       # data11线条的y值
15  d12 = [120 for y in range(1, 9)]       # data12线条的y值
16
17  seq = [1, 2, 3, 4, 5, 6, 7, 8]
18  plt.plot(seq,d1,'-1',seq,d2,'-2',seq,d3,'-3',seq,d4,'-4',
19          seq,d5,'-s',seq,d6,'-p',seq,d7,'-*',seq,d8,'-+',
20          seq,d9,'-D',seq,d10,'-d',seq,d11,'-H',seq,d12,'-h')
21  plt.show()
```

执行结果

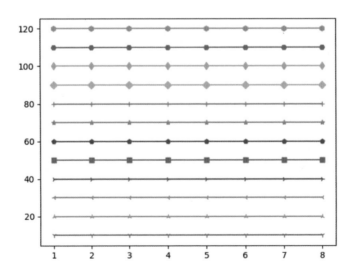

程序实例 ch2_15_1.py：使用节点样式的特色，建立 sin( ) 函数图，此例使用的参数是 'bo'。

```
 1  # ch2_15_1.py
 2  import matplotlib.pyplot as plt
 3  import numpy as np
 4
 5  x = np.linspace(0.0, 2*np.pi, 50)    # 建立 50 个点
 6  y = np.sin(x)
 7  plt.plot(x,y,'bo')                   # 绘制 sine wave
 8  plt.xlabel('angle')
 9  plt.ylabel('sin')
10  plt.title('sine wave')
11  plt.show()
```

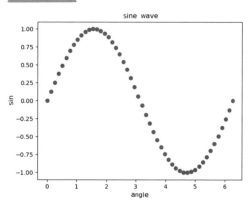

执行结果

2-7 标题的设定

标题可以分成：

（1）图表标题。

（2）x 轴和 y 轴标题。

原始的 matplotlib 不支持中文字体，笔者将在 2-7-3 节讲解建立中文标题的方法。

2-7-1　图表标题 title( ) 函数

title( ) 函数可以建立图表标题，语法如下：

```
plt.title(label, **kwargs)
```

上述 label 是图表标题名称。

上述常见的 **kwargs 参数如下：

❑ fontsize：可以设定图表标题的字号，如果省略，则使用默认值。可以直接设定字号的数值或是字符串，字符串可以是 xx-small、x-small、small、medium、large、x-large、xx-large，这个模式也可以用于其他函数。

❑ fontweight：可以设定标题字体的轻重，常用的有 extra bold、heavy、bold、normal、light、ultralight。

❑ fontstyle：可以设定图表标题是否倾斜，可以是 normal、italic、oblique。

❑ loc：可以设定标题是 center(居中)、left(靠左)、right(靠右) 对齐，如果省略，则使用默认值，默认是居中对齐。

❑ color：标题字体颜色。

程序实例 ch2_16.py：绘制欧拉函数，同时加上标题 Euler Number，欧拉函数公式如下。

$$e = \left(1 + \frac{1}{n}\right)^n$$

```
1  # ch2_16.py
2  import matplotlib.pyplot as plt
3  import numpy as np
4
5  x = np.linspace(0.1, 100, 10000)      # 建立含10000个元素的数组
6  y = [(1+1/x)**x for x in x]
7  plt.plot(x, y)
8  plt.title('Euler Number')
9  plt.show()
```

执行结果　可以参考下方左图。

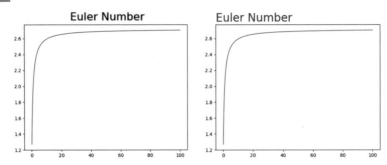

程序实例 ch2_17.py：将标题的 fontsize 改为 24，颜色是蓝色，同时靠左对齐。

```
1  # ch2_17.py
2  import matplotlib.pyplot as plt
3  import numpy as np
4
5  x = np.linspace(0.1, 100, 10000)      # 建立含10000个元素的数组
6  y = [(1+1/x)**x for x in x]
7  plt.plot(x, y)
8  plt.title('Euler Number',fontsize=24,loc='left',color='b')
9  plt.show()
```

执行结果　可以参考上方右图。

程序实例 ch2_17_1.py：重新设计程序实例 ch2_17.py，将字体改为 bold。

```
8  plt.title('Euler Number',fontsize=24,loc='left',color='b',
9           fontweight='bold')
```

执行结果　可以参考下方左图。

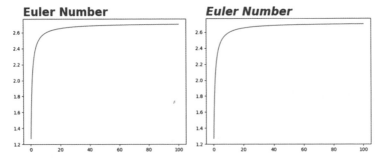

程序实例 ch2_17_2.py：重新设计程序实例 ch2_17_1.py，将字符串改为 italic 体。

```
8  plt.title('Euler Number',fontsize=24,loc='left',color='b',
9           fontweight='bold',fontstyle='italic')
```

执行结果　可以参考上方右图。

2-7-2　x 轴和 y 轴标题

xlabel( ) 函数可以建立 x 轴标题，ylabel( ) 函数可以建立 y 轴标题，语法如下：

```
plt.xlabel(label, **kwargs)
plt.ylabel(label, **kwargs)
```

上述 label 是图表的 x 轴或 y 轴名称。

上述常见的 **kwargs 参数如下：

❑ fontsize：可以设定图表标题的字号，如果省略，则使用默认值。

❑ labelpad：也可以使用 rcParams["axes.labelpad"] 设定，它可以设定标题与图表边界的间距，包含刻度和刻度标签，默认是 4.0。

❑ loc：对于 xlabel( ) 函数，可以设定标题是 center(居中)、left(靠左)、right(靠右) 对齐，如果省略，则使用默认值，默认是居中对齐；此外，也可以使用 rcParams["xaxis.labellocation"] 设定。

❑ loc：对于 ylabel( ) 函数，可以设定标题是 bottom(下方)、center(居中)、top(上方) 对齐，如果省略，则使用默认值，默认是居中对齐；此外，也可以使用 rcParams["yaxis.labellocation"] 设定。

❑ color：标题字体颜色。

程序实例 ch2_18.py：绘制某个月的平均温度图，同时加上 x 轴和 y 轴坐标。

```
 1  # ch2_18.py
 2  import matplotlib.pyplot as plt
 3
 4  temperature = [23, 22, 20, 24, 22, 22, 23, 20, 17, 18,
 5                 20, 20, 16, 14, 14, 20, 20, 20, 15, 14,
 6                 14, 14, 14, 16, 16, 16, 18, 21, 21, 20,
 7                 16]
 8  x = [x for x in range(1,len(temperature)+1)]
 9  plt.plot(x, temperature)
10  plt.title("Weather Report", fontsize=24)
11  plt.xlabel('Date')
12  plt.ylabel('Temperature')
13  plt.show()
```

执行结果

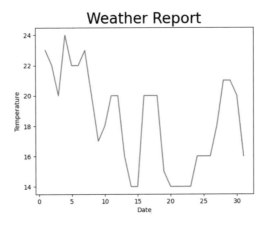

2-7-3 用中文字处理标题

如果想要在 matplotlib 模块内更改默认的字体，如使用中文字，需在程序前方增加下列字体设定。

```
plt.rcParams["font.family"] = ["Microsoft JhengHei"]
```

这时，所有图表文字皆会改成上述字体，上述 Microsoft JhengHei 必须是 C:\Windows\Fonts 内的字体名称。

程序实例 ch2_19.py：用中文字处理标题重新设计程序实例 ch2_18.py。

```
1  # ch2_19.py
2  import matplotlib.pyplot as plt
3
4  plt.rcParams["font.family"] = ["Microsoft JhengHei"]
5
6  temperature = [23, 22, 20, 24, 22, 22, 23, 20, 17, 18,
7                 20, 20, 16, 14, 14, 20, 20, 20, 15, 14,
8                 14, 14, 14, 16, 16, 16, 18, 21, 21, 20,
9                 16]
10 x = [x for x in range(1,len(temperature)+1)]
11 plt.plot(x, temperature)
12 plt.title("天气报表", fontsize=24)
13 plt.xlabel('日期')
14 plt.ylabel('温度')
15 plt.show()
```

执行结果 可以参考下方左图。

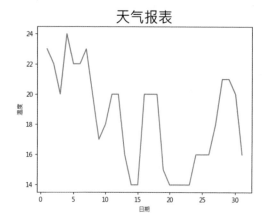
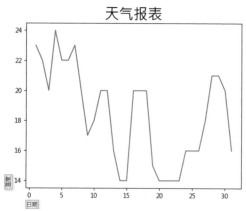

2-7-4 更改 x 轴标题和 y 轴标题的默认位置

图表 x 轴标题默认是左右居中，y 轴标题默认是上下居中，但是我们可以更改此设定。

程序实例 ch2_19_1.py：重新设计程序实例 ch2_19.py，将 x 轴标题改为靠左对齐，将 y 轴标题改为靠下对齐。

```
13 plt.xlabel('日期',loc="left")        # 靠左对齐
14 plt.ylabel('温度',loc="bottom")      # 靠下对齐
```

执行结果 可以参考上方右图。

2-7-5 负号的处理

前一小节笔者讲解了中文字符串的处理，使用中文字符串时如果有负值，则需增加下列设定，才可以显示完整的负号。

```
plt.rcParams["axes.unicode_minus"] = False
```

程序实例 ch2_19_2.py：重新设计程序实例 ch2_7.py，使用中文字符串，但是负号无法显示。

```
1  # ch2_19_2.py
2  import matplotlib.pyplot as plt
3  import numpy as np
4
5  plt.rcParams["font.family"] = ["Microsoft JhengHei"]
6  x = np.linspace(0, 2*np.pi, 500)      # 建立含500个元素的数组
7  y1 = np.sin(x)                        # sin()函数
8  y2 = np.cos(x)                        # cos()函数
9  plt.plot(x, y1, color='c')            # 设定青色cyan
10 plt.plot(x, y2, color='r')            # 设定红色red
11 plt.title('sin和cos函数图')
12 plt.show()
```

执行结果   可以参考下方左图，左下方的负值无法显示负号。

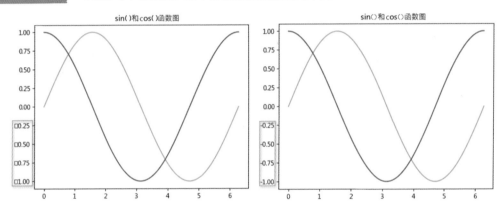

程序实例 ch2_19_3.py：修订设计程序实例 ch2_19_2.py，让其可以正常显示负号。

```
1  # ch2_19_3.py
2  import matplotlib.pyplot as plt
3  import numpy as np
4
5  plt.rcParams["font.family"] = ["Microsoft JhengHei"]
6  plt.rcParams["axes.unicode_minus"] = False
7  x = np.linspace(0, 2*np.pi, 500)      # 建立含500个元素的数组
8  y1 = np.sin(x)                        # sin()函数
9  y2 = np.cos(x)                        # cos()函数
10 plt.plot(x, y1, color='c')            # 设定青色cyan
11 plt.plot(x, y2, color='r')            # 设定红色red
12 plt.title('sin和cos函数图')
13 plt.show()
```

执行结果   可以参考上方右图，左下方可以正常显示负号。

2-8 存储图表

有两个方法可以存储图表，下面将分别解说。

2-8-1 使用 Save the figure 图标

假设想要存储程序实例 ch2_19.py 的图表，可以使用下列方法。

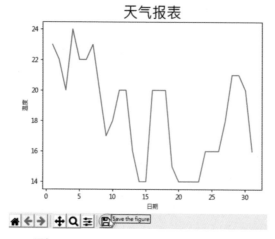

单击 Save the figure 图标 💾，可以看到 Save the figure 对话框，笔者选择 C:\matplotlib\ch2，然后使用 Portable Network Graphics 文件格式 (png)，文件名输入 out2_19，再单击保存按钮，就可以使用 out2_19.png 存储此文件，读者可以尝试打开 out2_19.png 文件，体会存储的结果。

2-8-2 使用 savefig( ) 函数存储文件

我们也可以使用 savefig( ) 函数存储所绘制的图表，语法如下：

```
plt.savefig(fname,dpi=None,facecolor='w',edgecolor='w',pad_inches=0.1)
```

上述各参数意义如下：

❑ fname：文件名。
❑ dpi：分辨率，每英寸的点数。默认是 figure，表示用此图的分辨率。
❑ facecolor：图表表面的颜色，默认是 auto，使用目前图表的表面颜色。
❑ edgecolor：图表边缘的颜色，默认是 auto，使用目前图表的边缘颜色。
❑ pad_inches：设定图表周围的间距，默认是 0.1。

其实最简单的方式是只设定文件名，其他参数使用默认值即可。

程序实例 ch2_20.py：扩充设计程序实例 ch2_19.py，将执行结果存入 out2_20.png。

```
1  # ch2_20.py
2  import matplotlib.pyplot as plt
3
4  plt.rcParams["font.family"] = ["Microsoft JhengHei"]
5
6  temperature = [23, 22, 20, 24, 22, 22, 23, 20, 17, 18,
7                 20, 20, 16, 14, 14, 20, 20, 20, 15, 14,
8                 14, 14, 14, 16, 16, 16, 18, 21, 21, 20,
9                 16]
10 x = [x for x in range(1,len(temperature)+1)]
11 plt.plot(x, temperature)
12 plt.title("天气报表", fontsize=24)
13 plt.xlabel('日期')
14 plt.ylabel('温度')
15 plt.savefig('out2_20.png')        # 存储图表文件
16 plt.show()
```

执行结果 图表的结果可以参考程序实例 ch2_19.py，然后在 ch2 文件夹可以看到所存储的 out2_20.png 图表文件。

上述第 15 行先使用 savefig( ) 函数，第 16 行再使用 show( ) 函数，表示先存储图表，再显示图表。

2-9　打开或显示图表

使用 matplotlib 模块打开图表或图片时，可以使用 matplotlib.image 子模块，这时需在程序前方增加下列导入 matplotlib.image 的操作。

import matplotlib.image as img

有了上述导入的子模块，就可以使用 img 调用 imread( ) 函数打开图表文件。

程序实例 ch2_21.py：打开 out2_20.png 图表。

```
1  # ch2_21.py
2  import matplotlib.pyplot as plt
3  import matplotlib.image as img
4
5  pict = img.imread('out2_20.png')
6  plt.imshow(pict)
7  plt.show()
```

执行结果

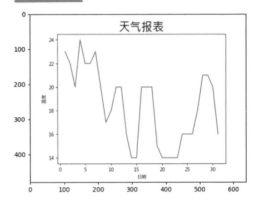

从上述执行结果可以看到，原先图表有坐标轴，当打开后又包含一个坐标轴，所以在打开时建议使用 axis( ) 函数，取消显示坐标轴，语法如下：

```
plt.axis('off')
```

注　axis( ) 函数属于 matplotlib.pyplot 子模块，此函数的功能有很多，更完整的 axis( ) 函数用法将在 3-1-1 节解说。

程序实例 ch2_22.py：扩充设计程序实例 ch2_21.py，显示图表时取消显示坐标轴。

```
1  # ch2_22.py
2  import matplotlib.pyplot as plt
3  import matplotlib.image as img
4
5  pict = img.imread('out2_20.png')
6  plt.axis('off')
7  plt.imshow(pict)
8  plt.show()
```

执行结果

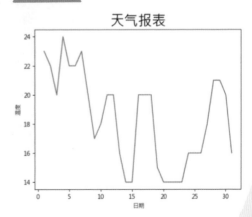

2-10 使用 matplotlib 模块打开一般文件

2-10-1 打开与显示文件

上一节笔者介绍了打开图表的方法，其实 imread( ) 函数也可以打开一般文件，显示文件则使用 imshow( ) 函数，此语法如下：

```
plt.imshow(X, cmap=None, aspect=None)
```

上述列出了常用的参数，各参数意义如下：

- ❑ X：图像文件或是下列外形数据。

  (M, N)：分别是 M 行 (row) 和 N 列 (col) 的图像文件数组数据。

  (M, N, 3)：RGB 的彩色图像。

  (M, N, 4)：RGBA 的彩色图像，如 png 图像文件。
- ❑ cmap：将数据使用色彩映射图处理，未来第 10 章会做说明。
- ❑ aspect：可以使用 "equal" 或 "auto"。默认是 "equal"，比例是 1，像素点是正方形；若设为 auto，可以依据轴数据调整。

(注) 第 12 章会进行更完整的解说，下面是打开一般文件的实例。

程序实例 ch2_23.py：打开 jk.jpg 文件，同时增加标题洪锦魁。

```
1  # ch2_23.py
2  import matplotlib.pyplot as plt
3  import matplotlib.image as img
4
5  plt.rcParams["font.family"] = ["Microsoft JhengHei"]
6  pict = img.imread('jk.jpg')
7  plt.axis('off')
8  plt.title("洪锦魁",fontsize=24)
9  plt.imshow(pict)
10 plt.show()
```

执行结果

洪锦魁

另外，如果上述程序取消 plt.axis('off') 函数，则可以显示图表的单位。

程序实例 ch2_24.py：修订设计程序实例 ch2_23.py，增加坐标轴刻度。

```
1  # ch2_24.py
2  import matplotlib.pyplot as plt
3  import matplotlib.image as img
4
5  plt.rcParams["font.family"] = ["Microsoft JhengHei"]
6  pict = img.imread('jk.jpg')
7  #plt.axis('off')
8  plt.title("洪锦魁",fontsize=24)
9  plt.imshow(pict)
10 plt.show()
```

执行结果

洪锦魁

2-10-2　了解文件的宽、高与通道数

当我们使用 matplotlib.image 的 imread( ) 函数打开文件时，此文件其实就是使用 NumPy 的数组存储文件图像，这时可以使用 shape 属性获得此文件的 height(高)、width(宽)、channel(通道数)，假设所使用的文件对象变量是 figure，公式如下：

```
height, width, channel = figure.shape
```

程序实例 ch2_25.py：扩充设计程序实例 ch2_23.py，打开 jk.jpg 文件时，增加列出此文件的高、宽和通道数。

```
1  # ch2_25.py
2  import matplotlib.pyplot as plt
3  import matplotlib.image as img
4
5  plt.rcParams["font.family"] = ["Microsoft JhengHei"]
6  pict = img.imread('jk.jpg')
7  h, w, c = pict.shape
8  print(f"文件高度    = {h}")
9  print(f"文件宽度    = {w}")
10 print(f"文件通道数 = {c}")
11 plt.axis('off')
12 plt.title("洪锦魁",fontsize=24)
13 plt.imshow(pict)
14 plt.show()
```

执行结果

```
================= RESTART: D:\matplotlib\ch2\ch2_25.py
文件高度    = 345
文件宽度    = 342
文件通道数 = 3
```

读者若要了解更多图像的知识，可以参考笔者所著的《OpenCV 计算机视觉项目实践（Python 版）》。

2-11　matplotlib 的全局性字典 rcParams

2-11-1　全局性字典 rcParams

在 2-3 节与 2-7 节笔者皆介绍了 rcParams，其实这是 matplotlib 模块的全局性字典，在这个字典中我们可以看到建立 matplotlib 的所有默认值，可以使用下列函数获得此字典的完整列表。

```
rcParams_list = plt.rcParams.keys()
```

31

程序实例 ch2_26.py：列出完整的 matplotlib 模块绘图默认字典列表。

```
1  # ch2_26.py
2  import matplotlib.pyplot as plt
3
4  mat_rcParams = plt.rcParams.keys()
5  print(type(mat_rcParams))
6  print("以下是matplotlib完整的内容")
7  print(mat_rcParams)
8  plt.show()
```

执行结果

```
==================== RESTART: D:/matplotlib/ch2/ch2_26.py
<class 'collections.abc.KeysView'>
以下是matplotlib完整的内容
Squeezed text (351 lines).
```

下列是展开后的部分内容。

```
==================== RESTART: D:/matplotlib/ch2/ch2_26.py ====================
<class 'collections.abc.KeysView'>
以下是matplotlib完整的内容
KeysView(RcParams({'_internal.classic_mode': False,
          'agg.path.chunksize': 0,
          'animation.avconv_args': [],
          'animation.avconv_path': 'avconv',
          'animation.bitrate': -1,
          'animation.codec': 'h264',
          'animation.convert_args': [],
          'animation.convert_path': 'convert',
          'animation.embed_limit': 20.0,
          'animation.ffmpeg_args': [],
          'animation.ffmpeg_path': 'ffmpeg',
          'animation.frame_format': 'png',
```

未来介绍相关更改设定时，笔者也会针对设定进行说明。

2-11-2　matplotlibrc 文件

此外，matplotlib 模块内还有 matplotlibrc 文件，此文件也记载了绘制图表的默认值数据，可以使用下列方式打开。

```
print(plt.rcParams)                     # 可以参考 ch2_27.py
print(plt.rcParamsDefault)              # 可以参考 ch2_28.py
```

不过，上述项目数比 plt.rcParams.keys( ) 项目数少。

程序实例 ch2_27.py：使用 rcParams 列出 matplotlibrc 文件内容。

```
1  # ch2_27.py
2  import matplotlib.pyplot as plt
3
4  print("以下是matplotlibrc文件内容")
5  print(plt.rcParams)
6  plt.show()
```

执行结果

```
==================== RESTART: D:\matplotlib\ch2\ch2_27.py
以下是matplotlibrc文件内容
Squeezed text (315 lines).
```

程序实例 ch2_28.py：使用 rcParamsDefault 列出 matplotlibrc 文件内容。

```
1  # ch2_28.py
2  import matplotlib.pyplot as plt
3
4  print("以下是matplotlibrc文件内容")
5  print(plt.rcParamsDefault)
6  plt.show()
```

执行结果

```
==================== RESTART: D:\matplotlib\ch2\ch2_28.py
以下是matplotlibrc文件内容
Squeezed text (315 lines).
```

第 3 章

坐标轴基础设计

本章将针对坐标轴的使用进行完整解说。

3-1 使用 axis( ) 函数设定和取得 x 轴和 y 轴的范围

从程序实例 ch2_1.py 可以看到数据左下角的坐标不是 (0, 0)，这是因为 matplotlib 会依据所使用的数据大小自行默认坐标轴区间，本节的重点是使用自定义的坐标轴区间。

3-1-1 设定 x 轴和 y 轴的范围

axis( ) 函数可以设定和取得所绘制图表的 x 轴和 y 轴的范围，语法如下：

```
plt.axis([xmin, xmax, ymin, ymax], **kwargs)
```

上述是选项参数，参数必须是列表或是元组，xmin 是 x 轴的最小刻度，xmax 是 x 轴的最大刻度；ymin 是 y 轴的最小刻度，ymax 是 y 轴的最大刻度。

上述常见的 **kwargs 参数如下：

- ❑ on：这是默认值，即显示坐标轴和标签。
- ❑ off：关闭显示坐标轴和标签。
- ❑ equal：设定 x 轴和 y 轴的刻度单位长度相同。
- ❑ square：设定长度与宽度相同。

程序实例 ch3_1.py：重新设计程序实例 ch2_1.py，笔者使用列表生成建立 x 和 square 列表内容，将 x 轴刻度设为 0 ~ 9，将 y 轴刻度设为 0 ~ 70。

```
1  # ch3_1.py
2  import matplotlib.pyplot as plt
3
4  x = [x for x in range(9)]
5  squares = [y * y for y in range(9)]
6  plt.plot(squares)
7  plt.axis([0, 9, 0, 70])
8  plt.show()
```

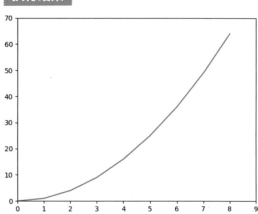
执行结果

这样，坐标轴左下角就变成 (0, 0) 了。

3-1-2 取得 x 轴和 y 轴的范围

其实，我们也可以使用 axis( ) 函数取得 x 轴和 y 轴的最小值和最大值，这时的用法如下：

```
xmin, xmax, ymin, ymax = plt.axis()
```

程序实例 ch3_2.py：取得当下 x 轴和 y 轴的最小值和最大值。

```
1  # ch3_2.py
2  import matplotlib.pyplot as plt
3
4  x = [x for x in range(9)]
5  squares = [y * y for y in range(9)]
6  plt.plot(squares)
7  xmin, xmax, ymin, ymax = plt.axis()
8  print(f"xmin = {xmin}")
9  print(f"xmax = {xmax}")
10 print(f"ymin = {ymin}")
11 print(f"ymax = {ymax}")
12 plt.show()
```

执行结果

```
========================= RESTART: D:/matplotlib/ch3/ch3_2.py
xmin = -0.4
xmax = 8.4
ymin = -3.2
ymax = 67.2
```

3-1-3　设定图表高度与宽度单位大小相同

在默认情况下，matplotlib 模块会依据数据自行调整图表的宽度与高度，如果 axis( ) 函数内设定为 equal，可以让彼此单位长度一致。

程序实例 ch3_2_1.py：重新设计程序实例 ch3_1.py，设定 x 轴和 y 轴的单位长度相同。

```
1  # ch3_2_1.py
2  import matplotlib.pyplot as plt
3
4  x = [x for x in range(9)]
5  squares = [y * y for y in range(9)]
6  plt.plot(squares)
7  plt.axis('equal')
8  plt.show()
```

执行结果　可以参考下方左图。

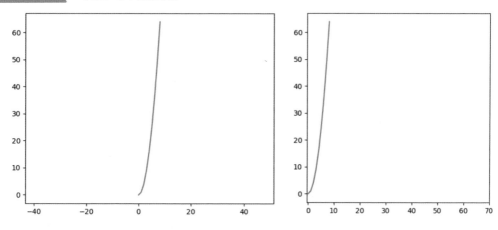

3-1-4 建立正方形图表

在 axis( ) 函数内设定为 square，可以建立正方形的图表。

程序实例 ch3_2_2.py：重新设计程序实例 ch3_2_1.py，建立正方形的图表。

```
1  # ch3_2_2.py
2  import matplotlib.pyplot as plt
3
4  x = [x for x in range(9)]
5  squares = [y * y for y in range(9)]
6  plt.plot(squares)
7  plt.axis('square')
8  plt.show()
```

执行结果 可以参考上方右图。

3-2 使用 xlim( ) 函数和 ylim( ) 函数设定和取得 x 轴和 y 轴的范围

3-2-1 语法模式

如果在 xlim( ) 函数或 ylim( ) 函数内有设定参数，则此参数代表 x 轴和 y 轴的范围；如果没有设定参数，则回传各轴的范围区间。xlim( ) 函数的语法如下：

```
plt.xlim(left, right)        # 两个参数，left 是左边界，right 是右边界
plt.xlim((left, right))      # 参数是元组，left 是左边界，right 是右边界
left, right = plt.xlim()     # 没有参数，回传左边界和右边界
```

如果只想更改单一方向，如 left 或 right，可以设定如下：

```
plt.xlim(left=1)             # 设定左边界是 1
plt.xlim(right=10)           # 设定右边界是 10
```

ylim( ) 函数的语法如下：

```
plt.ylim(bottom, top)        # 两个参数，bottom 是下边界，top 是上边界
plt.ylim((bottom, top))      # 参数是元组，bottom 是下边界，top 是上边界
bottom, top= plt.ylim()      # 没有参数，回传下边界和上边界
```

如果只想更改单一方向，如 bottom 或 top，可以设定如下：

```
plt.ylim(bottom=1)           # 设定下边界是 1
plt.ylim(top=10)             # 设定上边界是 10
```

3-2-2 设定 x 轴和 y 轴的范围区间

程序实例 ch3_3.py：使用 xlim( ) 函数和 ylim( ) 函数重新设计程序实例 ch3_1.py。

```
1  # ch3_3.py
2  import matplotlib.pyplot as plt
3
4  x = [x for x in range(9)]
5  squares = [y * y for y in range(9)]
6  plt.plot(squares)
7  plt.xlim(0, 9)
8  plt.ylim(0, 70)
9  plt.show()
```

执行结果　可以参考程序实例 ch3_1.py。

3-2-3　取得 x 轴和 y 轴的范围

其实，我们也可以使用 xlim( ) 函数和 ylim( ) 函数取得 x 轴和 y 轴的最小值和最大值，这时的用法如下：

```
xmin, xmax = plt.xlim()

ymin, ymax = plt.yllim()
```

程序实例 ch3_4.py：使用 xlim( ) 函数和 ylim( ) 函数重新设计程序实例 ch3_2.py。

```
1  # ch3_4.py
2  import matplotlib.pyplot as plt
3
4  x = [x for x in range(9)]
5  squares = [y * y for y in range(9)]
6  plt.plot(squares)
7  xmin, xmax = plt.xlim()
8  ymin, ymax = plt.ylim()
9  print(f"xmin = {xmin}")
10 print(f"xmax = {xmax}")
11 print(f"ymin = {ymin}")
12 print(f"ymax = {ymax}")
13 plt.show()
```

执行结果　可以参考程序实例 ch3_2.py。

3-3　使用 xticks( ) 函数执行 x 轴刻度标签设计

3-3-1　基础刻度标签设计

xticks( ) 函数可以设计 x 轴刻度标签，语法如下：

```
plt.xticks(ticks=None, labels=None, **kwargs)
```

❑　ticks：选项参数，刻度标签位置列表，如果是空列表，可以移除刻度标签。
❑　labels：选项参数，要放置刻度标签的标签。

上述常见的 **kwargs 参数如下：

❑　rotation：可以逆时针方向旋转 x 轴的标签，单位是角度。
❑　color：刻度标签颜色。
❑　fontsize：刻度标签字号。

下面先介绍使用默认方式所产生的刻度标签。

程序实例 ch3_5.py：假设三大品牌车辆 2023—2025 年的销售数据如下：

```
Benz        3367    4120    5539
BMW 4000    3590    4423
Lexus       5200    4930 · 5350
```

请使用默认方法将上述数据绘制成图表。

```
1  # ch3_5.py
2  import matplotlib.pyplot as plt
3
4  plt.rcParams["font.family"] = ["Microsoft JhengHei"]
5  Benz = [3367, 4120, 5539]              # Benz线条
6  BMW = [4000, 3590, 4423]               # BMW线条
7  Lexus = [5200, 4930, 5350]            # Lexus线条
8
9  seq = [2023, 2024, 2025]               # 年度
10 plt.plot(seq, Benz, '-*', seq, BMW, '-o', seq, Lexus, '-^')
11 plt.title("销售报表", fontsize=24)
12 plt.xlabel("年度", fontsize=14)
13 plt.ylabel("数量", fontsize=14)
14 plt.show()
```

执行结果

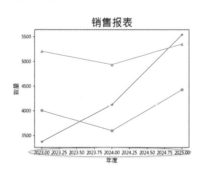

程序实例 ch3_6.py：使用 xticks( ) 函数重新设计程序实例 ch3_5.py。

```
1  # ch3_6.py
2  import matplotlib.pyplot as plt
3
4  plt.rcParams["font.family"] = ["Microsoft JhengHei"]
5  Benz = [3367, 4120, 5539]              # Benz线条
6  BMW = [4000, 3590, 4423]               # BMW线条
7  Lexus = [5200, 4930, 5350]            # Lexus线条
8
9  seq = [2023, 2024, 2025]               # 年度
10 labels = ["2023年","2024年","2025年"]
11 plt.xticks(seq,labels)
12 plt.plot(seq, Benz, '-*', seq, BMW, '-o', seq, Lexus, '-^')
13 plt.title("销售报表", fontsize=24)
14 plt.xlabel("年度", fontsize=14)
15 plt.ylabel("数量", fontsize=14)
16 plt.show()
```

执行结果 可以看到 x 轴刻度标签简单清晰。

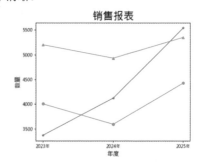

3-3-2 基础数值实例

有时候，我们会绘制 x 轴间距的标记不均匀的图表，这时会造成坐标轴的标记重叠。

程序实例 ch3_7.py：坐标轴标记重叠的实例。

```
1  # ch3_7.py
2  import matplotlib.pyplot as plt
3
4  x = [0.5,1.0,10,50,100]
5  y = [5,10,35,20,25]
6  labels = ['A','B','C','D','E']
7  plt.xticks(x,labels)
8  plt.plot(x,y,"-o")
9  plt.show()
```

执行结果

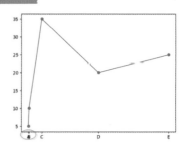

　　适度使用 xticks( ) 函数，可以将标记平均分配。

程序实例 ch3_8.py：将 x 轴标记区间平均分配，同时将标记改为 x 列表内容，然后重新设计程序实例 ch3_7.py。

```
1  # ch3_8.py
2  import matplotlib.pyplot as plt
3
4  x = [0.5,1.0,10,50,100]
5  y = [5,10,35,20,25]
6  value = range(len(x))
7  plt.plot(value,y,"-o")
8  plt.xticks(value,x)
9  plt.show()
```

执行结果　可以参考下图，虽然 x 轴数据不平均，但是整个表格是平均的。

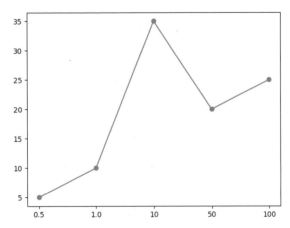

3-3-3　旋转坐标轴标签

　　在讲解旋转标签之前，我们先看一下实例。

程序实例 ch3_9.py：列出一周的平均温度。

```
1  # ch3_9.py
2  import matplotlib.pyplot as plt
3
4  plt.rcParams["font.family"] = ["Microsoft JhengHei"]
5  week = [0,1,2,3,4,5,6]
6  temperature = [23,25,29,31,26,30,24]
7  labels = ['Sunday','Monday','Tuesday','Wednesday',
8            'Thursday','Friday','Saturday']
9  plt.xticks(week,labels)
10 plt.plot(temperature,"-o")
11 plt.title("一周的平均温度", fontsize=24)
12 plt.xlabel("星期", fontsize=14)
13 plt.ylabel("温度", fontsize=14)
14 plt.show()
```

执行结果

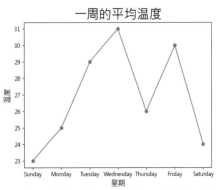

上述 x 轴虽然可以显示星期字符串，但是英文字符串长度不一，看起来有一些凌乱，这时可以在 xticks( ) 函数内增加 rotation 参数。

程序实例 ch3_10.py：扩充设计程序实例 ch3_9.py，将星期字符串旋转 30°，这个程序与程序实例 ch3_9.py 的差异如下：

```
9  plt.xticks(week,labels,rotation=30)
```

执行结果　部分数据没有显示，可以单击 Configure subplots 图标 ≣，参考下方左图；然后调整 bottom 的参数，可以参考下方右图。

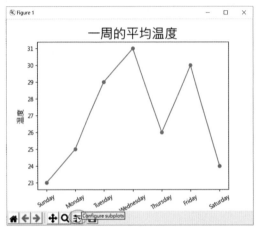 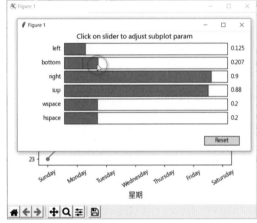

下面是最后的执行结果。

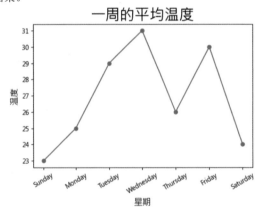

3-3-4　不带参数的 xticks( ) 函数

使用 xticks( ) 函数，如果不带任何参数，相当于可以回传现在位置与标签值，语法如下：

```
locs, labels = plt.xticks( )
```

上述所回传的 locs 是标签的位置，数据形态是矩阵。labels 是标签的字符串，数据形态是列表 (list)。

程序实例 ch3_11.py：扩充设计程序实例 ch3_6.py，增加列出标签位置与字符串。

```
1  # ch3_11.py
2  import matplotlib.pyplot as plt
3
4  plt.rcParams["font.family"] = ["Microsoft JhengHei"]
5  Benz = [3367, 4120, 5539]                # Benz线条
6  BMW = [4000, 3590, 4423]                 # BMW线条
7  Lexus = [5200, 4930, 5350]               # Lexus线条
8
9  seq = [2023, 2024, 2025]                 # 年度
10 labels = ["2023年","2024年","2025年"]
11 plt.xticks(seq,labels)
12 plt.plot(seq, Benz, '-*', seq, BMW, '-o', seq, Lexus, '-^')
13 plt.title("销售报表", fontsize=24)
14 plt.xlabel("年度", fontsize=14)
15 plt.ylabel("数量", fontsize=14)
16 locs, the_labels = plt.xticks()          # 回传位置与标签字符串
17 print(f'locs       = {locs}')
18 print(f'the_labels = {the_labels}')
19 plt.show()
```

执行结果

```
==================== RESTART: D:/matplotlib/ch3/ch3_11.py ====================
locs       = [2023 2024 2025]
the_labels = [Text(2023, 0, '2023年'), Text(2024, 0, '2024年'), Text(2025, 0,
'2025年')]
```

3-3-5　更改刻度标签默认值

程序实例 ch2_7.py 所建立的图表 x 轴刻度标签为 0 ~ 6，这是默认值。假设想要更改为 0 ~ 7，间距是 0.5，其中不含 7，可以参考下列实例。

程序实例 ch3_12.py：将 x 轴刻度标签改为间距是 0.5，同时不含 7。

```
1  # ch3_12.py
2  import matplotlib.pyplot as plt
3  import numpy as np
4
5  x = np.linspace(0, 2*np.pi, 500)         # 建立含500个元素的数组
6  y1 = np.sin(x)                           # sin()函数
7  y2 = np.cos(x)                           # cos()函数
8  plt.xticks(np.arange(0,7,step=0.5))
9  plt.plot(x, y1, color='c')               # 设定青色cyan
10 plt.plot(x, y2, color='r')               # 设定红色red
11 plt.show()
```

执行结果

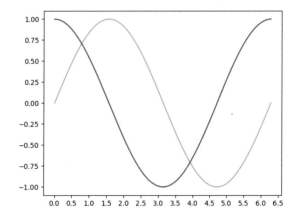

3-4 使用 yticks( ) 函数执行 y 轴刻度标签设计

yticks( ) 函数和 xticks( ) 函数用法相同，不过 yticks( ) 函数用于 y 轴的刻度标签。

程序实例 ch3_13.py：重新设计程序实例 ch3_12.py，将 y 轴刻度标签改为间距是 0.5。

```
1  # ch3_13.py
2  import matplotlib.pyplot as plt
3  import numpy as np
4
5  x = np.linspace(0, 2*np.pi, 500)      # 建立含500个元素的数组
6  y1 = np.sin(x)                         # sin()函数
7  y2 = np.cos(x)                         # cos()函数
8  plt.xticks(np.arange(0,7,step=0.5))
9  plt.yticks(np.arange(-1,1.5,step=0.5))
10 plt.plot(x, y1, color='c')             # 设定青色cyan
11 plt.plot(x, y2, color='r')             # 设定红色red
12 plt.show()
```

执行结果

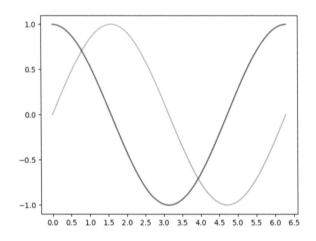

3-5 刻度标签的字号

3-5-1 使用 xticks( ) 函数和 yticks( ) 函数更改字号

我们可以在 xticks( ) 函数或 yticks( ) 函数内增加 fontsize 参数设定刻度标签的字号。

程序实例 ch3_14.py：设定 x 轴刻度标签的字号，可以发现相较于 y 轴，x 轴刻度标签的字号变得更大了。

```
1  # ch3_14.py
2  import matplotlib.pyplot as plt
3
4  x = [0.5,1.0,10,50,100]
5  y = [5,10,35,20,25]
6  value = range(len(x))
7  plt.plot(value,y,"-o")
8  plt.xticks(value,x,fontsize=14)
9  plt.show()
```

执行结果 可以看到 x 轴刻度标签的字号比 y 轴刻度标签的字号还大。

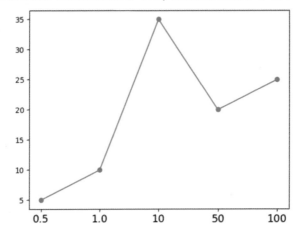

3-5-2　使用 rcParams 字典更改刻度标签字号

在 rcParams 字典中，可以使用下列两个元素分别更改 x 轴和 y 轴刻度标签的字号。

```
plt.rcParams['xtick.labelsize'] = xx          # xx 是 x 轴刻度标签的字号
plt.rcParams['ytick.labelsize'] = yy          # yy 是 y 轴刻度标签的字号
```

程序实例 ch3_15.py：更改设计程序实例 ch3_14.py，将 x 轴刻度标签的字号设为 14，y 轴刻度标签的字号设为 16。

```
1  # ch3_15.py
2  import matplotlib.pyplot as plt
3
4  x = [0,1,2,3,4]
5  y = [5,10,35,20,25]
6  plt.rcParams['xtick.labelsize'] = 14
7  plt.rcParams['ytick.labelsize'] = 16
8  plt.plot(x,y,"-o")
9  plt.show()
```

执行结果

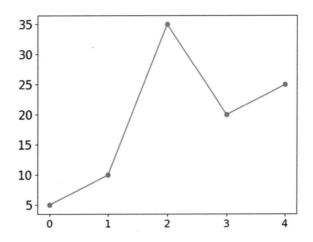

3-6 刻度标签的颜色

在 xticks( ) 函数或 yticks( ) 函数内使用 color 参数可以设定刻度标签的颜色，使用方式和 2-4 节中 plot( ) 函数的 color 参数相同。

程序实例 ch3_16.py：扩充设计程序实例 ch3_13.py，将 x 轴的刻度标签设为蓝色，将 y 轴的刻度标签设为绿色。

```
1   # ch3_16.py
2   import matplotlib.pyplot as plt
3   import numpy as np
4
5   x = np.linspace(0, 2*np.pi, 500)      # 建立含500个元素的数组
6   y1 = np.sin(x)                         # sin()函数
7   y2 = np.cos(x)                         # cos()函数
8   plt.xticks(np.arange(0,7,step=0.5),color='b')
9   plt.yticks(np.arange(-1,1.5,step=0.5),color='g')
10  plt.plot(x, y1, color='c')             # 设定青色cyan
11  plt.plot(x, y2, color='r')             # 设定红色red
12  plt.show()
```

执行结果

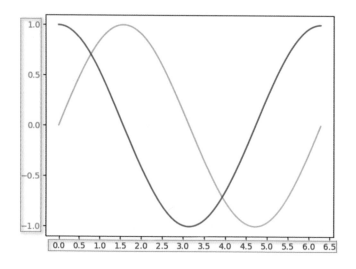

3-7 刻度设计 tick_params( ) 函数

在设计图表时，可以使用 tick_params( ) 函数设定坐标轴的刻度大小、颜色、方向等，语法如下：

```
plt.tick_params(axis='both', **kwargs)
```

上述 axis='both' 是选项参数，表示此刻度同时应用在 x 轴和 y 轴，如果单独设定 axis='x'，表示应用在 x 轴；如果单独设定 axis='y'，表示应用在 y 轴，默认是同时应用在 x 轴和 y 轴。

上述常见的 **kwargs 参数如下：

❑　direction：可以是 in、out 或 inout，默认是 out，表示刻度在坐标轴外侧，in 表示刻度在坐标轴内侧，inout 表示刻度跨越坐标轴。

❑　length：刻度的长度，单位是点数。
❑　width：刻度的宽度，单位是点数。
❑　color：刻度的颜色。
❑　pad：刻度 (tick) 和刻度标签 (label) 的距离，单位是点数。
❑　labelsize：刻度标签的字号，单位是点数。也可以使用 large 等字符串。
❑　labelcolor：刻度标签的颜色。
❑　bottom, top, left, right：布尔值，是否绘制相对应的刻度。
❑　labelbottom, labeltop, labelleft, labelright：布尔值，是否绘制相对应的刻度标签。

程序实例 ch3_17.py：设计 x 轴刻度是蓝色，direction='in'；然后设计 y 轴刻度是绿色，direction='inout'，刻度长度是 10。

```
1  # ch3_17.py
2  import matplotlib.pyplot as plt
3  import numpy as np
4
5  x = np.linspace(0, 2*np.pi, 500)    # 建立含500个元素的数组
6  y1 = np.sin(x)                      # sin()函数
7  y2 = np.cos(x)                      # cos()函数
8  plt.tick_params(axis='x',direction='in',color='b')
9  plt.tick_params(axis='y',length=10,direction='inout',color='g')
10 plt.plot(x, y1, color='c')          # 设定青色cyan
11 plt.plot(x, y2, color='r')          # 设定红色red
12 plt.show()
```

执行结果

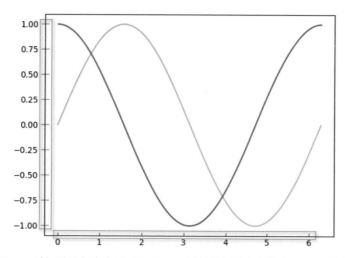

程序实例 ch3_18.py：重新设计程序实例 ch3_17.py，同时将刻度方向设为 inout，颜色设为红色，长度设为 8。

```
1  # ch3_18.py
2  import matplotlib.pyplot as plt
3  import numpy as np
4
5  x = np.linspace(0, 2*np.pi, 500)    # 建立含500个元素的数组
6  y1 = np.sin(x)                      # sin()函数
7  y2 = np.cos(x)                      # cos()函数
8  plt.tick_params(axis='both',length=10,direction='inout',color='r')
9  plt.plot(x, y1, color='c')          # 设定青色cyan
10 plt.plot(x, y2, color='r')          # 设定红色red
11 plt.show()
```

执行结果

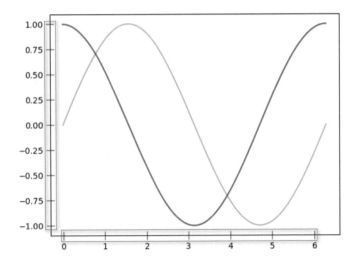

3-8 字体设定

其实，title( )、xlabel( )、ylabel( )、xticks( ) 或 yticks( ) 等是可以显示字体的函数，使用 fontdict 参数设定字体，相关 fontdict 参数设定使用字典，读者可以参考程序实例 ch3_19.py 第 5 ~ 12 行。

程序实例 ch3_19.py：使用 Old English Text MT 字体处理图表标题，字号是 20，字体颜色是蓝色。x 轴和 y 轴也使用相同字体，字号是 12，字体颜色是绿色。

```python
1   # ch3_19.py
2   import matplotlib.pyplot as plt
3   import numpy as np
4
5   font1 = {'family':'Old English Text MT',
6            'color':'blue',
7            'weight':'bold',
8            'size':20}
9   font2 = {'family':'Old English Text MT',
10           'color':'green',
11           'weight':'normal',
12           'size':12}
13  x = np.linspace(0, 2*np.pi, 500)      # 建立含500个元素的数组
14  y1 = np.sin(x)                        # sin()函数
15  y2 = np.cos(x)                        # cos()函数
16  plt.plot(x, y1, color='c')            # 设定青色cyan
17  plt.plot(x, y2, color='r')            # 设定红色red
18  plt.title('Sin and Cos function',fontdict=font1)
19  plt.xlabel('x-value',fontdict=font2)
20  plt.ylabel('y-value',fontdict=font2)
21  plt.show()
```

执行结果

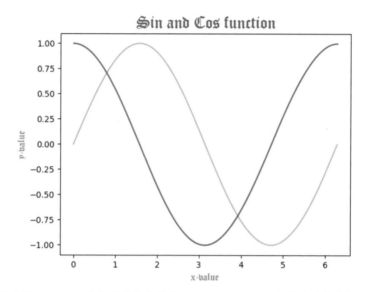

读者可以从安装 Windows 字体的默认文件夹 C:\Windows\Fonts 寻找喜欢的字体。

3-9 图例 legend( ) 函数

当图表上有多条数据线条时，最好的方式是为线条加上图例，这样可以更加清楚地了解数据线条的意义，matplotlib 模块的 legend( ) 函数可以在图表的适当位置建立图例，让整个图表更加清晰。此函数的语法如下：

```
plt.legend(*args, **kwargs)
```

如果省略参数，matplotlib 模块会使用默认方式建立图例，各参数意义如下：

❑ loc：这是选项，也可以使用 rcParams["Legend.loc"] 设定。可以设定图例的位置，有下列设定方式：

```
'best' : 0
'upper right' : 1
'upper left' : 2
'lower left' : 3
'lower right' : 4
'right' : 5 ( 与 'center right' 相同 )
'center left' : 6
'center right' : 7
'lower center' : 8
'upper center' : 9
'center' : 10
```

如果省略 loc 设定，则使用默认的 best，在应用时可以使用设定整数值，如设定 loc=0，与上述效果相同。

❑ prop：这是选项，图例字体的属性，默认是 None。

❑ title_fontsize：这是选项，也可以用 rcParams["legend.title_fontsize"] 设定，默认是 None。图例字号默认是当前字号。

❑ markerscale：这是选项，也可以用 rcParams["legend.markerscale"] 设定，默认是 1.0，功能是图例标记与原始标记相对大小。

❑ markerfirst：这是选项，默认是 True。如果是 True，图例标记位于图例标签左边。

❑ numpoints：这是选项，也可以用 rcParams["legend.numpoints"] 设定，默认是 1，功能是为线条图例建立标记点数。

❑ scatterpoints：这是选项，也可以用 rcParams["legend.scatterpoints"] 设定，默认是 1，功能是为散点图的图例项目建立标记点数。

❑ frameon：这是选项，也可以用 rcParams["legend.frameon"] 设定，可设定图例是否含有边框，默认是 True。

❑ framealpha：这是选项，也可以用 rcParams["legend.framealpha"] 设定，可设定图例框架的 alpha 透明度，默认是 0.8。

❑ edgecolor：这是选项，也可以用 rcParams["legend.edgecolor"] 设定，可设定图例边框的颜色，默认是黑色 (black)。

❑ facecolor：这是选项，也可以用 rcParams["legend.facecolor"] 设定，可设定图例的背景颜色，若无边框，此参数无效，默认是白色 (white)。

❑ shadow：这是选项，也可以用 rcParams["legend.shadow"] 设定，可设定图例阴影，默认是 False。

❑ borderpad：这是选项，也可以用 rcParams["legend.borderpad"] 设定，可设定图例边框的内间距，以字体大小为单位，默认是 0.4。

❑ labelspacing：这是选项，也可以用 rcParams["legend.labelspacing"] 设定，可设定图例项目之间的间距，以字体大小为单位，默认是 0.5。

❑ handleheight：这是选项，也可以用 rcParams["legend.handleheight"] 设定，可设定图例句柄高度，以字体大小为单位，默认是 0.7。

❑ handlelength：这是选项，也可以用 rcParams["legend.handlelength"] 设定，可设定图例句柄长度，以字体大小为单位，默认是 2.0。

❑ handletextpad：这是选项，也可以用 rcParams["legend.handletextpad"] 设定，功能是图例句柄和本文之间的填充，以字体大小为单位，默认是 0.8。

❑ handleaxespad：这是选项，也可以用 rcParams["legend.handleaxespad"] 设定，主要功能是轴和图例边框的填充，以字体大小为单位，默认是 0.5。

❑ ncol：这是选项，整数代表图例的字段数，默认是 1。

❑ columnspacing：这是选项，也可以用 rcParams["legend.columnspacing"] 设定，主要是指字段之间的间距，以字体大小为单位，默认是 2.0。

❑ bbox_to_anchor：可以是 2 个或 4 个数字，可以设定放置图例的位置。

❑ title：这是选项，可以设定图例的标题，默认是 None。

3-9-1　默认值的实例

如果想要建立图例，必须在 plot( ) 函数内增加 label 标签设定，细节可以参考下列实例，本节将从使用默认值说起。

程序实例 ch3_20.py：使用默认值建立图例。

```
1  # ch3_20.py
2  import matplotlib.pyplot as plt
3
4  plt.rcParams["font.family"] = ["Microsoft JhengHei"]
5  Benz = [3367, 4120, 5539]              # Benz线条
6  BMW = [4000, 3590, 4423]               # BMW线条
7  Lexus = [5200, 4930, 5350]            # Lexus线条
8
9  seq = [2023, 2024, 2025]               # 年度
10 labels = ["2023年","2024年","2025年"]
11 plt.xticks(seq,labels)
12 plt.plot(seq, Benz, '-*', label='Benz')
13 plt.plot(seq, BMW, '-o', label='BMW')
14 plt.plot(seq, Lexus, '-^', label='Lexus')
15 plt.legend()
16 plt.title("销售报表", fontsize=24)
17 plt.xlabel("年度", fontsize=14)
18 plt.ylabel("数量", fontsize=14)
19 plt.show()
```

执行结果

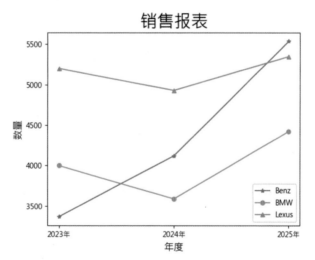

上述第 15 行笔者使用 plt.legend( )，这是使用默认值，效果与使用 plt.legend(loc='best') 相同。

程序实例 ch3_20_1.py，使用 loc='best' 重新设计程序实例 ch3_20.py。

```
15  plt.legend(loc='best')
```

执行结果　与程序实例 ch3_20.py 相同。

3-9-2　将图例设在不同位置的实例

程序实例 ch3_21.py：将图例设在图表右上角。

```
15  plt.legend(loc='upper right')
```

执行结果 可以参考下方左图。

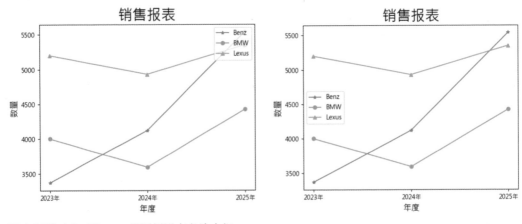

程序实例 ch3_22.py：将图例设在左边中间。

```
15  plt.legend(loc='center left')
```

执行结果 可以参考上方右图。

可以参考 3-9 节的说明，使用 loc 参数时，也可以用数字代替位置字符串。

程序实例 ch3_22_1.py：使用 6 代替 "center left" 重新设计程序实例 ch3_22.py。

```
15  plt.legend(loc=6)
```

执行结果 与程序实例 ch3_22.py 相同。

3-9-3 设定图例边框与图例背景颜色

程序实例 ch3_23.py：重新设计程序实例 ch3_22_1.py，使用 edgecolor 和 facecolor 参数设定图例边框为蓝色，图例背景为黄色。

```
1   # ch3_23.py
2   import matplotlib.pyplot as plt
3
4   plt.rcParams["font.family"] = ["Microsoft JhengHei"]
5   Benz = [3367, 4120, 5539]              # Benz线条
6   BMW = [4000, 3590, 4423]               # BMW线条
7   Lexus = [5200, 4930, 5350]             # Lexus线条
8
9   seq = [2023, 2024, 2025]               # 年度
10  labels = ["2023年","2024年","2025年"]
11  plt.xticks(seq,labels)
12  plt.plot(seq, Benz, '-*', label='Benz')
13  plt.plot(seq, BMW, '-o', label='BMW')
14  plt.plot(seq, Lexus, '-^', label='Lexus')
15  plt.legend(loc=6,edgecolor='b',facecolor='y')
16  plt.title("销售报表", fontsize=24)
17  plt.xlabel("年度", fontsize=14)
18  plt.ylabel("数量", fontsize=14)
19  plt.show()
```

执行结果　可以参考下方左图。

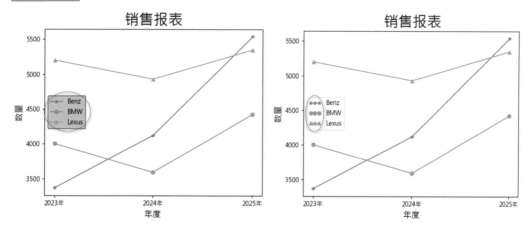

3-9-4　图例标记点数

程序实例 ch3_24.py：重新设计程序实例 ch3_22_1.py，使用 numpoints 参数设定图例标记点数为 3。

```
15  plt.legend(loc=6,numpoints=3)
```

执行结果　可以参考上方右图。

3-9-5　取消图例边框

程序实例 ch3_25.py：重新设计程序实例 ch3_22.py，使用 frameon 参数取消图例边框。

```
15  plt.legend(loc='center left',frameon=False)
```

执行结果

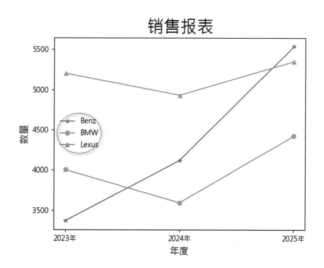

3-9-6 建立图例阴影

可以使用 shadow 参数建立含阴影的图例。

程序实例 ch3_26.py：重新设计程序实例 ch3_22.py，为图例建立阴影。

```
15  plt.legend(loc='center left',shadow=True)
```

执行结果

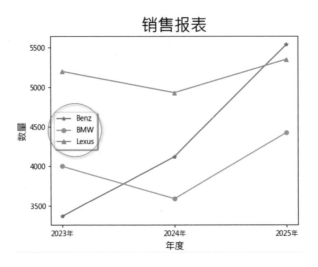

3-9-7 将图例放在图表外

经过上述解说，我们已经可以将图例放在图表内了，如果想将图例放在图表外，笔者先解释坐标，在图表内左下角位置是 (0,0)，右上角位置是 (1,1)，图示如下：

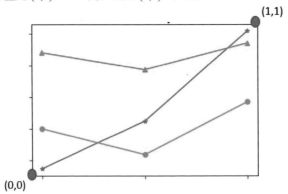

首先需要使用 bbox_to_anchor( ) 当作 legend( ) 的一个参数，设定锚点 (anchor)，即图例位置，例如：如果我们想将图例放在图表右上角外侧，需设定 bbox_to_anchor(1,1)。

程序实例 ch3_27.py：将图例放在图表右上角外侧。

```
15  plt.legend(bbox_to_anchor=(1,1))
```

执行结果

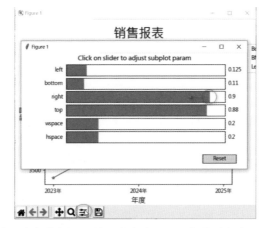

现在图例出现在图表右上角外侧，但是没有完全显示，如果要完全显示，首先要单击 Configure subplots 图标 ，然后会出现调整图表参数的对话框，可以参考上图，将 right 横条往右拖动，如下所示。

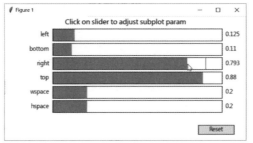

再单击右上方的关闭按钮，可以得到下列完整显示图表和图例的结果。

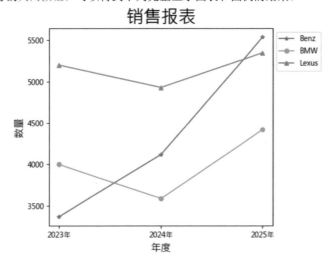

matplotlib 模块内有 tight_layout( ) 函数，可利用设定 pad 参数在图表与 Figure 1 间设定留白，未来 6-8 节会介绍更多 tight_layout( ) 函数的应用。

程序实例 ch3_28.py：设定 pad=7，重新设计程序实例 ch3_27.py。

```
15  plt.legend(bbox_to_anchor=(1,1))
16  plt.tight_layout(pad=7)
```

执行结果

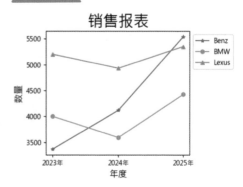

3-9-8 图例标题

图例也可以建立标题，只要在 legend( ) 函数内增加 title 参数设定即可。

程序实例 ch3_28_1.py：为图例增加标题"汽车品牌"。

```
15  plt.legend(bbox_to_anchor=(1,1),title='汽车品牌')
```

执行结果

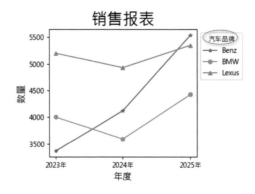

3-9-9 一个图表有两个图例

默认一个图表有一个图例，如果要使一个图表有两个图例，可以先将第一个图例手动加入图表，第二个图例使用先前方式加入即可。

程序实例 ch3_29.py：使用两个图例分别显示 sin 和 cos 线条，sin 图例在右上方显示，cos 图例在右下方显示。

```
1   # ch3_29.py
2   import matplotlib.pyplot as plt
3   import numpy as np
4
5   x = np.linspace(0, 2*np.pi, 500)              # 建立含500个元素的数组
6   y1 = np.sin(x)                                # sin()函数
7   y2 = np.cos(x)                                # cos()函数
8   sin_line, = plt.plot(x, y1,label="sin",linestyle='--')
9   cos_line, = plt.plot(x, y2,label="cos",lw=3)
10  sin_legend = plt.legend(handles=[sin_line], loc=1)  # 建立sin图表对象
11  plt.gca().add_artist(sin_legend)              # 手动将sin图例加入图表
12  plt.legend(handles=[cos_line], loc=4)         # 建立cos图表
13  plt.show()
```

执行结果

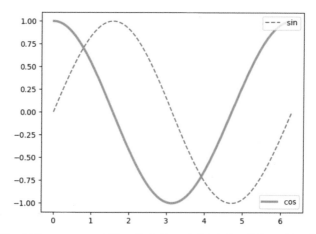

上述第 8 行和第 9 行的 plt.plot( ) 函数，笔者第一次使用了回传值，所回传的是绘制线条的对象，因为回传两个元素，其中第一个元素是线条对象，所以使用下列方式取得回传的第一个线条对象，至于第二个元素是绘图的子区间，未来章节会做说明。

```
sin_line, = plt.plot( … )
```

读者需留意第 10 行和第 12 行 plt.legend( ) 函数的 handles 参数使用，这是设定线条的对象，回传的是图例对象。程序第 11 行使用了 plt.gca( ).add_artist( )，这是手动将 sin_line 图例对象加入图表，gca( ) 是得到当前的子图表 (axes)。

3-9-10　综合应用

程序实例 ch3_30.py：正常显示或屏蔽部分点的实例。

```
1   # ch3_30.py
2   import matplotlib.pyplot as plt
3   import numpy as np
4
5   plt.rcParams["font.family"] = ["Microsoft JhengHei"]
6   plt.rcParams["axes.unicode_minus"] = False
7   # 正常显示
8   x1 = np.linspace(-1.5,1.5,31)
9   y1 = np.cos(x1)**2
10
11  # 移除 y1 > 0.6 的点
12  x2 = x1[y1 <= 0.6]
13  y2 = y1[y1 <= 0.6]
14
15  # 屏蔽 y1 > 0.7 的点
16  y3 = np.ma.masked_where(y1 > 0.7, y1)
17
18  # 将 y1 > 0.8 的点设为 NaN
19  y4 = y1.copy()
20  y4[y4 > 0.8] = np.nan
21
22  plt.plot(x1*0.1, y1, 'o-', label='正常显示')
23  plt.plot(x2*0.4, y2, 'o-', label='移除点')
24  plt.plot(x1*0.7, y3, 'o-', label='屏蔽点')
25  plt.plot(x1*1.0, y4, 'o-', label='将点设为NaN')
26  plt.legend()
27  plt.title('cos()函数显示与屏蔽点的应用')
28  plt.show()
```

执行结果

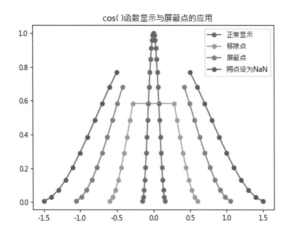

3-10　网格的设定 grid( ) 函数

默认图表不显示网格隔线，不过可以使用 grid( ) 函数让图表显示网格，此函数的语法如下：

```
plot.grid(visible=None, which='major', axis='both', **kwargs)
```

当使用 grid( ) 函数后，默认就会显示网格隔线，上述参数皆是选项，意义如下：

- alpha：透明度。
- visible：这是选项，可以设定是否显示隔线，如果有 **kwargs 参数，visible 就会被打开为 True。
- which：这是选项，可以是 major、minor、both。
- axis：这是选项，默认显示 x 轴和 y 轴线条，可以是 both、x、y。

至于 **kwargs 参数，主要是可以设定 2D 线条的参数，可以参考下列常用的参数说明。

- color 或 c：颜色。
- linestyle 或 ls：线条样式。
- linewidth 或 lw：线条宽度。

3-10-1　基础网格隔线的实例

程序实例 ch3_31.py：使用默认 grid( ) 函数显示隔线。

```
1  # ch3_31.py
2  import matplotlib.pyplot as plt
3  import numpy as np
4
5  x = np.linspace(0, 2*np.pi, 500)    # 建立含500个元素的数组
6  y1 = np.sin(x)                       # sin()函数
7  y2 = np.cos(x)                       # cos()函数
8  plt.plot(x, y1, label='sin')
9  plt.plot(x, y2, label='cos')
10 plt.legend()
11 plt.grid()                           # 显示网格线
12 plt.show()
```

执行结果　可以参考下方左图。

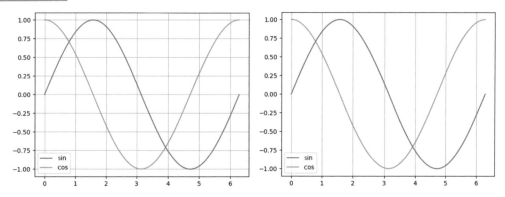

3-10-2　显示单轴隔线

程序实例 ch3_32.py：重新设计程序实例 ch3_31.py，显示垂直线。

```
11  plt.grid(axis='x')              # 显示网格线
```

执行结果　可以参考上方右图。

如果要显示水平线条，可以将上述第 11 行改为：

```
plt.grid(axis='y')
```

读者也可以参考书籍所附的程序实例 ch3_32_1.py。

3-10-3　显示虚线的隔线

程序实例 ch3_33.py：重新设计程序实例 ch3_31.py，设计黄色、线条宽度是 1、虚线的隔线。

```
11  plt.grid(c='y',linestyle='--',lw=1) # 显示虚线网格线
```

执行结果

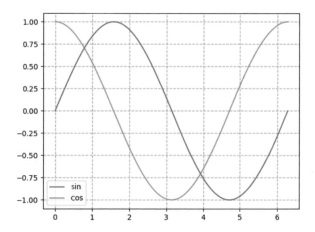

注　其实 matplotlib 默认显示线条宽度是 1 的隔线，所以也可以省略 lw=1。

第 4 章

图表内容设计

4-1 在图表内建立线条

4-1-1 在图表内建立水平线 axhline( ) 函数

axhline( ) 函数可以在图表内增加水平线，此函数语法如下：

```
plt.axhline(y=0, xmin=0, xmax=1, **kwargs)
```

上述参数意义如下：

❏ alpha：透明度。

❏ y：可选参数，默认是 0，因为是绘制水平线，所以这是 y 轴值。

❏ xmin：可选参数，默认是 0，因为是绘制水平线，此数值是相对位置，所以此值必须在 0~1 之间，0 代表最左位置，1 代表最右位置。

❏ xmax：可选参数，默认是 1，因为是绘制水平线，此数值是相对位置，所以此值必须在 0~1 之间，0 代表最左位置，1 代表最右位置。

其他常用的 **kwargs 参数如下：

❏ color 或 c：颜色。

❏ linestyle 或 ls：线条样式。

❏ linewidth 或 lw：线条宽度。

❏ zorder：当绘制多条线时，zorder 值较小的先绘制。

程序实例 ch4_1.py：使用 axhline( ) 函数绘制三条不同颜色的水平线，同时在图表内绘制下列函数图形。

$$y = \frac{1}{1 + e^{-x}}$$

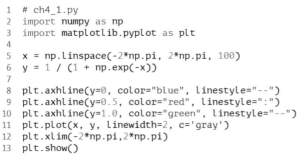

```
1  # ch4_1.py
2  import numpy as np
3  import matplotlib.pyplot as plt
4
5  x = np.linspace(-2*np.pi, 2*np.pi, 100)
6  y = 1 / (1 + np.exp(-x))
7
8  plt.axhline(y=0, color="blue", linestyle="--")
9  plt.axhline(y=0.5, color="red", linestyle=":")
10 plt.axhline(y=1.0, color="green", linestyle="--")
11 plt.plot(x, y, linewidth=2, c='gray')
12 plt.xlim(-2*np.pi,2*np.pi)
13 plt.show()
```

执行结果

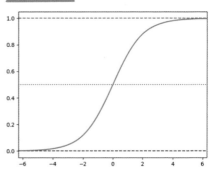

4-1-2　在图表内建立垂直线 axvline( ) 函数

axvline( ) 函数可以在图表内增加垂直线，此函数语法如下：

```
plt.axvline(x=0, ymin=0, ymax=1, **kwargs)
```

上述参数意义如下：

- ❏ x：可选参数，默认是 0，因为是绘制垂直线，所以这是 x 轴值。
- ❏ ymin：可选参数，默认是 0，因为是绘制垂直线，此数值是相对位置，所以此值必须在 0~1 之间，0 代表最下方位置，1 代表最上方位置。
- ❏ ymax：可选参数，默认是 1，因为是绘制垂直线，此数值是相对位置，所以此值必须在 0~1 之间，0 代表最下方位置，1 代表最上方位置。

其他常用的 **kwargs 参数如下：

- ❏ alpha：透明度。
- ❏ color 或 c：颜色。
- ❏ linestyle 或 ls：线条样式。
- ❏ linewidth 或 lw：线条宽度。
- ❏ zorder：当绘制多条线时，zorder 值较小的先绘制。

程序实例 ch4_2.py：扩充设计程序实例 ch4_1.py，增加设计垂直的灰色线与点的线条。

```
1  # ch4_2.py
2  import numpy as np
3  import matplotlib.pyplot as plt
4
5  x = np.linspace(-2*np.pi, 2*np.pi, 100)
6  y = 1 / (1 + np.exp(-x))
7
8  plt.axhline(y=0, color="blue", linestyle="--")
9  plt.axhline(y=0.5, color="red", linestyle=":")
10 plt.axhline(y=1.0, color="green", linestyle="--")
11 plt.axvline(color="gray", linestyle="-.")    # 垂直的灰色连线
12 plt.plot(x, y, linewidth=2, c='gray')
13 plt.xlim(-2*np.pi,2*np.pi)
14 plt.show()
```

执行结果

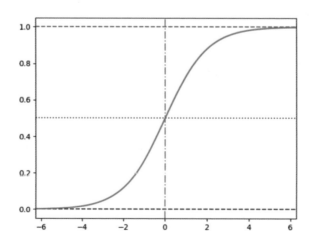

4-1-3　在图表内绘制无限长的线条 axline( ) 函数

axline( ) 函数可以在图表内绘制无限长的线条，其语法如下：

```
plt.axline(xy1, xy2=None, slope=None, **kwargs)
```

上述参数意义如下：

❑　xy1, xy2：xy1 是线条的一个点，xy2 是线条的另一个点。如果省略 xy2，则须使用 slope 参数。

❑　slope：斜率。

其他常用的 **kwargs 参数如下：

❑　alpha：透明度。

❑　color 或 c：颜色。

❑　linestyle：线条样式。

❑　linewidth 或 lw：线条宽度。

❑　zorder：当绘制多条线时，zorder 值较小的先绘制。

程序实例 ch4_3.py：扩充设计程序实例 ch4_2.py，使用 axline( ) 函数绘制两条无限长的线条，同时用 c 取代 color，用 ls 取代 linestyle。

```
1  # ch4_3.py
2  import numpy as np
3  import matplotlib.pyplot as plt
4
5  x = np.linspace(-2*np.pi, 2*np.pi, 100)
6  y = 1 / (1 + np.exp(-x))
7
8  plt.axhline(y=0, c="blue", ls="--")
9  plt.axhline(y=0.5, c="red", ls=":")
10 plt.axhline(y=1.0, c="green", ls="--")
11 plt.axvline(c="gray", ls="-.")          # 垂直的灰色线条
12 plt.axline((-2,0),(2,1), c='cyan', lw=3) # 两个点的连线
13 plt.axline((-1,0), slope=0.5,c='y', lw=2) # 点和斜率的线条
14 plt.plot(x, y, linewidth=2, c='gray')
15 plt.xlim(-2*np.pi,2*np.pi)
16 plt.show()
```

执行结果

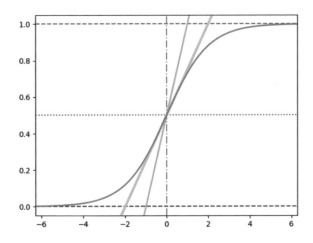

4-2 建立水平和垂直参考区域

4-2-1 axhspan( ) 函数

axhspan( ) 函数可以在坐标轴内增加水平参考区间，此函数语法如下：

plt.axhspan(ymin, ymax, xmin=0, xmax=1, **kwargs)

上述参数意义如下：

- ymin：水平区间较低的 y 坐标。
- ymax：水平区间较高的 y 坐标。
- xmin：x 轴值在 0 ~ 1 之间，此数值是相对位置，水平区间 x 轴的较小位置。
- xmax：x 轴值在 0 ~ 1 之间，此数值是相对位置，水平区间 x 轴的较大位置。

其他常用的 **kwargs 参数如下：

- alpha：透明度。
- color 或 c：颜色。
- edgecolor 或 ec：边界颜色。
- facecolor 或 fc：区间内部颜色。
- linestyle：线条样式。
- linewidth 或 lw：线条宽度。
- zorder：当绘制多条线时，zorder 值较小的先绘制。

程序实例 ch4_4.py：绘制 sin( ) 函数，在坐标轴内增加水平参考区间。

```
1  # ch4_4.py
2  import numpy as np
3  import matplotlib.pyplot as plt
4
5  x = np.linspace(0.05,2*np.pi,500)
6  y = np.sin(x)
7  plt.plot(x,y,ls="-.",lw=2,c="c",label="sin")    # 绘制sin()函数
8  plt.axhspan(ymin=0.0,ymax=0.5,fc='y',alpha=0.3) # 水平参考区间
9  plt.legend()
10 plt.show()
```

执行结果

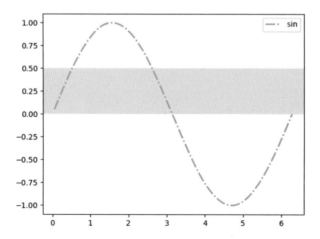

4-2-2　axvspan( ) 函数

axvspan( ) 函数可以在坐标轴内增加垂直参考区间，此函数语法如下：

```
plt.axvspan(xmin, xmax, ymin=0, ymax=1, **kwargs)
```

上述参数意义如下：

❑　xmin：垂直区间较左的 x 坐标。

❑　xmax：垂直区间较右的 x 坐标。

❑　ymin：y 轴值在 0 ~ 1 之间，此数值是相对位置，垂直区间 y 轴的较小位置。

❑　ymax：y 轴值在 0 ~ 1 之间，此数值是相对位置，垂直区间 y 轴的较大位置。

其他常用的 **kwargs 参数如下：

❑　alpha：透明度。

❑　color 或 c：颜色。

❑　edgecolor 或 ec：边界颜色。

❑　facecolor 或 fc：区间内部颜色。

❑　linestyle：线条样式。

❑　linewidth 或 lw：线条宽度。

❑　zorder：当绘制多条线时，zorder 值较小的先绘制。

程序实例 ch4_5.py：扩充设计程序实例 ch4_4.py，在坐标轴内增加垂直参考区间。

```
1  # ch4_5.py
2  import numpy as np
3  import matplotlib.pyplot as plt
4
5  x = np.linspace(0.05,2*np.pi,500)
6  y = np.sin(x)
7  plt.plot(x,y,ls="-.",lw=2,c="c",label="sin")    # 绘制sin()函数
8  plt.axhspan(ymin=0.0,ymax=0.5,fc='y',alpha=0.3) # 水平参考区间
9  plt.axvspan(xmin=0.5*np.pi,xmax=1.5*np.pi,
10             fc='r',alpha=0.3)                     # 垂直参考区间
11 plt.legend()
12 plt.show()
```

执行结果

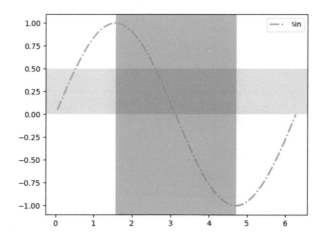

4-3 填充区间

4-3-1 填充区间 fill( ) 函数

fill( ) 函数可以用于填充区间，此函数语法如下：

```
plt.fill(*args, data=None, **kwargs)
```

上述 *args 参数主要是一个 x, y, [color] 序列，x, y 代表一个多边形端点的 x 轴坐标和 y 轴坐标，color 则是填充的色彩。下面是实例：

```
plt.fill(x, y)                          # 用默认颜色填满多边形
plt.fill(x, y, 'g')                     # 用绿色填满多边形
plt.fill(x1, y1, x2, y2)                # 填满两个多边形
plt.fill(x1, y1, 'g', x2, y2, 'r')      # 一个用绿色填满，一个用红色填满
```

如果使用 data 参数，可以用下列方式：

```
plt.fill('time', 'signal', data = {'time':[0,1,2], 'signal':[0,2,0]})
```

其他常用的 **kwargs 参数如下：

- ❑ color 或 c：颜色。
- ❑ edgecolor 或 ec：边界颜色。
- ❑ facecolor 或 fc：区间内部颜色。
- ❑ fill：布尔值。
- ❑ linestyle：线条样式。
- ❑ linewidth 或 lw：线条宽度。
- ❑ zorder：当绘制多条线时，zorder 值较小的先绘制。

程序实例 ch4_ 6.py：使用紫色填充一个多边形。

```
1  # ch4_6.py
2  import matplotlib.pyplot as plt
3
4  x = [0, 2, 4, 6]
5  y = [0, 5, 6, 2]
6  plt.fill(x, y, 'm')
7  plt.show()
```

执行结果 可以参考下方左图。

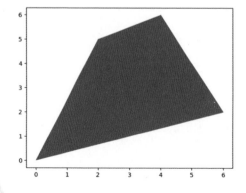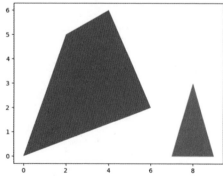

程序实例 ch4_7.py：使用不同颜色填充两个多边形。
```
1  # ch4_7.py
2  import matplotlib.pyplot as plt
3
4  x = [0, 2, 4, 6]
5  y = [0, 5, 6, 2]
6  x2 = [7, 8, 9]
7  y2 = [0, 3, 0]
8  plt.fill(x, y, 'm', x2, y2, 'g')
9  plt.show()
```

执行结果　可以参考上方右图。

程序实例 ch4_8.py：增加使用 data 参数的应用。
```
1  # ch4_8.py
2  import matplotlib.pyplot as plt
3
4  plt.fill('time','signal','g',
5          data={'time':[0,1,2,3],'signal':[0,1,1,0]})
6  plt.xlabel('Time')
7  plt.ylabel('Signal')
8  plt.show()
```

执行结果　可以参考下方左图。

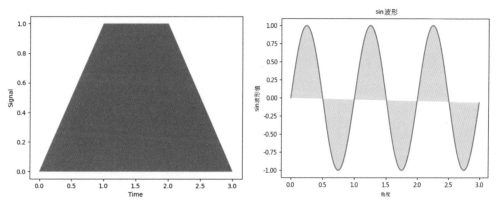

程序实例 ch4_9.py：填充 sin 波形区间的应用。
```
1  # ch4_9.py
2  import matplotlib.pyplot as plt
3  import numpy as np
4
5  plt.rcParams["font.family"] = ["Microsoft JhengHei"]
6  plt.rcParams["axes.unicode_minus"] = False
7  x = np.arange(0.0, 3, 0.01)
8  y = np.sin(2 * np.pi * x)
9  plt.plot(x, y)                     # 绘制 sin(2 * pi * x)
10
11 plt.fill(x, y, 'y', alpha=0.3)  # 黄色填充
12 plt.xlabel('角度')
13 plt.ylabel('sin波形值')
14 plt.title('sin波形')
15 plt.show()
```

执行结果　可以参考上方右图。

在应用 fill( ) 函数时，x 轴的列表值也可以不必从小到大，可以参考下列实例。

程序实例 ch4_9_1.py：fill( ) 函数的应用实例。

```
1  # ch4_9_1.py
2  import matplotlib.pyplot as plt
3
4  x = [3, 6, 3, 0]
5  y = [6, 3, 0, 3]
6  plt.fill(x, y)
7  plt.show()
```

执行结果

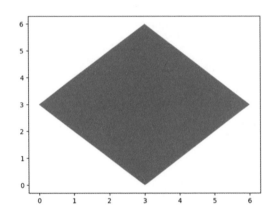

4-3-2　填充区间 fill_between( ) 函数

在绘制波形时，有时候想要填满区间，可以使用 matplotlib 模块的 fill_between( ) 函数，其基本语法如下：

```
plt.fill_between(x, y1, y2, where=None, **kwargs)
```

上述参数意义如下：

❑　x：x 轴区间。
❑　y1, y2：上述会填满所有相对 x 轴数列 y1 和 y2 的区间。
❑　where：可以使用此设定排除一些水平区域。

如果不指定填满颜色，会使用默认的线条颜色填满，通常填满颜色会用较淡的颜色，所以可以设定 alpha 参数将颜色调淡。

其他常用的 **kwargs 参数如下：

❑　color 或 c：颜色。
❑　cmap：色彩映射的颜色地图，将在第 9 章解说。
❑　edgecolor 或 ec：边界颜色。
❑　facecolor 或 fc：区间内部颜色。
❑　fill：布尔值。
❑　linestyle：线条样式。
❑　linewidth 或 lw：线条宽度。
❑　zorder：当绘制多条线时，zorder 值较小的先绘制。

程序实例 ch4_10.py：填满区间的应用，其中 y1 是 0，y2 是函数式 $sin(3x)$，x 轴则是 $-\pi \sim \pi$。

```
1  # ch4_10.py
2  import matplotlib.pyplot as plt
3  import numpy as np
4
5  left = -np.pi
6  right = np.pi
7  x = np.linspace(left, right, 100)
8  y = np.sin(3*x)                    # sin(3*x)函数
9
10 plt.plot(x, y)
11 plt.fill_between(x, 0, y, color='green', alpha=0.1)
12 plt.show()
```

执行结果　可以参考下方左图。

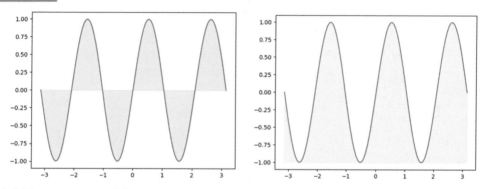

程序实例 ch4_11.py：填满区间的应用，其中 y1 是 -1，y2 是函数式 $sin(3x)$，x 轴则是 $-\pi \sim \pi$。

```
1  # ch4_11.py
2  import matplotlib.pyplot as plt
3  import numpy as np
4
5  left = -np.pi
6  right = np.pi
7  x = np.linspace(left, right, 100)
8  y = np.sin(3*x)                    # sin(3*x)函数
9
10 plt.plot(x, y)
11 plt.fill_between(x, -1, y, color='yellow', alpha=0.3)
12 plt.show()
```

执行结果　可以参考上方右图。

程序实例 ch4_12.py：绘制二次函数 $y=-x^2+2x$ 的区间，x 轴是 $-2 \sim 4$ 积分区间的图形。

```
1  # ch4_12.py
2  import matplotlib.pyplot as plt
3  import numpy as np
4
5  # 函数的系数
6  a = -1
7  b = 2
8  # 绘制区间图形
9  x = np.linspace(-2, 4, 1000)
10 y = a*x**2 + b*x
11 plt.plot(x, y, color='b')
12 plt.fill_between(x, y1=y, y2=0, where=(x>=-2)&(x<=5),
13                 facecolor='lightgreen')
14
15 plt.grid()
16 plt.show()
```

执行结果　可以参考下方左图。

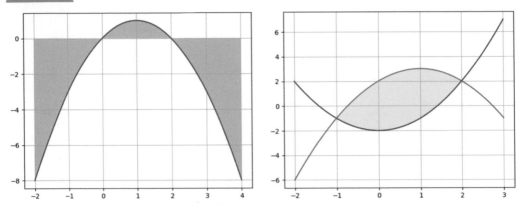

程序实例 ch4_13.py：假设有两个函数分别如下，请绘制 $f(x)$ 和 $g(x)$ 函数围住的区间。

$$f(x) = x^2 - 2 \qquad g(x) = -x^2 + 2x + 2$$

```
1   # ch4_13.py
2   import matplotlib.pyplot as plt
3   import numpy as np
4
5   # 函数f(x)的系数
6   a1 = 1
7   c1 = -2
8   x = np.linspace(-2, 3, 1000)
9   y1 = a1*x**2 + c1
10  plt.plot(x, y1, color='b')        # 蓝色是 f(x)
11
12  # 函数g(x)的系数
13  a2 = -1
14  b2 = 2
15  c2 = 2
16  x = np.linspace(-2, 3, 1000)
17  y2 = a2*x**2 + b2*x + c2
18  plt.plot(x, y2, color='g')        # 绿色是 g(x)
19
20  # 绘制区间
21  plt.fill_between(x, y1=y1, y2=y2, where=(x>=-1)&(x<=2),
22                   facecolor='yellow')
23
24  plt.grid()
25  plt.show()
```

执行结果　可以参考上方右图。

　　绘制区间图形有时候也可以应用在联立不等式，有关这方面的更多细节读者可以参考笔者所著的《机器学习数学基础一本通（Python 版）》，下面笔者将直接使用此模式绘制图形。

程序实例 ch4_14.py：绘制 $x = 0$ 至 $x = 13.3$，符合下列函数的区间。

$x \geqslant 0$

$y \geqslant 0$

$y \leqslant 8 - 0.6x$

$y \leqslant 17.5 - 2.5x$

```
1   # ch4_14.py
2   import numpy as np
3   import matplotlib.pyplot as plt
4
5   x = np.arange(0,13.3,0.01)
6
7   y1 = 17.5 - 2.5 * x
8   y2 = 8 - 0.6 * x
9   y3 = np.minimum(y1,y2)   # 取较低值
10
11  plt.plot(x,y1,color="blue",label="17.5 - 2.5x")
12  plt.plot(x,y2,color="green",label="8 - 0.6x")
13  plt.ylim(0, 10)
14  plt.fill_between(x, 0, y3, color='yellow')
15  plt.legend()
16  plt.show()
```

执行结果　　可以参考下方左图。

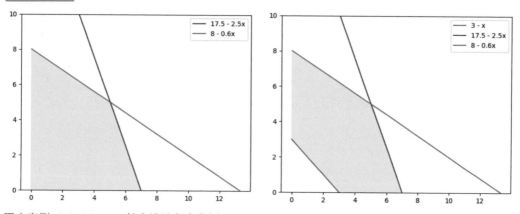

程序实例 ch4_15.py：扩充设计程序实例 ch4_14.py，增加 $y = 3 - x$ 线条当作区间下限。

```
1   # ch4_15.py
2   import numpy as np
3   import matplotlib.pyplot as plt
4
5   x = np.arange(0,13.3,0.01)
6   y = 3 - x
7   y1 = 17.5 - 2.5 * x
8   y2 = 8 - 0.6 * x
9   y3 = np.minimum(y1,y2)   # 取较低值
10
11  plt.plot(x,y,color="r",label="3 - x")
12  plt.plot(x,y1,color="blue",label="17.5 - 2.5x")
13  plt.plot(x,y2,color="green",label="8 - 0.6x")
14  plt.ylim(0, 10)
15  plt.fill_between(x, y, y3, color='yellow')
16  plt.legend()
17  plt.show()
```

执行结果　　可以参考上方右图。

第 5 章

图表增加文字

5-1　在图表内标记文字语法

在绘制图表过程中，有时需要在图内标记文字，这时可以使用 text( ) 函数，其基本语法如下：

```
plt.text(x, y, s, fontdict=None, **kwargs)
```

❑ x, y：文字输出的左下角坐标，x, y 不是绝对刻度，而是相对坐标刻度，大小会随着坐标刻度增减。

❑ s：输出的字符串。

❑ fontdict：使用字典设定文本属性。

其他常用的 **kwargs 参数如下：

❑ alpha：透明度。

❑ backgroundcolor：背景颜色。

❑ bbox：用文本框显示文字。

❑ color 或 c：文字颜色。

❑ fontfamily：字体，如 serif、sans-serif、cursive、fantasy、monospace。

❑ fontsize：浮点数，或是 xx-small、x-small、small、medium、large、x-large、xx-large。

❑ fontstretch 或 stretch：0 ~ 1000 的数字，或是 ultra-condensed、extra-condensed、condensed、semi-condensed、normal、semi-expanded、expanded、extra-expanded、ultra-expanded。

❑ fontweight 或 weight：0 ~ 1000 的数字，或是 ultralight、light、normal、regular、book、medium、roman、semibold、demibold、demi、bold、heavy、extrabold、black。

❑ horizontalalignment 或 ha：水平居中，可以是 center、left、right。

❑ rotation：旋转角度。

❑ transform：图表轴的转换。

❑ verticalalignment 或 va：垂直居中，可以是 center、top、bottom、baseline、center_baseline。

❑ wrap：可设定是否自动换行。

❑ zorder：输出顺序。

5-2　简单的实例说明

程序实例 ch5_1.py：在图表内增加文字，同时用蓝色的点标记绘制输出位置。

```
1   # ch5_1.py
2   import matplotlib.pyplot as plt
3
4   plt.rcParams["font.family"] = ["Microsoft JhengHei"]
5   squares = [0, 1, 4, 9, 16, 25, 36, 49, 64]
6   plt.plot(squares)
7   plt.axis([0, 8, 0, 70])        # 绘制线条
8   x = 2
9   y = 30
10  plt.plot(x, y, 'bo')           # 输出位置绘制蓝色的点
11  plt.text(x, y, '深智数字')      # 输出字符串
12  plt.grid()
13  plt.show()
```

执行结果

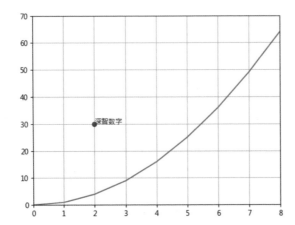

程序实例 ch5_2.py：标记二次函数的两个根，同时增加列出最大值的 (x, y) 坐标，下列是此二次函数。

$$f(x) = -3x^2 + 12x - 9$$

笔者先进行手动计算，由于 a 是 -3，小于 0，所以可以得到最大值，下面使用公式计算最大值坐标：

$$x = \frac{-b}{2a} = \frac{-12}{-6} = 2$$

$$y = \frac{4ac - b^2}{4a} = \frac{4 \times (-3) \times (-9) - (12)^2}{4 \times (-3)} = \frac{108 - 144}{-12} = 3$$

以下是程序代码：

```
1   # ch5_2.py
2   import matplotlib.pyplot as plt
3   from scipy.optimize import minimize_scalar
4   import numpy as np
5
6   def fmax(x):
7       ''' 计算最大值 '''
8       return (-(-3*x**2 + 12*x - 9))
9
10  def f(x):
11      ''' 求解方程式 '''
12      return (-3*x**2 + 12*x - 9)
13
14  a = -3
15  b = 12
16  c = -9
17  r1 = (-b + (b**2-4*a*c)**0.5)/(2*a)         # r1
18  r1_y = f(r1)                                 # f(r1)
19  plt.text(r1+0.1,r1_y+-0.2,'('+str(round(r1,2))+','+str(0)+')')
20  plt.plot(r1, r1_y, '-o')                     # 标记
21  print('root1 = ', r1)                        # print(r1)
22  r2 = (-b - (b**2-4*a*c)**0.5)/(2*a)          # r2
23  r2_y = f(r2)                                 # f(r2)
24  plt.text(r2-0.5,r2_y-0.2,'('+str(round(r2,2))+','+str(0)+')')
25  plt.plot(r2, r2_y, '-o')                     # 标记
26  print('root2 = ', r2)                        # print(r2)
27
28  # 计算最大值
29  r = minimize_scalar(fmax)
30  print("当x是 %4.2f 时, 有函数最大值 %4.2f" % (r.x, f(r.x)))
31  plt.text(r.x-0.25,f(r.x)-0.7,'('+str(round(r.x,2))+','+
32           str(round(f(r.x),2))+')')
33  plt.plot(r.x, f(r.x), '-o')                  # 标记
34
35  # 绘制此函数图形
36  x = np.linspace(0, 4, 50)
37  y = -3*x**2 + 12*x - 9
38  plt.plot(x, y, color='b')
39  plt.grid()
40  plt.show()
```

执行结果

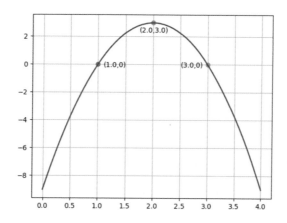

5-3　段落文字输出的应用

程序实例 ch5_3.py：输出段落文字的应用，其中第 9 行输出使用 Old English Text MT 字体。

```
1  # ch5_3.py
2  import matplotlib.pyplot as plt
3
4  plt.axis([0, 10, 0, 10])
5  s = ("Ming-Chi Institute of Technology is a good school in Taiwan."
6      "I love this school."
7      "The school is located in New Taipei City.")
8
9  plt.text(5, 10, s, family='Old English Text MT', style='oblique',
10          ha='center',fontsize=15, va='top', wrap=True)
11 plt.text(5, 1, s, c='b', ha='left', rotation=15, wrap=True)
12 plt.text(6, 4, s, c='g', ha='left', rotation=15, wrap=True)
13 plt.text(5, 4, s, c='m', ha='right', rotation=-15, wrap=True)
14 plt.text(-1, 1, s, c='y', ha='left', rotation=-15, wrap=True)
15 plt.show()
```

执行结果

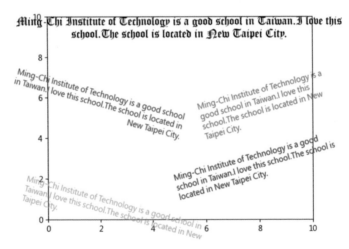

程序实例 ch5_4.py：修订程序实例 ch5_3.py 的输出，增加中文字的输出。

```
1  # ch5_4.py
2  import matplotlib.pyplot as plt
3
4  plt.rcParams["font.family"] = ["Microsoft JhengHei"]
5  plt.axis([0, 10, 0, 10])
6  s1 = ("明志科技大学是台湾的好大学")
7  plt.text(5, 8, s1, ha='center', fontsize=16, va='top', wrap=True)
8  s2 = ("Ming-Chi Institute of Technology is a good school in Taiwan."
9      "I love this school."
10     "The school is located in New Taipei City.")
11 plt.text(5, 1, s2, c='b', ha='left', rotation=15, wrap=True)
12 plt.text(6, 4, s2, c='g', ha='left', rotation=15, wrap=True)
13 plt.text(5, 4, s2, c='m', ha='right', rotation=-15, wrap=True)
14 plt.text(-1, 1, s2, c='y', ha='left', rotation=-15, wrap=True)
15 plt.show()
```

执行结果

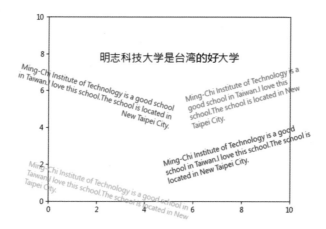

5-4　使用 bbox 参数建立文本框字符串

matplotlib 模块中 text( ) 函数的 bbox 字典，可以用 boxstyle 参数建立文本框，字符串相对于文本框的格式如下：

❑　circle：圆形，默认 pad=0.3。
❑　DArrow：双向箭头，默认 pad=0.3。
❑　LArrow：左箭头，默认 pad=0.3。
❑　RArrow：右箭头，默认 pad=0.3。
❑　Round：圆角矩形，默认 pad=0.3, rounding_size=None。
❑　Round4：圆角矩形，默认 pad=0.3, rounding_size=None。
❑　Roundtooth：圆齿，默认 pad=0.3, tooth_size=None。
❑　Sawtooth：锯齿，默认 pad=0.3, tooth_size=None。
❑　Square：矩形，默认 pad=0.3。

程序实例 ch5_5.py：使用 round 和 circle 建立文本框字符串的应用。

```
1  # ch5_5.py
2  import matplotlib.pyplot as plt
3
4  plt.rcParams["font.family"] = ["Microsoft JhengHei"]
5  s1 = "明志工专"
6  plt.text(0.7, 0.7, s1, size=30, rotation=30.,
7          ha="center", va="center",
8          bbox=dict(boxstyle="round",
9                    ec='g',
10                   fc='lightgreen',
11                   )
12         )
13  s2 = "明志科技大学"
14  plt.text(0.5, 0.35, s2, size=20, ha="right", va="top",
15          bbox=dict(boxstyle="circle",
16                    ec='y',
17                    fc='lightyellow',
18                    )
19         )
20  plt.show()
```

执行结果

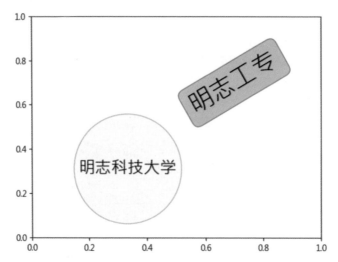

程序实例 ch5_6.py：输出不同格式的文本框字符串。

```
1   # ch5_6.py
2   import matplotlib.pyplot as plt
3
4   plt.rcParams["font.family"] = ["Microsoft JhengHei"]
5   s = "明志科技大学"
6   s1 = "Ming-Chi University of Technology"
7   plt.text(0.1, 0.2, s, size=20,
8            ha="left", va="center",
9            bbox=dict(boxstyle="square",
10                      ec='g',
11                      fc='lightgreen',
12                      )
13           )
14  plt.text(0.1, 0.4, s, size=20,
15           ha="left", va="center",
16           bbox=dict(boxstyle="sawtooth",
17                     ec='y',
18                     fc='lightgreen',
19                     )
20          )
21  plt.text(0.1, 0.6, s, size=20,
22           ha="left", va="center",
23           bbox=dict(boxstyle="Roundtooth",
24                     ec='y',
25                     fc='lightgreen',
26                     )
27          )
28  plt.text(0.6, 0.2, s, size=20,
29           ha="left", va="center",
30           bbox=dict(boxstyle="DArrow",
31                     ec='y',
32                     fc='lightgreen',
33                     )
34          )
35  plt.text(0.6, 0.4, s, size=20,
36           ha="left", va="center",
37           bbox=dict(boxstyle="LArrow",
38                     ec='y',
39                     fc='lightgreen',
40                     )
```

```
41          )
42 plt.text(0.6, 0.6, s, size=20,
43          ha="left", va="center",
44          bbox=dict(boxstyle="RArrow",
45                    ec='y',
46                    fc='lightgreen',
47                    )
48          )
49 plt.text(0.1, 0.8, s1, size=18,
50          ha="left", va="center",
51          bbox=dict(boxstyle="Square",
52                    ec='y',
53                    fc='lightgreen',
54                    )
55          )
56 plt.show()
```

执行结果

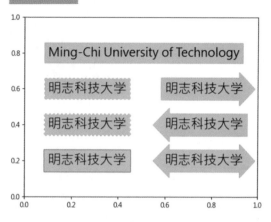

5-5 应用 **kwargs 参数输出字符串

我们也可以用字典设定 **kwargs 参数，可以参考下列实例。

程序实例 ch5_7.py：输出字符串明志科技大学。

```
1 # ch5_7.py
2 import matplotlib.pyplot as plt
3
4 plt.rcParams["font.family"] = ["Microsoft JhengHei"]
5 my_kwargs = dict(ha='center', va='center', fontsize=50, c='b')
6 plt.text(0.5, 0.5, '明志科技大学', **my_kwargs)
7 plt.show()
```

执行结果

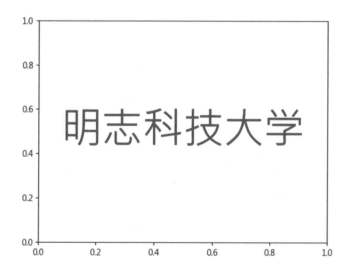

第 6 章

绘制多个图表

　　前面章节介绍了一个程序绘制一个图表，这时 matplotlib 模块会自动建立一个图表对象供程序使用，即使没有使用本章所介绍的 figure( ) 函数，程序也可以正常执行。在执行大数据可视化时，我们常常需要建立多个图表，本章将讲解这方面的知识。

6-1　figure( ) 函数

figure( ) 函数的功能有很多，如果一个程序只是建立默认大小的图表，则可以省略参数，本节将分别介绍函数内各参数的功能，此函数语法如下：

```
plt.figure(num=None, figsize=None, dpi=None, facecolor=None, edgecolor=None,
frameon=True, FigureClass=<class 'matplot.figure.Figure'>, clear=False, **kwargs)
```

上述函数可以回传 Figure 对象，这个对象就是一个新的窗口图表，有了这个对象，未来可以调用 OO API 执行图表操作 (6-6 节起会解说对象的模式)，函数内各参数意义如下：

❏　num：如果是数字，则是图表编号；如果是字符串，则是图表名称。

❏　figsize：这是选项，也可用 rcParams["figure.figsize"]，这是图表的宽和高，单位是英寸，默认是 [6.4, 4.8]。

❏　dpi：这是选项，也可用 rcParams["figure.dpi"]，这是图表分辨率，单位是每英寸多少点，默认是 100。

❏　facecolor：这是选项，也可用 rcParams["figure.facecolor"]，这是图表背景颜色，默认是白色 (white)。

❏　edgecolor：这是选项，也可用 rcParams["figure.edgecolor"]，这是图表边框颜色，默认是白色 (white)。

❏　frameon：这是布尔值选项，默认是 True。如果是 False，则不显示边框。

❏　FigureClass：自定义图表。

❏　clear：这是选项，默认是 False。如果是 True，则将此图表清除。

❏　**kwargs：这是选项，可以设定更多 Figure 相关参数。

如果没有使用 figure( ) 函数，默认就是建立一个图表 (Figure 对象) 或窗口，matplotlib 模块官方网站用下列英文解说 Figure。

The top level container for all the plot elements.

所以，2-8-2 节 savefig( ) 函数存储图表就是以 Figure 为单位。

6-1-1　使用 figsize 参数设定图表的大小

程序实例 ch6_1.py：使用 figure( ) 函数的参数 figsize=(7,2)，重新设计程序实例 ch5_6.py。

```
1   # ch6_1.py
2   import matplotlib.pyplot as plt
3
4   plt.rcParams["font.family"] = ["Microsoft JhengHei"]
5   plt.figure(figsize=(7,2))
6   my_kwargs = dict(ha='center', va='center', fontsize=50, c='b')
7   plt.text(0.5, 0.5, '明志科技大学', **my_kwargs)
8   plt.show()
```

执行结果

6-1-2 使用 facecolor 参数设定图表的背景

程序实例 ch6_2.py：重新设计程序实例 ch6_1.py，使用 facecolor 参数将图表背景设定为黄色。

```
1  # ch6_2.py
2  import matplotlib.pyplot as plt
3
4  plt.rcParams["font.family"] = ["Microsoft JhengHei"]
5  plt.figure(figsize=(7,2),facecolor='yellow')
6  my_kwargs = dict(ha='center',va='center',fontsize=50,c='b')
7  plt.text(0.5, 0.5, '明志科技大学', **my_kwargs)
8  plt.show()
```

执行结果

6-1-3 一个程序建立多个窗口图表

一个程序可以建立多个窗口图表，我们可以在 figure( ) 内增加数值参数，下列是分别建立窗口图表 1 和窗口图表 2 的模式：

plt.figure(1)	# 建立第一个图表
...	# 图表 1 的内容
plt.figure(2)	# 建立第二个图表
...	# 图表 2 的内容

程序实例 ch6_3.py：建立两个图表的应用。

```
1   # ch6_3.py
2   import matplotlib.pyplot as plt
3
4   data1 = [1, 2, 3, 4, 5, 6, 7, 8]            # data1线条
5   data2 = [1, 4, 9, 16, 25, 36, 49, 64]       # data2线条
6   seq = [1, 2, 3, 4, 5, 6, 7, 8]
7   plt.figure(1)                               # 建立图表1
8   plt.plot(seq, data1, '-*')                  # 绘制图表1
9   plt.title("Test Chart 1", fontsize=24)
10  plt.figure(2)                               # 建立图表2
11  plt.plot(seq, data2, '-o')                  # 以下皆是绘制图表2
12  plt.title("Test Chart 2", fontsize=24)
13  plt.xlabel("x-Value", fontsize=14)
14  plt.ylabel("y-Value", fontsize=14)
15  plt.show()
```

执行结果

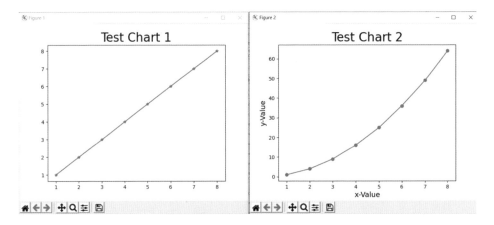

程序实例 ch6_4.py：分别使用不同窗口图表，显示两张图像的应用。

```
1  # ch6_4.py
2  import matplotlib.pyplot as plt
3  import matplotlib.image as img
4
5  plt.rcParams["font.family"] = ["Microsoft JhengHei"]
6  plt.figure(1)                    # 建立图表 1
7  pict = img.imread('jk.jpg')
8  plt.axis('off')
9  plt.title("洪锦魁",fontsize=24)
10 plt.imshow(pict)
11 plt.figure(2)                    # 建立图表 2
12 pict = img.imread('macau.jpg')
13 plt.axis('off')
14 plt.title("澳门",fontsize=24)
15 plt.imshow(pict)
16 plt.show()
```

执行结果

6-2 建立子图表 subplot( ) 函数

Figure 对象其实是一个图表窗口，所谓子图表，就是图表窗口内的子图 (或称 axes 轴对象)，可以参考下图。

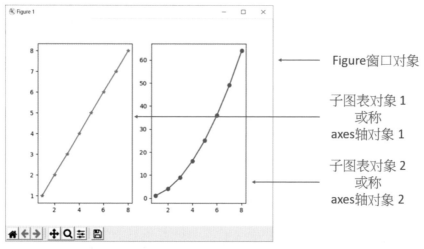

前面章节我们没有介绍 Figure 窗口对象和 axes 轴对象，因为导入 matplotlib 模块的 pyplot 时，我们设定 plt 对象，默认使用 plt 调用图表函数，如 plot( )，系统会自动打开一个窗口对象，所有图表函数执行结果会在此 Figure 窗口默认建立的轴对象内显示。

6-2-1 subplot( ) 函数语法

subplot( ) 函数可以在图表窗口 (Figure) 内建立子图表 (axes)，有时候也可称此为子图或轴对象，又或是对于当下绘制的图表而言其实就是一个图表，所以也简称为图表，此函数语法如下：

```
plt.subplot(*args, **kwargs)
```

上述函数会回传一个子图表对象，6-5 节会解说子图表对象的模式，函数内参数 *args 默认是 (1, 1, 1)，相关意义如下：

❑ (nrows, ncols, index)：这是三个整数，nrows 代表上下 (垂直要绘制几张子图)，ncols 代表左右 (水平要绘制几张子图)，index 代表是第几张子图。如果规划是一个 Figure 绘制上下两张子图，那么 subplot( ) 函数的应用如下：

subplot(2, 1, 1)

subplot(2, 1, 2)

如果规划是一个 Figure 绘制左右两张子图，那么 subplot( ) 函数的应用如下：

subplot(1, 2, 1)	subplot(1, 2, 2)

如果规划是一个 Figure 绘制上下两张子图、左右三张子图，那么 subplot( ) 函数的应用如下：

subplot(2, 3, 1)	subplot(2, 3, 2)	subplot(2, 3, 3)
subplot(2, 3, 4)	subplot(2, 3, 5)	subplot(2, 3, 6)

❑　三个连续数字：可以解释为分开的数字，例如：subplot(231) 相当于 subplot(2, 3, 1)。
　　subplot(111) 相当于 subplot(1, 1, 1)，这个更完整的写法是 subplot(nrows=1, ncols=1,
　　index=1)。

❑　projection：图表投影方式，可以是 None、atioff、hammer、mollweide、polar、
　　rectilinear，默认是 None。

❑　polar：默认是 False，如果是 True，相当于 projection='polar'。

❑　sharex 或 sharey：共享 x 轴或 y 轴，当轴共享时，有相同的大小、标记。

6-2-2　含子图表的基础实例

程序实例 ch6_5.py：在一个 Figure 内绘制上下子图的应用。

```python
1  # ch6_5.py
2  import matplotlib.pyplot as plt
3  import numpy as np
4
5  plt.rcParams["font.family"] = ["Microsoft JhengHei"]
6  plt.rcParams["axes.unicode_minus"] = False
7  # 建立衰减数列
8  x1 = np.linspace(0.0, 5.0, 50)
9  y1 = np.cos(3 * np.pi * x1) * np.exp(-x1)
10 # 建立非衰减数列
11 x2 = np.linspace(0.0, 2.0, 50)
12 y2 = np.cos(3 * np.pi * x2)
13
14 plt.subplot(2,1,1)
15 plt.title('衰减数列')
16 plt.plot(x1, y1, 'go-')
17 plt.ylabel('衰减值')
18
19 plt.subplot(2,1,2)
20 plt.plot(x2, y2, 'm.-')
21 plt.xlabel('时间(秒)')
22 plt.ylabel('非衰减值')
23
24 plt.show()
```

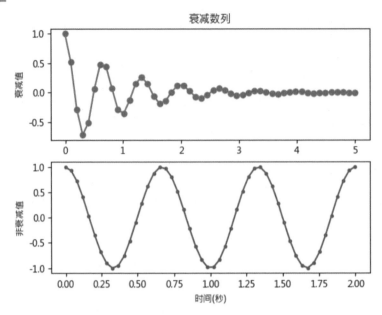

程序实例 ch6_6.py：在一个 Figure 内绘制左右子图的应用。

```
1   # ch6_6.py
2   import matplotlib.pyplot as plt
3
4   data1 = [1, 2, 3, 4, 5, 6, 7, 8]              # data1线条
5   data2 = [1, 4, 9, 16, 25, 36, 49, 64]         # data2线条
6   seq = [1, 2, 3, 4, 5, 6, 7, 8]
7   plt.subplot(1, 2, 1)                          # 子图1
8   plt.plot(seq, data1, '-*')
9   plt.subplot(1, 2, 2)                          # 子图2
10  plt.plot(seq, data2, 'm-o')
11  plt.show()
```

执行结果

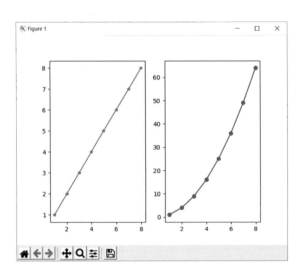

6-2-3　子图配置的技巧

程序实例 ch6_7.py：使用两行绘制三个子图的技巧。

```
1  # ch6_7.py
2  import numpy as np
3  import matplotlib.pyplot as plt
4
5  def f(t):
6      return np.exp(-t) * np.sin(2*np.pi*t)
7
8  plt.rcParams["font.family"] = ["Microsoft JhengHei"]
9  plt.rcParams["axes.unicode_minus"] = False
10 x = np.linspace(0.0, np.pi, 100)
11 plt.subplot(2,2,1)        # 子图 1
12 plt.plot(x, f(x))
13 plt.title('子图 1')
14 plt.subplot(2,2,2)        # 子图 2
15 plt.plot(x, f(x))
16 plt.title('子图 2')
17 plt.subplot(2,2(3))       # 子图 3
18 plt.plot(x, f(x))
19 plt.title('子图 3')
20 plt.show()
```

执行结果

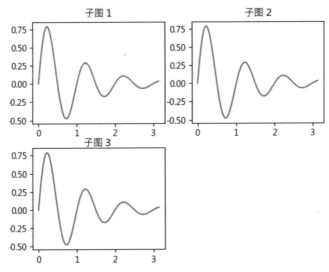

上述完成了使用两行显示三个子图的操作，请留意第 17 行 subplot( ) 函数的第三个参数。此外，也可以将上述第 11、14、17 行改为三位数字格式。

程序实例 ch6_7_1.py：将 subplot( ) 函数的参数改为三位数字格式。

```
11 plt.subplot(221)          # 子图 1
12 plt.plot(x, f(x))
13 plt.title('子图 1')
14 plt.subplot(222)          # 子图 2
15 plt.plot(x, f(x))
16 plt.title('子图 2')
17 plt.subplot(223)          # 子图 3
```

执行结果　与程序实例 ch6_7.py 相同。

程序实例 ch6_8.py：设定第三个子图可以占据整行，读者可以留意第 17 行 subplot( ) 函数的参数设定。

```
17  plt.subplot(2,1,2)              # 子图 3
```

执行结果

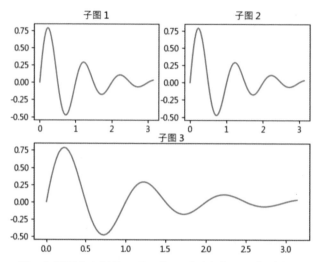

程序实例 ch6_9.py：第一个子图表占据第一列，第二列则有上下两个图表。

```
1  # ch6_9.py
2  import matplotlib.pyplot as plt
3
4  plt.subplot(1,2,1)        # 建立子图表 1,2,1
5  plt.text(0.15,0.5,'subplot(1,2,1)',fontsize='16',c='b')
6  plt.subplot(2,2,2)        # 建立子图表 2,2,2
7  plt.text(0.15,0.5,'subplot(2,2,2)',fontsize='16',c='m')
8  plt.subplot(2,2,4)        # 建立子图表 2,2,4
9  plt.text(0.15,0.5,'subplot(2,2,4)',fontsize='16',c='m')
10 plt.show()
```

执行结果

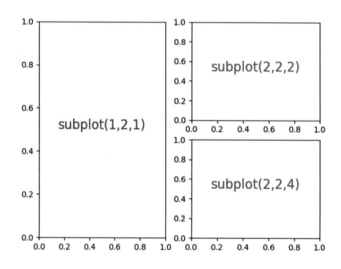

6-3　子图表与主标题

当一个图表内有多个子图表时，title( ) 函数所建立的标题是子图表的标题，如果想要建立整个图表的标题，可以使用 suptitle( ) 函数，suptitle 英文的原意是 Super Title，此函数的语法与 title( ) 函数相同，只不过是应用在有多个子图表的主标题（或称超级标题）。

程序实例 ch6_10.py：扩充设计程序实例 ch6_8.py，建立整张图表的主标题。

```
1  # ch6_10.py
2  import numpy as np
3  import matplotlib.pyplot as plt
4
5  def f(t):
6      return np.exp(-t) * np.sin(2*np.pi*t)
7
8  plt.rcParams["font.family"] = ["Microsoft JhengHei"]
9  plt.rcParams["axes.unicode_minus"] = False
10 x = np.linspace(0.0, np.pi, 100)
11 plt.subplot(2,2,1)           # 子图 1
12 plt.plot(x, f(x))
13 plt.title('子图 1')
14 plt.subplot(2,2,2)           # 子图 2
15 plt.plot(x, f(x))
16 plt.title('子图 2')
17 plt.subplot(2,1,2)           # 子图 3
18 plt.plot(x, f(x))
19 plt.title('子图 3')
20 plt.suptitle('主标题：衰减函数',fontsize=16,c='b')
21 plt.show()
```

执行结果

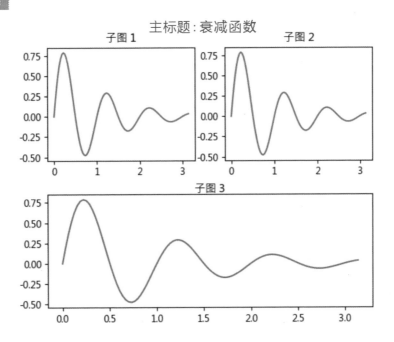

6-4 建立地理投影

6-1-3 节笔者建立了多个图表，使用 plt.figure( ) 建立多个图表时，如果省略参数，matplotlib 模块会自动为这些图表执行编号。此外，在 6-2-1 节介绍 subplot( ) 函数时，笔者介绍了 projection 参数，将图表使用地理投影，有四个选项，分别是 atioff、hammer 、lambert、mollweide，下列实例列出了这些投影结果。

程序实例 ch6_11.py：列出 subplot( ) 函数的地理投影。

```python
1  # ch6_11.py
2  import matplotlib.pyplot as plt
3
4  plt.rcParams["font.family"] = ["Microsoft JhengHei"]
5  plt.rcParams["axes.unicode_minus"] = False
6  plt.figure()        # 地理投影图表 Aitoff
7  plt.subplot(projection="aitoff")
8  plt.title("地理投影 = Aitoff",c='b')
9  plt.grid(True)
10
11 plt.figure()        # 地理投影图表 Hammer
12 plt.subplot(projection="hammer")
13 plt.title("地理投影 = Hammer",c='b')
14 plt.grid(True)
15
16 plt.figure()        # 地理投影图表 Lambert
17 plt.subplot(projection="lambert")
18 plt.title("地理投影 = Lambert",c='b')
19 plt.grid(True)
20
21 plt.figure()        # 地理投影图表 Mollweide
22 plt.subplot(projection="mollweide")
23 plt.title("地理投影 = Mollweide",c='b')
24 plt.grid(True)
25 plt.show()
```

执行结果

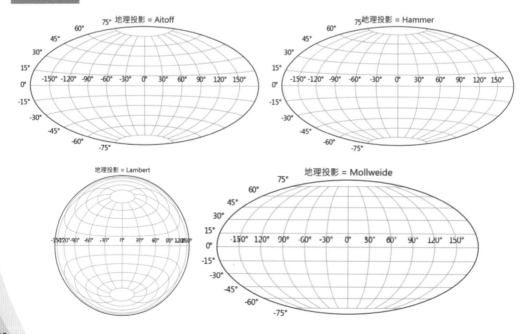

6-5 子图表对象

6-5-1 基础模式

当我们使用 plt.subplot( ) 函数时，其实回传了一个子图表对象，如下所示：

```
ax = plt.subplot()
```

未来我们可以使用此对象直接调用 matplotlib.pyplot 模块的函数。

程序实例 ch6_12.py：建立子图表对象，然后使用此对象调用 plot( ) 函数。

```
1  # ch6_12.py
2  import matplotlib.pyplot as plt
3  import numpy as np
4
5  x = np.linspace(0, 2*np.pi, 500)
6  y = np.sin(x**2)
7  ax = plt.subplot()        # 回传子图表对象
8  ax.plot(x, y)             # 使用子图表对象调用plot()函数
9  plt.show()
```

执行结果

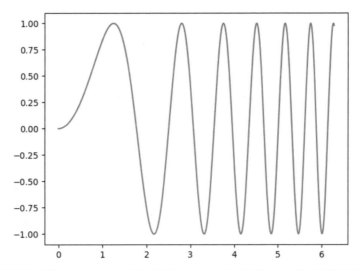

上述第 8 行使用子图表对象 (axes 对象) 调用 plot( ) 函数的模式，可以应用在所有 matplotlib 模块的绘图函数，如 scatter( ) 函数等。

6-5-2 一张图表有两个函数图形

如果图表对象是 ax，一张图表要有两个函数图形，使用 ax 调用两次 plot( ) 函数即可。

程序实例 ch6_12_1.py：使用一张图表绘制两个函数图形，重新设计程序实例 ch2_6_1.py。

```
1   # ch6_12_1.py
2   import matplotlib.pyplot as plt
3   import numpy as np
4
5   x = np.linspace(0, 2*np.pi, 500)    # 建立含500个元素的数组
6   y1 = np.sin(x)                       # sin()函数
7   y2 = np.cos(x)                       # cos()函数
8   ax = plt.subplot()
9   ax.plot(x, y1, lw = 2)               # 线条宽度是 2
10  ax.plot(x, y2, linewidth = 5)        # 线条宽度是 5
11  plt.show()
```

执行结果

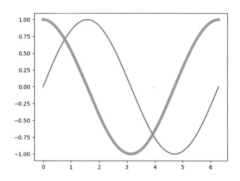

6-6 pyplot 的 API 与 OO API

目前，我们使用的函数皆算是 pyplot 模块的 API 函数，matplotlib 模块另外提供了面向对象 (Object Oritented) 的 API 函数可以供我们使用。下表是建立图表常用的 API 函数，不过 OO API 是使用图表对象调用。

pyplot API	OO API	说明
text	text	在坐标任意位置增加文字
annotate	annotate	在坐标任意位置增加文字和箭头
xlabel	set_xlabel	设定 x 轴标签
ylabel	set_ylabel	设定 y 轴标签
xlim	set_xlim	设定 x 轴范围
ylim	set_ylim	设定 y 轴范围
title	set_title	设定图表标题
figtext	text	在图表任意位置增加文字
suptitle	suptitle	在图表中增加标题
axis	set_axis_off	关闭图表标记
axis('equal')	set_aspect('equal')	定义 x 轴和 y 轴的单位长度相同
xticks( )	xaxis.set_ticks	设定 x 轴刻度
yticks( )	xaxis.set_ticks	设定 y 轴刻度

程序实例 ch6_13.py：使用图表对象调用 set_title( )、set_xlabel( ) 和 set_ylabel( ) 函数，建立图表标题、x 轴标签和 y 轴标签。

```
1  # ch6_13.py
2  import matplotlib.pyplot as plt
3  import numpy as np
4
5  x = np.linspace(0, 2*np.pi, 500)
6  y = np.sin(x**2)
7  ax = plt.subplot()          # 回传子图表对象
8  ax.plot(x, y)               # 使用子图表对象调用plot()函数
9  ax.set_title("sin function")
10 ax.set_xlabel("x")
11 ax.set_ylabel("y")
12 plt.show()
```

执行结果

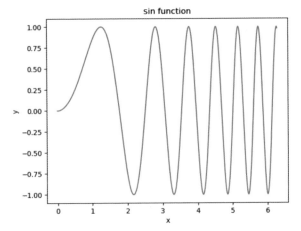

程序实例 ch6_13_1.py：使用 OO API 的 set_aspect( ) 函数重新设计程序实例 ch3_2_1.py。

```
1  # ch6_13_1.py
2  import matplotlib.pyplot as plt
3
4  x = [x for x in range(9)]
5  squares = [y * y for y in range(9)]
6  ax = plt.subplot()
7  ax.plot(squares)
8  ax.set_aspect('equal')
9  plt.show()
```

执行结果

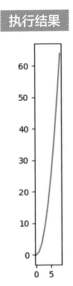

读者可以与程序实例 ch3_2_1.py 进行比较，以了解两个程序执行结果的差异。

6-7 共享 x 轴或 y 轴

当有多个图表时，可以使用共享坐标轴功能，让数据保持一致。

6-7-1 共享 x 轴

如果两个子图的 x 轴单位相同，当平移或缩放一个子图时，期待另一个子图也可以一起移动，此时可以在 subplot( ) 函数内增加设定 sharex 参数，设定共享 x 轴，下列是一个没有共享 x 轴的实例。

程序实例 ch6_14.py：没有共享 x 轴，坐标轴 x 呈现各自的数据比例。

```
1  # ch6_14.py
2  import matplotlib.pyplot as plt
3  import numpy as np
4
5  # 建立子图 1
6  x1 = np.linspace(0, 2*np.pi, 300)
7  ax1 = plt.subplot(211)
8  ax1.plot(x1, np.sin(2*np.pi*x1))
9  # 建立子图 2
10 x2 = np.linspace(0, 3*np.pi, 300)
11 ax2 = plt.subplot(212)
12 ax2.plot(x2, np.sin(4*np.pi*x2))
13 plt.show()
```

执行结果

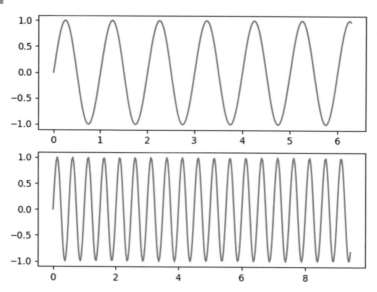

假设图表 1 的对象是 ax1，如果要将图表 2 的对象设为共享图表 1 的 x 轴，可以在使用 subplot( ) 函数时，在参数内增加设定下列参数。

```
sharex = ax1
```

程序实例 ch6_15.py：重新设计程序实例 ch6_14.py，共享 x 轴。

```
11 ax2 = plt.subplot(212, sharex=ax1)  # 共享 x 轴
```

执行结果

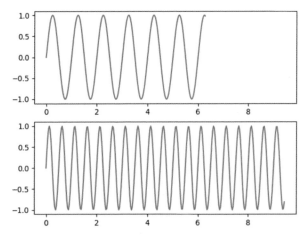

　　从上图可以看到 x 轴坐标比例已经相同了，如果共享 x 轴，也可以取消显示上方子图 1 的 x 轴标签，可以参考下列实例。

程序实例 ch6_16.py：重新设计程序实例 ch6_15.py，取消显示上方子图 1 的 x 轴刻度标签。

```
1  # ch6_16.py
2  import matplotlib.pyplot as plt
3  import numpy as np
4
5  # 建立子图 1
6  x1 = np.linspace(0, 2*np.pi, 300)
7  ax1 = plt.subplot(211)
8  ax1.plot(x1, np.sin(2*np.pi*x1))
9  ax1.tick_params('x',labelbottom=False)  # 取消显示刻度标签
10 # 建立子图 2
11 x2 = np.linspace(0, 3*np.pi, 300)
12 ax2 = plt.subplot(212, sharex=ax1)        # 共享 x 轴
13 ax2.plot(x2, np.sin(4*np.pi*x2))
14 plt.show()
```

执行结果

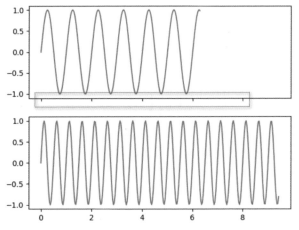

　　从上图可以看到上方子图 1 的 x 轴刻度标签已经取消显示了。

6-7-2 共享 y 轴

本节的模式与 6-7-1 节模式相同，下列是未共享 y 轴的实例。

程序实例 ch6_17.py：同一行显示两个子图，坐标轴 y 使用各自的比例。

```
1  # ch6_17.py
2  import matplotlib.pyplot as plt
3  import numpy as np
4
5  # 建立子图 1
6  x = np.linspace(0, 2*np.pi, 300)
7  ax1 = plt.subplot(121)
8  ax1.plot(x, np.sin(x**2),'b')
9  # 建立子图 2
10 ax2 = plt.subplot(122)
11 ax2.plot(x, 1+np.sin(x**2),'g--')
12 plt.show()
```

执行结果

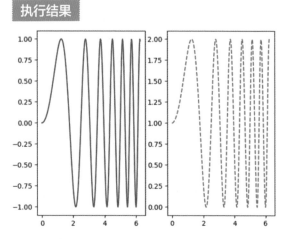

假设图表 1 的对象是 ax1，如果要将图表 2 的对象设为共享图表 1 的 y 轴，可以在使用 subplot( ) 函数时，在参数内增加设定下列参数。

```
sharey = ax1
```

程序实例 ch6_18.py：重新设计程序实例 ch6_17.py，共享 y 轴。

```
10  ax2 = plt.subplot(122,sharey=ax1)    # 共享 y 轴
```

执行结果

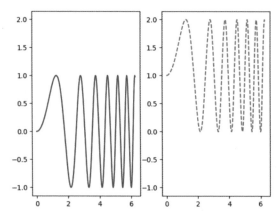

从上图可以看到 y 轴坐标比例已经相同了，如果共享 y 轴，也可以取消显示右方子图 2 的 y 轴标签，可以参考下列实例。

程序实例 ch6_19.py：同一行显示两个子图，同时取消显示右方子图 2 的 y 轴刻度标签。

```
1  # ch6_19.py
2  import matplotlib.pyplot as plt
3  import numpy as np
4
5  plt.rcParams["font.family"] = ["Microsoft JhengHei"]
6  plt.rcParams["axes.unicode_minus"] = False
7  # 建立子图 1
8  x = np.linspace(0, 2*np.pi, 300)
9  ax1 = plt.subplot(121)
10 ax1.plot(x, np.sin(x**2),'b')
11 # 建立子图 2
12 ax2 = plt.subplot(122,sharey=ax1)        # 共享 y 轴
13 ax2.plot(x, 1+np.sin(x**2),'g--')
14 ax2.tick_params('y',labelleft=False)     # 取消显示刻度标签
15 plt.suptitle("共享 y 轴")
16 plt.show()
```

执行结果

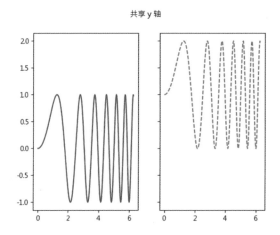

6-7-3　同时共享 x 轴和 y 轴

程序实例 ch6_20.py：同时共享 x 轴和 y 轴的实例。

```
1  # ch6_20.py
2  import matplotlib.pyplot as plt
3  import numpy as np
4
5  plt.rcParams["font.family"] = ["Microsoft JhengHei"]
6  plt.rcParams["axes.unicode_minus"] = False
7  # 建立子图 1
8  x1 = np.linspace(0, 2*np.pi, 300)
9  ax1 = plt.subplot(221)
10 ax1.plot(x1, np.sin(2*np.pi*x1))
11 # 建立子图 2
12 x2 = np.linspace(0, 3*np.pi, 300)
13 ax2 = plt.subplot(222, sharex=ax1, sharey=ax1)   # 共享x轴和y轴
14 ax2.plot(x2, np.sin(4*np.pi*x2))
15 # 建立子图 3
16 x3 = np.linspace(0, 2*np.pi, 300)
17 ax3 = plt.subplot(223, sharex=ax1, sharey=ax1)   # 共享x轴和y轴
18 ax3.plot(x3, np.sin(x3**2),'b')
19 # 建立子图 4
20 ax4 = plt.subplot(224, sharex=ax1, sharey=ax1)   # 共享x轴和y轴
21 ax4.plot(x3, 1+np.sin(x3**2),'g--')
22 plt.suptitle("共享 x 轴和 y 轴")
23 plt.show()
```

执行结果

共享 x 轴和 y 轴

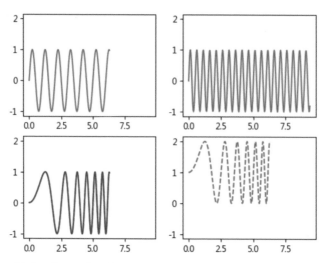

在共享 x 轴和 y 轴时，也可以将重复部分的刻度标签隐藏。

程序实例 ch6_21.py：重新设计程序实例 ch6_20.py，将重复部分的刻度标签隐藏。

```
1  # ch6_21.py
2  import matplotlib.pyplot as plt
3  import numpy as np
4
5  plt.rcParams["font.family"] = ["Microsoft JhengHei"]
6  plt.rcParams["axes.unicode_minus"] = False
7  # 建立子图 1
8  x1 = np.linspace(0, 2*np.pi, 300)
9  ax1 = plt.subplot(221)
10 ax1.plot(x1, np.sin(2*np.pi*x1))
11 ax1.tick_params('x',labelbottom=False)          # 取消显示x轴刻度标签
12 # 建立子图 2
13 x2 = np.linspace(0, 3*np.pi, 300)
14 ax2 = plt.subplot(222, sharex=ax1, sharey=ax1)  # 共享x轴和y轴
15 ax2.plot(x2, np.sin(4*np.pi*x2))
16 ax2.tick_params('x', labelbottom=False)         # 取消显示x轴刻度标签
17 ax2.tick_params('y', labelleft=False)           # 取消显示y轴刻度标签
18 # 建立子图 3
19 x3 = np.linspace(0, 2*np.pi, 300)
20 ax3 = plt.subplot(223, sharex=ax1, sharey=ax1)  # 共享x轴和y轴
21 ax3.plot(x3, np.sin(x3**2),'b')
22 # 建立子图 4
23 ax4 = plt.subplot(224, sharex=ax1, sharey=ax1)  # 共享x轴和y轴
24 ax4.plot(x3, 1+np.sin(x3**2),'g--')
25 ax4.tick_params('y',labelleft=False)            # 取消显示y轴刻度标签
26 plt.suptitle("共享 x 轴和 y 轴")
27 plt.show()
```

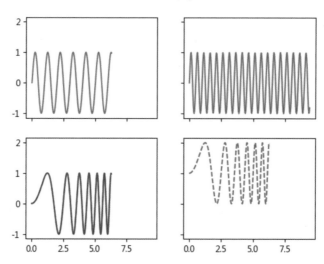

6-8 多子图的布局 tight_layout( ) 函数

在 3-9-7 节，笔者介绍了 tight_layout( ) 函数的用法，在多子图环境，常常会发生数据重叠的情况，这时更需要应用此函数。此函数语法如下 :

```
plt.tight_layout(pad=1.08, h_pad=None, w_pad)
```

上述各参数意义如下 :

❑　pad : 子图表和图边界的距离，以字号为单位，默认是 1.08。

❑　h_pad, w_pad : 各子图表的高 (height) 与宽 (width) 的距离，以字号的百分比为单位。

建议初学者使用默认值即可，即不加上任何参数。

6-8-1　简单图表但是数据无法完整显示

程序实例 ch6_22.py : 简单图表但是数据无法完整显示的问题。

```
1  # ch6_22.py
2  import numpy as np
3  import matplotlib.pyplot as plt
4
5  plt.rcParams["font.family"] = ["Microsoft JhengHei"]
6  plt.rcParams["axes.unicode_minus"] = False
7  plt.rcParams["figure.facecolor"] = "lightyellow"
8  fsize = 24                 # 字号
9  ax = plt.subplot()         # 建立图表
10 ax.plot([1, 3])           # 绘制图表
11 ax.set_xlabel('x 坐标', fontsize=fsize)
12 ax.set_ylabel('y 坐标', fontsize=fsize)
13 ax.set_title('数据布局', fontsize=fsize)
14 plt.show()
```

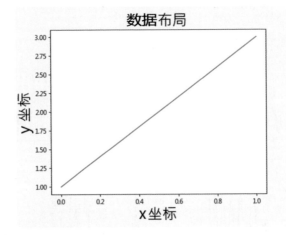

从上述执行结果可以看到 x 坐标没有完整显示，y 坐标太靠近边界。

6-8-2　紧凑布局解决问题

程序实例 ch6_23.py：使用 tight_layout( ) 函数解决程序实例 ch6_22.py 中的问题。

```
1  # ch6_23.py
2  import numpy as np
3  import matplotlib.pyplot as plt
4
5  plt.rcParams["font.family"] = ["Microsoft JhengHei"]
6  plt.rcParams["axes.unicode_minus"] = False
7  plt.rcParams["figure.facecolor"] = "lightyellow"
8  fsize = 24                      # 字号
9  ax = plt.subplot()              # 建立图表
10 ax.plot([1, 3])                 # 绘制图表
11 ax.set_xlabel('x 坐标', fontsize=fsize)
12 ax.set_ylabel('y 坐标', fontsize=fsize)
13 ax.set_title('数据布局', fontsize=fsize)
14 plt.tight_layout()             # 紧凑布局
15 plt.show()
```

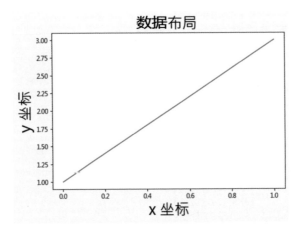

6-8-3　多子图布局数据重叠

程序实例 ch6_24.py：多子图布局数据重叠的问题。

```
1  # ch6_24.py
2  import numpy as np
3  import matplotlib.pyplot as plt
4
5  def my_plot(ax, size):
6      ax.plot([1, 3])                       # 绘制图表
7      ax.set_xlabel('x 坐标', fontsize=size)
8      ax.set_ylabel('y 坐标', fontsize=size)
9      ax.set_title('数据布局', fontsize=size)
10
11  plt.rcParams["font.family"] = ["Microsoft JhengHei"]
12  plt.rcParams["axes.unicode_minus"] = False
13  plt.rcParams["figure.facecolor"] = "lightyellow"
14  fsize = 24                                # 字号
15  ax1 = plt.subplot(2,2,1)                  # 建立图表
16  my_plot(ax1,fsize)
17  ax2 = plt.subplot(2,2,2)                  # 建立图表
18  my_plot(ax2,fsize)
19  ax3 = plt.subplot(2,2,3)                  # 建立图表
20  my_plot(ax3,fsize)
21  ax4 = plt.subplot(2,2,4)                  # 建立图表
22  my_plot(ax4,fsize)
23  plt.show()
```

执行结果

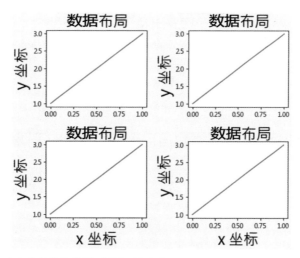

从上述执行结果可以看到整体数据重叠问题严重。

6-8-4　紧凑布局解决多子图数据重叠问题

程序实例 ch6_25.py：使用 tight_layout( ) 函数解决程序实例 ch6_24.py 中的问题。

```
1  # ch6_25.py
2  import numpy as np
3  import matplotlib.pyplot as plt
4
5  def my_plot(ax, size):
6      ax.plot([1, 3])                       # 绘制图表
```

```
 7        ax.set_xlabel('x 坐标', fontsize=size)
 8        ax.set_ylabel('y 坐标', fontsize=size)
 9        ax.set_title('数据布局', fontsize=size)
10
11    plt.rcParams["font.family"] = ["Microsoft JhengHei"]
12    plt.rcParams["axes.unicode_minus"] = False
13    plt.rcParams["figure.facecolor"] = "lightyellow"
14    fsize = 24                    # 字号
15    ax1 = plt.subplot(2,2,1)    # 建立图表
16    my_plot(ax1,fsize)
17    ax2 = plt.subplot(2,2,2)    # 建立图表
18    my_plot(ax2,fsize)
19    ax3 = plt.subplot(2,2,3)    # 建立图表
20    my_plot(ax3,fsize)
21    ax4 = plt.subplot(2,2,4)    # 建立图表
22    my_plot(ax4,fsize)
23    plt.tight_layout()          # 紧凑布局
24    plt.show()
```

执行结果

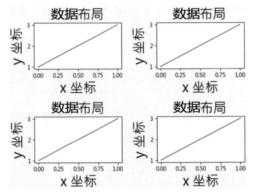

从上述执行结果可以看到，tight_layout( ) 函数解决了子图表间数据重叠的问题。

6-8-5 tight_layout( ) 函数也适用于不同大小的子图表

程序实例 ch6_26.py：将 tight_layout( ) 函数应用在不同大小的子图表中。

```
 1    # ch6_26.py
 2    import numpy as np
 3    import matplotlib.pyplot as plt
 4
 5    def my_plot(ax, size):
 6        ax.plot([1, 3])          # 绘制图表
 7        ax.set_xlabel('x 坐标', fontsize=size)
 8        ax.set_ylabel('y 坐标', fontsize=size)
 9        ax.set_title('数据布局', fontsize=size)
10
11    plt.rcParams["font.family"] = ["Microsoft JhengHei"]
12    plt.rcParams["axes.unicode_minus"] = False
13    plt.rcParams["figure.facecolor"] = "lightyellow"
14    fsize = 24                    # 字号
15    ax1 = plt.subplot(2,2,1)    # 建立图表
16    my_plot(ax1,fsize)
17    ax2 = plt.subplot(2,2,3)    # 建立图表
18    my_plot(ax2,fsize)
19    ax3 = plt.subplot(1,2,2)    # 建立图表
20    my_plot(ax3,fsize)
21    plt.tight_layout()          # 紧凑布局
22    plt.show()
```

执行结果

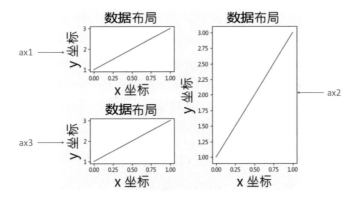

6-8-6　采用 rcParams 设定紧凑填充

程序设计时，也可以使用下列绘图环境设定指令，将紧凑填充改为 True。

```
rcParams["figure.autolayout"] = True
```

程序实例 ch6_26_1.py：使用 rcParams 重新设计程序实例 ch6_26.py。

```
1  # ch6_26_1.py
2  import numpy as np
3  import matplotlib.pyplot as plt
4
5  def my_plot(ax, size):
6      ax.plot([1, 3])               # 绘制图表
7      ax.set_xlabel('x 坐标', fontsize=size)
8      ax.set_ylabel('y 坐标', fontsize=size)
9      ax.set_title('数据布局', fontsize=size)
10
11 plt.rcParams["font.family"] = ["Microsoft JhengHei"]
12 plt.rcParams["axes.unicode_minus"] = False
13 plt.rcParams["figure.facecolor"] = "lightyellow"
14 plt.rcParams["figure.autolayout"] = True
15 fsize = 24                        # 字号
16 ax1 = plt.subplot(2,2,1)          # 建立图表
17 my_plot(ax1,fsize)
18 ax2 = plt.subplot(2,2,3)          # 建立图表
19 my_plot(ax2,fsize)
20 ax3 = plt.subplot(1,2,2)          # 建立图表
21 my_plot(ax3,fsize)
22 plt.show()
```

执行结果　　与程序实例 ch6_26.py 相同。

6-9　建立子图表使用 subplots( ) 函数

6-9-1　subplots( ) 函数语法

此函数与 6-2 节的 subplot( ) 函数的差异在于多了一个字母 s，实际应用上 subplots( ) 函数的功能则增加许多，此函数语法如下：

```
fig, ax = plt.subplots(nrows=1, ncols=1, sharex=False, sharey=False,
squeeze=True,**fig_kw)
```

上述函数可以建立一个窗口图表 Figure(相当于上述语法的 fig) 和系列子图表 (相当于上述语法的 ax)，其参数意义如下 :

❏ nrows : 行数，默认是 1。

❏ ncols : 列数，默认是 1。

❏ sharex, sharey : 这是布尔值，或是 none、all、row、col，默认是 False。

❏ squeeze : 挤压，默认是 True。如果是 True，则可能情况如下 :

- 如果构造一个子图，则建立单个 Axes 对象回传。
- 如果建立 N × 1 或 1 × N，则回传一维数组 Axes 对象。
- 如果 N > 1 和 M > 1，则回传二维数组 Axes 对象。

如果是 False，则不进行挤压，回传的是含 Axes 对象的 2D 数组。

❏ subplot_kw : 带有传递给 add_subplot 用于建立每个子图调用的关键词字典，如 subplot_kw={'aspect' : 'equal'}，相当于设定 x 轴和 y 轴单位长度相同。

❏ gridspec_kw : 带有传递给构造函数的关键词字典，GridSpec 构造函数可用于建立放置子图的网格。

❏ **fig_kw : 额外的关键词参数，可用于 pyplot.figure( ) 函数的调用。

上述函数的回传值 fig 是图表 (Figure) 对象，ax 是 Axes 对象的数组。

6-9-2　简单的实例应用

程序实例 ch6_27.py : 使用 subplots( ) 函数建立两个水平布局的子图。

```
1  # ch6_27.py
2  import matplotlib.pyplot as plt
3  import numpy as np
4
5  fig, ax = plt.subplots(nrows=1,ncols=2)  # 建立两个子图
6  x = np.linspace(0, 2*np.pi, 300)
7  y = np.sin(x**2)
8  ax[0].plot(x, y,'b')                     # 子图索引 0
9  ax[1].plot(x, y,'g')                     # 子图索引 1
10 plt.tight_layout()                       # 紧凑布局
11 plt.show()
```

执行结果

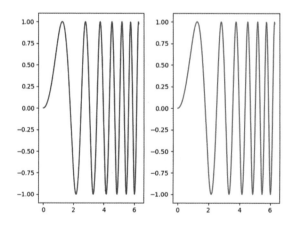

上述第 5 行中的 subplots( ) 函数，笔者直接指定 nrows=1，ncols=2，这是正规设定方式，对于初学者建议使用这种方式，这时可以得到 ax[0] 是左边的子图，ax[1] 是右边的子图。

程序实例 ch6_27_1.py：修改程序实例 ch6_27.py，使用 subplots(1,2)，简化第 5 行。

```
5  fig, ax = plt.subplots(1, 2)            # 建立两个子图
```

执行结果　与程序实例 ch6_27.py 相同。

程序实例 ch6_28.py：修改程序实例 ch6_27.py，将 subplots( ) 函数的参数直接设为 2，这时可以得到子图垂直堆叠的结果。

```
5  fig, ax = plt.subplots(2)
```

执行结果

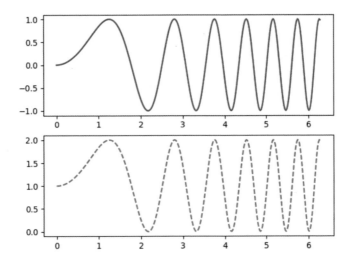

6-9-3　四个子图的实例

程序实例 ch6_29.py：使用紧凑布局建立四个子图。

```
1   # ch6_29.py
2   import matplotlib.pyplot as plt
3   import numpy as np
4
5   plt.rcParams["font.family"] = ["Microsoft JhengHei"]
6   plt.rcParams["axes.unicode_minus"] = False
7   fig, ax = plt.subplots(2, 2)              # 建立四个子图
8   x = np.linspace(0, 2*np.pi, 300)
9   y = np.sin(x**2)
10  ax[0, 0].plot(x, y,'b')                   # 子图索引 0,0
11  ax[0, 0].set_title('子图[0, 0]')
12  ax[0, 1].plot(x, y,'g')                   # 子图索引 0,1
13  ax[0, 1].set_title('子图[0, 1]')
14  ax[1, 0].plot(x, y,'m')                   # 子图索引 1,0
15  ax[1, 0].set_title('子图[1, 0]')
16  ax[1, 1].plot(x, y,'r')                   # 子图索引 1,1
17  ax[1, 1].set_title('子图[1, 1]')
18  plt.tight_layout()                        # 紧凑布局
19  plt.show()
```

执行结果

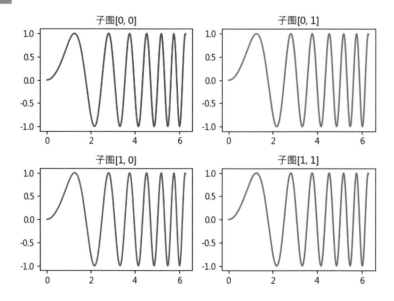

6-9-4 遍历子图

如果要为上述系列子图建立轴标签，可以使用子图对象的属性 flat 当作遍历子图的基础，假设子图对象是 ax，则可以使用下列循环遍历子图。

```
for a in ax.flat:
```

程序实例 ch6_30.py：扩充设计程序实例 ch6_29.py，增加轴标签。

```
1   # ch6_30.py
2   import matplotlib.pyplot as plt
3   import numpy as np
4
5   plt.rcParams["font.family"] = ["Microsoft JhengHei"]
6   plt.rcParams["axes.unicode_minus"] = False
7   fig, ax = plt.subplots(2, 2)               # 建立四个子图
8   x = np.linspace(0, 2*np.pi, 300)
9   y = np.sin(x**2)
10  ax[0, 0].plot(x, y,'b')                    # 子图索引 0,0
11  ax[0, 0].set_title('子图[0, 0]')
12  ax[0, 1].plot(x, y,'g')                    # 子图索引 0,1
13  ax[0, 1].set_title('子图[0, 1]')
14  ax[1, 0].plot(x, y,'m')                    # 子图索引 1,0
15  ax[1, 0].set_title('子图[1, 0]')
16  ax[1, 1].plot(x, y,'r')                    # 子图索引 1,1
17  ax[1, 1].set_title('子图[1, 1]')
18  for a in ax.flat:
19      a.set(xlabel='x 轴数据', ylabel='y 轴数据')
20  plt.tight_layout()                         # 紧凑布局
21  plt.show()
```

执行结果

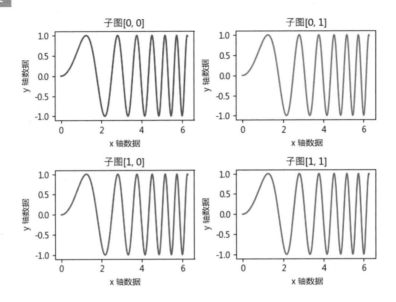

6-9-5　隐藏内侧的刻度标记和刻度标签

　　子图对象可以调用 label_outer( ) 函数隐藏上方子图的 x 轴刻度标记和刻度标签，同时也可以隐藏右侧子图的 y 轴刻度标记和刻度标签。

程序实例 ch6_31.py：扩充设计程序实例 ch6_30.py，隐藏上方子图的 x 轴刻度标记和刻度标签，同时隐藏右侧子图的 y 轴刻度标记和刻度标签。

```
1  # ch6_51.py
2  import matplotlib.pyplot as plt
3  import numpy as np
4
5  plt.rcParams["font.family"] = ["Microsoft JhengHei"]
6  plt.rcParams["axes.unicode_minus"] = False
7  fig, ax = plt.subplots(2, 2)              # 建立四个子图
8  x = np.linspace(0, 2*np.pi, 300)
9  y = np.sin(x**2)
10 ax[0, 0].plot(x, y,'b')                   # 子图索引 0,0
11 ax[0, 0].set_title('子图[0, 0]')
12 ax[0, 1].plot(x, y,'g')                   # 子图索引 0,1
13 ax[0, 1].set_title('子图[0, 1]')
14 ax[1, 0].plot(x, y,'m')                   # 子图索引 1,0
15 ax[1, 0].set_title('子图[1, 0]')
16 ax[1, 1].plot(x, y,'r')                   # 子图索引 1,1
17 ax[1, 1].set_title('子图[1, 1]')
18 for a in ax.flat:
19     a.set(xlabel='x 轴数据', ylabel='y 轴数据')
20 # 隐藏内侧的刻度标记和标签
21 for a in ax.flat:
22     a.label_outer()
23 plt.tight_layout()                        # 紧凑布局
24 plt.show()
```

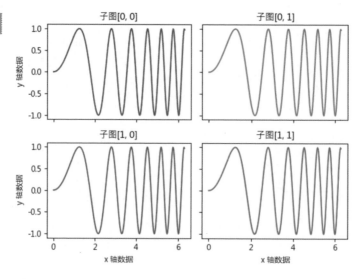

6-9-6 共享 x 轴和 y 轴数据

在 subplots( ) 函数内增加下列设定可以共享 x 轴和 y 轴。

```
sharex = True
sharey = True
```

程序实例 ch6_32.py：共享 x 轴和 y 轴的应用。

```
 1  # ch6_32.py
 2  import matplotlib.pyplot as plt
 3  import numpy as np
 4
 5  plt.rcParams["font.family"] = ["Microsoft JhengHei"]
 6  plt.rcParams["axes.unicode_minus"] = False
 7  x = np.linspace(0, 2*np.pi, 300)
 8  y = np.sin(x**2)
 9  fig, ax = plt.subplots(3, sharex=True, sharey=True)
10  fig.suptitle('共享 x 轴和 y 轴', fontsize=18)
11  ax[0].plot(x, y ** 2, 'b--')
12  ax[1].plot(x, 0.5 * y, 'go')
13  ax[2].plot(x, y, 'm+')
14  plt.show()
```

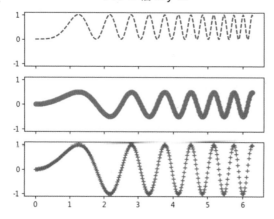

上述共享 x 轴和 y 轴，可以看到上方两个子图的 x 轴刻度标签已经自动被删除，其缺点是子图间有空隙，未来将做改良。

6-10　极坐标图

要建立极坐标图，需要在 subplots( ) 函数内设定下列参数：

```
subplot_kw=dict(projection='polar')
```

或者直接使用 projection='polar' 参数，其他细节可以参考下列实例。

程序实例 ch6_33.py：绘制下列基础模式的极坐标图形，第 12 行增加 tight_layout( ) 函数，可以使标题不要太靠近上边界。

$$r = 0 - 1$$

$$angle = 2\pi r$$

```
1  # ch6_33.py
2  import matplotlib.pyplot as plt
3  import numpy as np
4
5  plt.rcParams["font.family"] = ["Microsoft JhengHei"]
6  plt.rcParams["axes.unicode_minus"] = False
7  ax = plt.subplot(projection='polar')
8  r = np.arange(0, 1, 0.001)
9  theta = 2 * 2*np.pi * r
10 ax.plot(theta, r, 'm', lw=3)
11 plt.title("极坐标图表",fontsize=16)
12 plt.tight_layout()          # 图表标题可以紧凑布局
13 plt.show()
```

执行结果

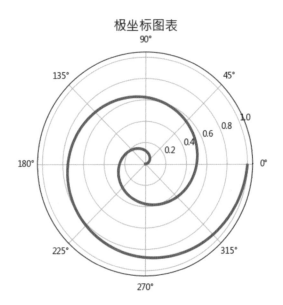

程序实例 ch6_34.py：绘制极坐标 sin(x) 和 sin(x) 平方图。

```
1   # ch6_34.py
2   import matplotlib.pyplot as plt
3   import numpy as np
4
5   plt.rcParams["font.family"] = ["Microsoft JhengHei"]
6   plt.rcParams["axes.unicode_minus"] = False
7   x = np.linspace(0, 2*np.pi, 300)
8   y = np.sin(x)
9   fig, (ax1,ax2) = plt.subplots(1,2,subplot_kw=dict(projection='polar'))
10  ax1.plot(x, y)
11  ax1.set_title("极坐标 sin 图",fontsize=12)
12  ax2.plot(x, y ** 2)
13  ax2.set_title('极坐标 sin 平方图',fontsize=12)
14  plt.tight_layout()                          # 紧凑布局
15  plt.show()
```

执行结果

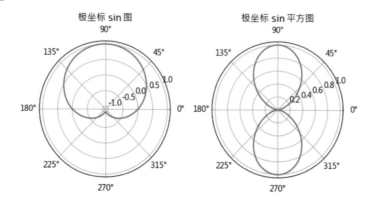

6-11 Figure 对象调用 OO API add_subplot( ) 函数

在面向对象的 OO API 函数中，add_subplot( ) 函数可以新增加子图，这时可以使用 Figure 对象进行调用，调用后可以回传子图对象，然后使用此子图对象调用 plot( ) 函数或设定子图标题 set_title( ) 函数。add_subplot( ) 函数的参数与 subplot( ) 函数类似，下面直接以实例说明。

程序实例 ch6_35.py：使用 add_subplot( ) 函数新增加子图的应用。

```
1   # ch6_35.py
2   import numpy as np
3   import matplotlib.pyplot as plt
4
5   plt.rcParams["font.family"] = ["Microsoft JhengHei"]
6   plt.rcParams["axes.unicode_minus"] = False
7   plt.rcParams["figure.facecolor"] = "lightyellow"
8   fig = plt.figure()
9   x = np.arange(1,11)
10  ax1 = fig.add_subplot(2,2,1)        # 建立子图表 1
11  ax1.plot(x, x)
12  ax1.set_title("子图 221")
13  ax1 = fig.add_subplot(2,2,3)        # 建立子图表 3
14  ax1.plot(x, x, 'y')
15  ax1.set_title("子图 223")
16  ax1 = fig.add_subplot(1,2,2)        # 建立子图表 2
17  ax1.plot(x, x, 'm')
18  ax1.set_title("子图 122")
19  plt.tight_layout()                  # 紧凑布局
20  plt.show()
```

执行结果

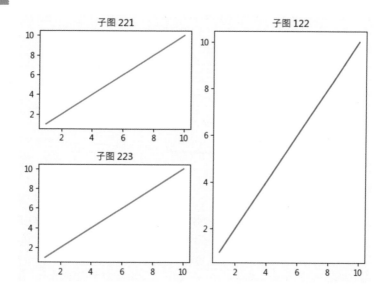

6-12 建立网格子图使用 add_gridspec( ) 函数

6-12-1 add_gridspec( ) 函数语法

add_gridspec( ) 函数可以建立一个网格，用网格执行子图布局可以让子图变得简单，容易理解。此函数的用法有很多，本节将从简单实例说起，逐步带领读者彻底了解 Figure 的网格功能。此函数语法如下：

```
add_gridspec(nrows, ncols, left, right, top, bottom, hspace, wspace)
```

上述各参数意义如下：

- ☐ nrows, ncols：行数和列数，如果只有一个数字，则此数字代表行数。
- ☐ left, right, top, bottom：这是 gridspec 网格占据图表的空间，单位是图表百分比。

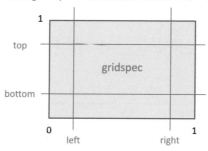

❑ wspace, hspace : gridspec 各子图间的距离。

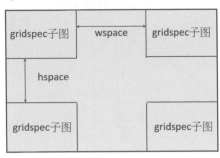

6-12-2 简单子图布局实例

下列是使用 add_gridspec( ) 函数简单建立两个垂直子图的实例，子图间的间距使用默认值。

```
fig = plt.figure()
gs = fig.add_gridspec(2)          # 参数 2 是假设要建立 2×1 子图
```

有了上述回传的网格对象 gs，未来可以将此 gs 对象的索引当作 add_subplot( ) 函数的参数。

程序实例 ch6_36.py：建立 2×1 子图。

```
1  # ch6_36.py
2  import matplotlib.pyplot as plt
3
4  fig = plt.figure()
5  gs = fig.add_gridspec(2)
6  ax1 = fig.add_subplot(gs[0,0])
7  ax2 = fig.add_subplot(gs[1,0])
8  plt.show()
```

执行结果

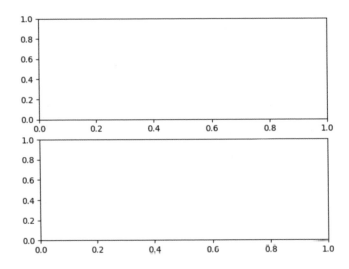

程序实例 ch6_37.py：建立 2×2 子图。

```
1  # ch6_37.py
2  import matplotlib.pyplot as plt
3
4  fig = plt.figure()
5  gs = fig.add_gridspec(2, 2)
6  ax1 = fig.add_subplot(gs[0,0])
7  ax1.set_title('gs[0,0]')
8  ax2 = fig.add_subplot(gs[0,1])
9  ax2.set_title('gs[0,1]')
10 ax3 = fig.add_subplot(gs[1,0])
11 ax3.set_title('gs[1,0]')
12 ax4 = fig.add_subplot(gs[1,1])
13 ax4.set_title('gs[1,1]')
14 plt.tight_layout()
15 plt.show()
```

执行结果

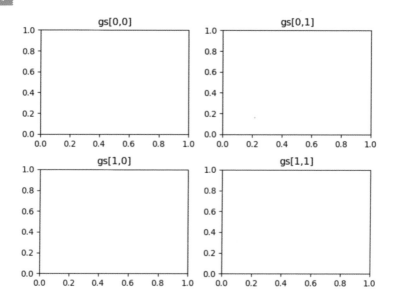

6-12-3 使用切片模式执行子图布局

Python 的切片模式可以让子图布局变得容易理解，下面将以实例进行解说。

程序实例 ch6_38.py：建立 2×2 子图布局，但是第一行只有一个子图。

```
1  # ch6_38.py
2  import matplotlib.pyplot as plt
3
4  fig = plt.figure()
5  gs = fig.add_gridspec(2, 2)
6  ax1 = fig.add_subplot(gs[0,0])
7  ax1.set_title('gs[0,0]')
8  ax2 = fig.add_subplot(gs[0,1])
9  ax2.set_title('gs[0,1]')
10 ax3 = fig.add_subplot(gs[1,:])
11 ax3.set_title('gs[1,:]')
12 plt.tight_layout()
13 plt.show()
```

执行结果

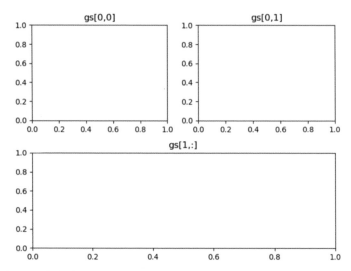

上述重点是第 10 行的指令：

```
ax3 = fig.add_subplot(gs[1,:])
```

相当于 ax3 子图空间占据第一行所有列。

6-12-4　建立网格时将子图间的间距删除

使用 add_gridspec( ) 函数建立网格，若设定参数 hspace = 0，可以删除垂直子图间的间距；若设定参数 wspace = 0，可以删除水平子图间的间距。如果要建立三个垂直子图，同时将三个子图的间距删除，可以参考下列指令。

```
fig = plt.figure()
gs = fig.add_gridspec(3, hspace=0)              # 参数 3 是假设要建立三个子图
```

前面几节笔者使用 gs 对象当作 add_subplot( ) 函数的参数，其实也可以使用 gs 调用 subplots( ) 函数，所回传的对象是一个子图列表，未来可以用索引设计子图。

程序实例 ch6_39.py：建立网格 (GridSpec)，重新设计程序实例 ch6_32.py。

```
1  # ch6_39.py
2  import matplotlib.pyplot as plt
3  import numpy as np
4
5  plt.rcParams["font.family"] = ["Microsoft JhengHei"]
6  plt.rcParams["axes.unicode_minus"] = False
7  x = np.linspace(0, 2*np.pi, 300)
8  y = np.sin(x**2)
9  fig = plt.figure()
10 gs = fig.add_gridspec(3, hspace=0)
11 ax = gs.subplots(sharex=True, sharey=True)
12 fig.suptitle('共享 x 轴和 y 轴', fontsize=18)
13 ax[0].plot(x, y ** 2, 'b--')
14 ax[1].plot(x, 0.5 * y, 'yo')
15 ax[2].plot(x, y, 'm+')
16 # 隐藏内侧的刻度标记和标签
17 for a in ax.flat:
18     a.label_outer()
19 plt.show()
```

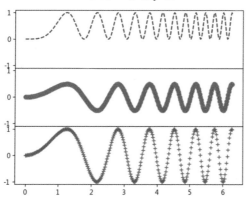

6-12-5　建立 2×2 的网格与共享 x 轴和 y 轴

使用 subplots( ) 函数共享 x 轴和 y 轴时，也可以使用下列方法。

```
sharex = 'col'
sharey = 'row'
```

程序实例 ch6_40.py：建立 2×2 网格，同时使用 col 和 row 共享 x 轴和 y 轴。

```
1  # ch6_40.py
2  import matplotlib.pyplot as plt
3  import numpy as np
4
5  plt.rcParams["font.family"] = ["Microsoft JhengHei"]
6  plt.rcParams["axes.unicode_minus"] = False
7  x = np.linspace(0, 2*np.pi, 300)
8  y = np.sin(x**2)
9  fig = plt.figure()
10 gs = fig.add_gridspec(2, 2, hspace=0, wspace=0)
11 (ax1, ax2), (ax3, ax4) = gs.subplots(sharex='col', sharey='row')
12 fig.suptitle('共享 x(column) 轴 和 y(row) 轴', fontsize=18)
13 ax1.plot(x, y, 'b')
14 ax2.plot(x, y ** 2, 'g')
15 ax3.plot(x+1, y, 'm')
16 ax4.plot(x+2, y ** 2, 'r')
17 plt.show()
```

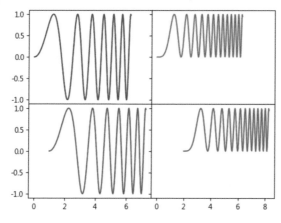

上述程序第 10 行的 add_gridspec( ) 函数内有 wspace=0，表示左右子图间没有空隙。

6-12-6　在一个坐标轴内建立两组数据

使用 subplots( ) 函数也可以建立一个坐标轴，在此坐标轴内有两组数据。

程序实例 ch6_41.py：使用 subplots( ) 函数建立 1×1 的子图，然后使用 2 组数据。

```
1  # ch6_41.py
2  import matplotlib.pyplot as plt
3  import numpy as np
4
5  fig, ax = plt.subplots(1, 1)
6  x = np.linspace(0, 2*np.pi, 300)
7  y1 = np.sin(x)
8  y2 = np.cos(x)
9  ax.plot(x, y1)
10 ax.plot(x, y2, 'g', lw='3')
11 plt.show()
```

执行结果

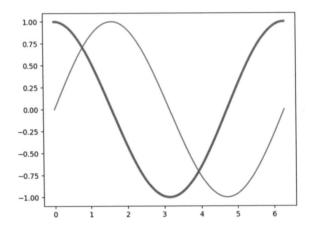

6-12-7　两组数据共享 x 轴和使用不同的 y 轴

如果希望 ax1 和 ax2 可以共享 x 轴，但是使用不同的 y 轴，即相当于让 y 轴有主轴和副轴，这时可以使用 twinx( ) 函数。

程序实例 ch6_42.py：重新设计程序实例 ch6_41.py，让 y1 线使用 y 的主轴，y2 线使用 y 的副轴。

```
1  # ch6_42.py
2  import matplotlib.pyplot as plt
3  import numpy as np
4
5  fig, ax1 = plt.subplots(1, 1)
6  ax2 = ax1.twinx()                  # 使用相同的 x 轴
7  # y1 = sin(x)
8  x = np.linspace(0, 2*np.pi, 300)
9  y1 = np.sin(x)
10 # y2 = cos(x)
11 y2 = np.cos(x)
12 # 绘图
13 ax1.plot(x, y1)
14 ax2.plot(x, y2, 'g', lw='3')
15 plt.show()
```

执行结果

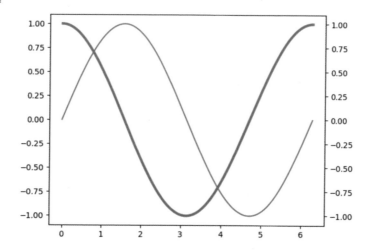

6-13　使用 OO API 新增子图的应用实例

6-13-1　使用 GridSpec 调用 add_subplot( ) 函数

本节是使用网格对象调用 add_subplot( ) 函数，实际建立含数据的 2×2 网格实例。

程序实例 ch6_43.py：使用 add_gridspec( ) 函数建立网格模式，重新设计程序实例 ch6_29.py。

```
1   # ch6_43.py
2   import matplotlib.pyplot as plt
3   import numpy as np
4
5   plt.rcParams["font.family"] = ["Microsoft JhengHei"]
6   plt.rcParams["axes.unicode_minus"] = False
7   fig = plt.figure()
8   gs = fig.add_gridspec(2,2)              # 建立 2 x 2 网格
9
10  x = np.linspace(0, 2*np.pi, 300)
11  y = np.sin(x**2)
12  gs_ax1 = fig.add_subplot(gs[0,0])      # 用网格对象索引0,0指定子图
13  gs_ax1.plot(x, y, 'b')
14  gs_ax1.set_title('子图[0, 0]')
15  gs_ax2 = fig.add_subplot(gs[0,1])      # 用网格对象索引0,1指定子图
16  gs_ax2.plot(x, y, 'g')
17  gs_ax2.set_title('子图[0, 1]')
18  gs_ax3 = fig.add_subplot(gs[1,0])      # 用网格对象索引1,0指定子图
19  gs_ax3.plot(x, y, 'm')
20  gs_ax3.set_title('子图[1, 0]')
21  gs_ax4 = fig.add_subplot(gs[1,1])      # 用网格对象索引1,1指定子图
22  gs_ax4.plot(x, y, 'r')
23  gs_ax4.set_title('子图[1, 1]')
24
25  plt.tight_layout()                     # 紧凑布局
26  plt.show()
```

执行结果

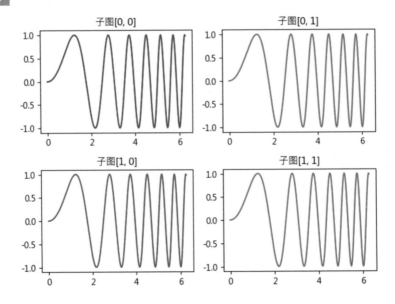

6-13-2 使用 add_gridspec( ) 网格和切片模式的实例

本节的实例是比较复杂的网格和切片模式的实例。

程序实例 ch6_44.py：使用 add_gridspec( ) 网格和切片模式，在 3×3 的网格内建立五个子图。

```
1  # ch6_44.py
2  import numpy as np
3  import matplotlib.pyplot as plt
4
5  plt.rcParams["figure.facecolor"] = "lightyellow"
6
7  fig = plt.figure()
8  gs = fig.add_gridspec(3, 3)          # 建立 3 × 3 子图
9  x = np.arange(1,11)
10 gs_ax1 = fig.add_subplot(gs[0,:])    # 使用切片 模式
11 gs_ax1.plot(x, x)
12 gs_ax1.set_title('gs[0,:]')
13 gs_ax2 = fig.add_subplot(gs[1,:-1])  # 使用切片 模式
14 gs_ax2.plot(x, x)
15 gs_ax2.set_title('gs[1,:-1]')
16 gs_ax3 = fig.add_subplot(gs[1:,-1])  # 使用切片 模式
17 gs_ax3.plot(x, x)
18 gs_ax3.set_title('gs[1:,-1]')
19 gs_ax4 = fig.add_subplot(gs[-1,0])   # 使用切片 模式
20 gs_ax4.plot(x, x)
21 gs_ax4.set_title('gs[-1,0]')
22 gs_ax5 = fig.add_subplot(gs[-1,-2])  # 使用切片 模式
23 gs_ax5.plot(x, x)
24 gs_ax5.set_title('gs[-1,-2]')
25
26 plt.tight_layout()                   # 紧凑布局
27 plt.show()
```

执行结果

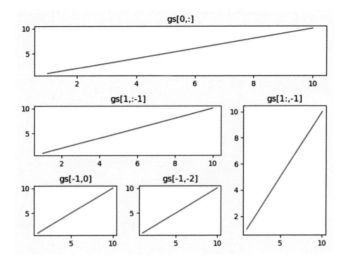

6-13-3　宽高比

在 add_gridspec( ) 函数内可以使用 height_ratios 参数设定子图之间的高度比，使用 width_ratios 参数设定子图之间的宽度比，这样可以建立不同大小的子图。假设高度与宽度是 3，设定实例说明如下：

```
height_ratios = [2,1]          # 0 行高度是 2 和 1 行高度是 1
width_ratios  = [2,1]          # 0 行宽度是 2 和 1 行宽度是 1
```

程序实例 ch6_45.py：建立具有不同高度与宽度的子图。

```
1   # ch6_45.py
2   import numpy as np
3   import matplotlib.pyplot as plt
4
5   plt.rcParams["figure.facecolor"] = "lightyellow"
6
7   fig = plt.figure()
8   # 子图 0 行和 1 行的高度比是 2:1
9   # 子图 0 行和 1 行的宽度比是 2:1
10  gs = fig.add_gridspec(nrows=2, ncols=2, height_ratios=[2,1],
11                  width_ratios=[2,1])
12  # 建立子图对象
13  ax1 = fig.add_subplot(gs[0,0])
14  ax2 = fig.add_subplot(gs[0,1])
15  ax3 = fig.add_subplot(gs[1,:])
16  # x 轴数据
17  x = np.linspace(0, 2*np.pi, 500)
18  # 绘制子图
19  ax1.plot(x, np.sin(x))
20  ax2.plot(x, np.sin(x)**2,'g')
21  ax3.plot(x, np.sin(x) + np.cos(x),'m')
22  # 建立轴标签
23  ax1.set_ylabel("y")
24  ax3.set_xlabel("x")
25  ax3.set_ylabel("y")
26
27  plt.tight_layout()                    # 紧凑布局
28  plt.show()
```

执行结果

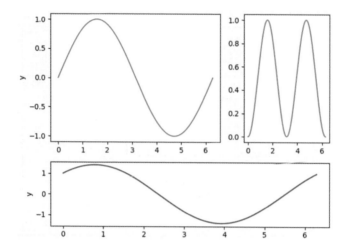

6-14 轴函数 axes( )

在 Figure 对象上最重要的对象就是 axes 对象，直觉上可称 axes 是一个轴对象，在 matplotlib 模块中其实就是一个图表，如果我们省略 axes 模式，默认就是在 Figure 对象内绘制图表。

先前程序我们若是省略 Figure 对象和 axes 对象，系统会自动建立一个 Figure 对象，然后在此 Figure 对象内绘制图表。

axes( ) 函数会在 Figure 对象内建立一个 axes 子图表对象，未来可以使用此子图表绘制子图，此语法常用参数如下：

```
axes(rect, xlim, ylim)
```

上述参数 rect 是列表，相当于 [left, bottom, width, height]，单位是 Figure 对象大小的百分比。

❑ left：相对对象左边的百分比位置。
❑ bottom：相对对象底边的百分比位置。
❑ width：相对对象宽度的百分比。
❑ height：相对对象高度的百分比。
❑ xlim：可以用数值设定左边 (left) 位置和右边 (right) 位置。
❑ ylim：可以用数值设定下边 (bottom) 位置和上边 (top) 位置。

例如：下列是设定 x 轴位置在 -25~25 之间，y 轴位置在 -10~10 之间的指令。

```
plt.axes(xlim(-25,25), ylim(-10,10))
```

程序实例 ch6_46.py：使用 axes( ) 函数建立子图表对象，所使用的参数可以参考程序第 4 行。

```
1  # ch6_46.py
2  import matplotlib.pyplot as plt
3
4  fig = plt.figure()
5  ax = plt.axes([0.1,0.1,0.8,0.8])
6  plt.show()
```

执行结果 可以参考下方左图。

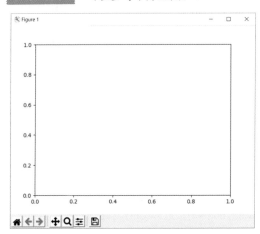 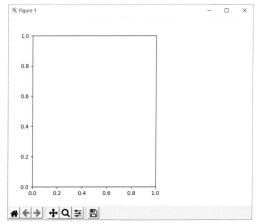

程序实例 ch6_47.py：使用宽度是 0.5，重新设计程序实例 ch6_46.py。

```
1  # ch6_47.py
2  import matplotlib.pyplot as plt
3
4  fig = plt.figure()
5  ax = plt.axes([0.1,0.1,0.5,0.8])
6  plt.show()
```

执行结果 可以参考上方右图。

程序实例 ch6_48.py：在 axes 对象内绘制 sin( ) 函数平方图。

```
1  # ch6_48.py
2  import matplotlib.pyplot as plt
3  import numpy as np
4
5  fig = plt.figure()
6  ax = plt.axes([0.1,0.1,0.8,0.8])
7  x = np.linspace(0, 2*np.pi, 500)
8  ax.plot(x, np.sin(x)**2,'g')
9  plt.show()
```

执行结果

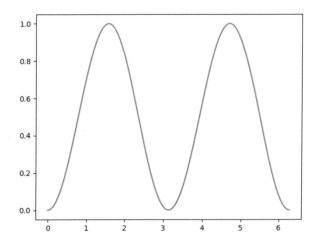

119

6-15 使用 OO API add_axes( ) 函数新增图内的子图对象

add_axes( ) 函数可以在图表内新增加子图对象，如果原先 Figure 对象内已有图表，这时相当于可以建立图中图，此函数也是 OO API，需要使用 Figure 对象调用。此函数语法如下：

```
add_axes(rect, **kwargs)
```

常用的参数如下：

❏ rect：[left, bottom, width, height]，可以用实际尺寸。也可以用 0 ~ 1 的数字，这时代表相对外图表的百分比。所采用坐标点是将原图的左下角坐标视为 (0, 0)。
❏ projection：投影类型。
❏ sharex 和 sharey：共享轴。

程序实例 ch6_49.py：图内子图用百分比当作位置 (left, bottom)、宽 (width) 与高 (height)。

```
1   # ch6_49.py
2   import numpy as np
3   import matplotlib.pyplot as plt
4
5   plt.rcParams["font.family"] = ["Microsoft JhengHei"]
6   plt.rcParams["axes.unicode_minus"] = False
7   plt.rcParams["figure.facecolor"] = "lightyellow"
8   fig = plt.figure()
9   x = np.arange(1,11)
10  plt.plot(x, x)
11  plt.title('外图表')
12  #新增子区域位置和大小
13  left, bottom, width, height = 0.2, 0.6, 0.2, 0.2
14  # 设定子坐标对象
15  ax2 = fig.add_axes([left, bottom, width, height])
16  ax2.plot(x,x, 'g')
17  ax2.set_title('内图表')
18  plt.show()
```

执行结果

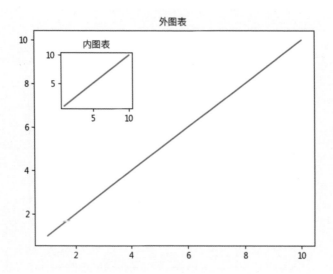

6-16 使用 OO API 设定 x 轴和 y 轴的范围

在 6-6 节笔者曾提到，OO API 的 set_xlim( ) 函数功能类似于 Pyplot API 的 xlim( ) 函数功能，可以设定 x 轴的范围；OO API 的 set_ylim( ) 函数功能类似于 Pyplot API 的 ylim( ) 函数功能，可以设定 y 轴的范围。下面将用一个实例进行解说。

程序实例 ch6_50.py：未使用 OO API 的 set_xlim( ) 函数和 set_ylim( ) 函数的实例。

```
1   # ch6_50.py
2   import matplotlib.pyplot as plt
3   import numpy as np
4
5   x = np.linspace(0, 2*np.pi, 500)
6   y = np.sin(2 * np.pi * x) + 1
7   fig = plt.figure()
8   ax = plt.axes()
9   #ax.set_xlim([1, 5])
10  #ax.set_ylim([-0.5, 2.5])
11  plt.plot(x, y)
12  plt.show()
```

执行结果

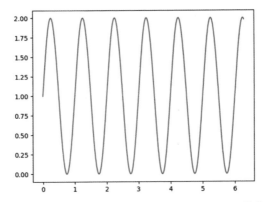

程序实例 ch6_51.py：使用 OO API 的 set_xlim( ) 函数和 set_ylim( ) 函数的实例。

```
9   ax.set_xlim([1, 5])
10  ax.set_ylim([-0.5, 2.5])
```

执行结果

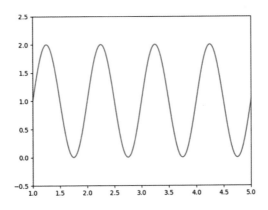

第 7 章

图表注释

matplotlib 模块的 annotate( ) 函数除了可以在图表上增加文字注释，也可以支持箭头之类的工具，本章将完整地解说此函数的功能。

7-1　annotate( ) 函数语法

annotate( ) 函数可以为图表的数据加上注释文字，同时支持带箭头的画线工具，因为其功能强大，所以本书将使用一章进行解说。此函数语法如下：

```
plt.annotate(text, xy, *args, **kwargs)
```

上述函数最简单的格式是在 xy 坐标位置输出 text 文字，也可以在文字位置加上箭头指向特定位置。上述参数意义如下：

❑ text：注释文字。
❑ xy：文字箭头指向的坐标点，此处是元组 (x, y)。
❑ xytext：在 (x, y) 输出文字注释。
❑ xycoords：文字箭头 (xy) 的坐标系统，可以参考下表。

参数值	说明
figure points	绘图区左下角是参考点，单位是点 (point)
figure pixels	绘图区左下角是参考点，单位是像素 (pixel)
figure fraction	绘图区左下角是参考点，单位是百分比
axes points	子绘图区 (轴对象) 左下角是参考点，单位是点 (point)
axes pixels	子绘图区 (轴对象) 左下角是参考点，单位是像素 (pixel)
axes fraction	子绘图区 (轴对象) 左下角是参考点，单位是百分比
data	默认值，使用轴坐标系统
polar	使用极坐标

❑ textcoords：文字注释点 (xytext) 的坐标系统，默认与 xycoords 相同，除了使用上表，也可以增加下列两个选项。

参数值	说明
offset points	相对于被注释 xy 的偏移，单位是点 (point)
offset pixels	相对于被注释 xy 的偏移，单位是像素 (pixel)

❑ arrowprops：箭头的样式，这是字典 (dict) 格式，如果此属性不是空白，会在注释点与注释文字间绘制一个箭头，如果不设定 'arrowstyle'，可以使用下列关键词。

关键词参数	说明
width	箭头的宽度，单位是点
headwidth	箭头头部的宽度，单位是点
headlength	箭头头部的长度，单位是点
shrink	箭头两端收缩的百分比
?	任意键 matplotlib.patches.FancyArrowPatch

如果设定了 arrowstyle，上表的关键词就不可以使用，这时的箭头样式可以参考下表。

类别	箭头样式	属性
Curve	-	None
CurveA	<-	head_length=0.4, head_width=0.2
CurveB	->	head_length=0.4, head_width=0.2
CurveAB	<->	head_length=0.4, head_width=0.2
CurveFilledA	<|-	head_length=0.4, head_width=0.2
CurveFilledB	-|>	head_length=0.4, head_width=0.2
CurveFilledAB	<|-|>	head_length=0.4, head_width=0.2
BrackedA	]-	widthA=1.0, lengthA=0.2, angleA=0
BrackedB	-[	widthB=1.0, lengthB=0.2, angleB=0
BrackedAB	]-[	widthA=1.0, lengthA=0.2, angleA=0 widthB=1.0, lengthB=0.2, angleB=0
BarAB	|-|	widthA=1.0, lengthA=0.2, widthB=0, angleB=0
BrackedCurve	]->	widthA=1.0, lengthA=0.2, angleA=None
CurveBarcked	<-[	widthB=1.0, lengthB=0.2, angleB=None
Simple	simple	head_length=0.5, head_width=0.5, tail_width=0.2
Fancy	fancy	head_length=0.4, head_width=0.4, tail_width=0.4
Wedge	wedge	tail_width=0.3, shrink_factor=0.5

FancyArrowPatch 的关键词可以参考下表。

关键词	说明
arrowstyle	箭头样式
connectionstyle	连接样式
relpos	箭头起点相对于注释文字的位置，默认是 (0.5, 0.5)
patchA	默认注释的文本框
patchB	默认是无
shrinkA	箭头起点缩排点数是 2
shrinkB	箭头起点缩排点数是 2
mutation_style	默认是文字大小
mutation_aspect	默认是 1
?	matplotlib.patched.PathPatch 的任意关键词

连接样式 (connectionstyle) 可以有下列样式。

关键词	属性说明
angle	angleA=90, angleB=0, rad=0.0
angle3	angleA=90, angleB=0
arc	angleA=90, angleB=0, armA=None, armB=None, rad=0.0
arc3	rad=0.0
bar	armA=0.0, armB=0.0, fraction=0.3, angle=None

7-2　基础图表注释的实例

程序实例 ch7_1.py：标记局部极大值。

```
1   # ch7_1.py
2   import matplotlib.pyplot as plt
3   import numpy as np
4
5   plt.rcParams["font.family"] = ["Microsoft JhengHei"]
6   plt.rcParams["axes.unicode_minus"] = False
7   x = np.linspace(0.0, np.pi, 500)
8   y = np.cos(2 * np.pi * x)
9   plt.plot(x, y, 'm', lw=2)
10  plt.annotate('局部极大值',
11               xy=(2, 1),
12               xytext=(2.5, 1.2),
13               arrowprops=dict(facecolor='black',shrink=0.05))
14  plt.ylim(-1.5, 1.5)
15  plt.show()
```

执行结果　可以参考下方左图。

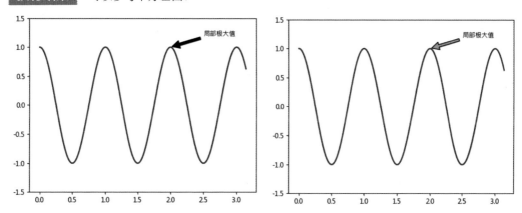

程序实例 ch7_2.py：更改箭头颜色，facecolor 改为黄色。

```
10  plt.annotate('局部极大值',
11               xy=(2, 1),
12               xytext=(2.5, 1.2),
13               arrowprops=dict(facecolor='y',shrink=0.05))
```

执行结果　可以参考上方右图。

7-3　箭头颜色

在 arrowprops 参数的字典中，默认箭头边界是黑色，可以用 edgecolor(或 ec) 设定更改颜色。箭头内部是蓝色，可以用 facecolor(或 fc) 设定更改颜色。

或者直接使用 color 设定颜色。

程序实例 ch7_3.py：使用默认箭头颜色重新设计程序实例 ch7_1.py。

```
10  plt.annotate('局部极大值',
11              xy=(2, 1),
12              xytext=(2.5, 1.2),
13              arrowprops=dict(shrink=0.05))
```

执行结果 可以参考下方左图。

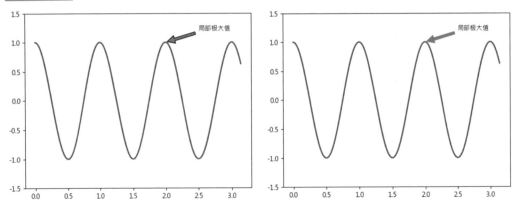

程序实例 ch7_4.py：重新设计程序实例 ch7_1.py，将箭头边界与内部改为绿色。

```
10  plt.annotate('局部极大值',
11              xy=(2, 1),
12              xytext=(2.5, 1.2),
13              arrowprops=dict(ec='g',fc='g',shrink=0.05))
```

执行结果 可以参考上方右图。

程序实例 ch7_4_1.py：修改程序实例 ch7_4.py，使用 color 参数直接设定箭头为绿色。

```
10  plt.annotate('局部极大值',
11              xy=(2, 1),
12              xytext=(2.5, 1.2),
13              arrowprops=dict(color='g',shrink=0.05))
```

执行结果 与程序实例 ch7_4.py 相同。

7-4 箭头样式

7-4-1 基础箭头样式

程序实例 ch7_5.py：箭头样式是 ->，连接方式是 arc。

```
1   # ch7_5.py
2   import matplotlib.pyplot as plt
3
4   fig, ax = plt.subplots(figsize=(4,4))
5   ax.annotate("Annotate",
6               xy = (0.2, 0.2),
7               xytext = (0.7, 0.8),
8               arrowprops = dict(arrowstyle="->",
9                               connectionstyle="arc"),
10              )
11  plt.show()
```

执行结果　可以参考下方左图。

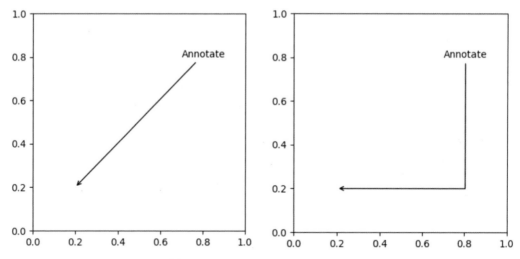

程序实例 ch7_6.py：重新设计程序实例 ch7_5.py，箭头样式是 ->，连接方式是 angle。

```
1  # ch7_6.py
2  import matplotlib.pyplot as plt
3
4  fig, ax = plt.subplots(figsize=(4,4))
5  ax.annotate("Annotate",
6              xy = (0.2, 0.2),
7              xytext = (0.7, 0.8),
8              arrowprops = dict(arrowstyle="->",
9                      connectionstyle="angle"),
10             )
11 plt.show()
```

执行结果　可以参考上方右图。

7-4-2　箭头样式 '->'

本节将用实例解说 -> 箭头样式。

程序实例 ch7_7.py：列出完整的箭头样式。

```
1  # ch7_7.py
2  import matplotlib.pyplot as plt
3
4  def demo(ax, connectionstyle):
5      ''' 绘制子图与箭头样式说明 '''
6      x1, y1 = 0.3, 0.2
7      x2, y2 = 0.8, 0.6
8      ax.plot([x1, x2], [y1, y2], "g.")
9      ax.annotate("",
10                 xy=(x1, y1),
11                 xytext=(x2, y2),
12                 arrowprops=dict(arrowstyle="->", color="m",
13                             shrinkA=5,
14                             shrinkB=5,
15                             connectionstyle=connectionstyle,
16                             ),
17                 )
18     ax.text(0.1, 0.96, connectionstyle.replace(",", ",\n"),
19             transform=ax.transAxes, ha="left", va="top", c='b')
```

127

```
20  # 主程序开始
21  fig, axs = plt.subplots(3, 5, figsize=(7, 6.2))
22  demo(axs[0, 0], "angle3,angleA=90,angleB=0")
23  demo(axs[1, 0], "angle3,angleA=0,angleB=90")
24  demo(axs[0, 1], "angle,angleA=-90,angleB=180,rad=0")
25  demo(axs[1, 1], "angle,angleA=-90,angleB=180,rad=5")
26  demo(axs[2, 1], "angle,angleA=-90,angleB=10,rad=5")
27  demo(axs[0, 2], "arc3,rad=0.")
28  demo(axs[1, 2], "arc3,rad=0.3")
29  demo(axs[2, 2], "arc3,rad=-0.3")
30  demo(axs[0, 3], "arc,angleA=-90,angleB=0,armA=30,armB=30,rad=0")
31  demo(axs[1, 3], "arc,angleA=-90,angleB=0,armA=30,armB=30,rad=5")
32  demo(axs[2, 3], "arc,angleA=-90,angleB=0,armA=0,armB=40,rad=0")
33  demo(axs[0, 4], "bar,fraction=0.3")
34  demo(axs[1, 4], "bar,fraction=-0.3")
35  demo(axs[2, 4], "bar,angle=180,fraction=-0.3")
36  # 取消刻度标记和标签
37  for ax in axs.flat:
38      ax.set(xlim=(0, 1), ylim=(0, 1.25), xticks=[], yticks=[])
39  plt.tight_layout()              # 紧凑布局
40  plt.show()
```

执行结果

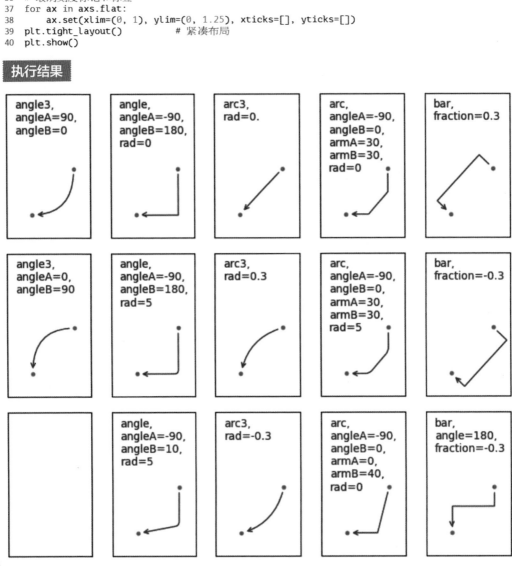

7-4-3　simple 箭头样式

程序实例 ch7_8.py：使用 simple 箭头样式，然后用 arc3, rad=-0.3 连接。

```
1  # ch7_8.py
2  import matplotlib.pyplot as plt
3
4  plt.subplots(figsize=(4,4))
5  plt.annotate("Simple",
6              xy=(0.2, 0.2),
7              xytext=(0.7, 0.8),
8              size=20, va="center", ha="center",
9              color='b',
10             arrowprops=dict(arrowstyle="simple",
11                             color='g',
12                             connectionstyle="arc3,rad=-0.3"),
13             )
14 plt.show()
```

执行结果

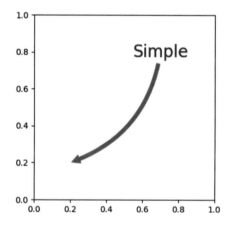

7-4-4　fancy 箭头样式

我们也可以将 bbox 模式应用在箭头的文字中。

程序实例 ch7_9.py：重新设计程序实例 ch7_8.py，将箭头改为 fancy，文字使用 bbox 设定。

```
1  # ch7_9.py
2  import matplotlib.pyplot as plt
3
4  plt.subplots(figsize=(4,4))
5  plt.annotate("fancy",
6              xy=(0.2, 0.2),
7              xytext=(0.7, 0.8),
8              size=20, va="center", ha="center",
9              color='b',
10             bbox=dict(boxstyle="round4",fc="lightyellow"),
11             arrowprops=dict(arrowstyle="fancy",
12                             color='g',
13                             connectionstyle="arc3,rad=-0.3"),
14             )
15 plt.show()
```

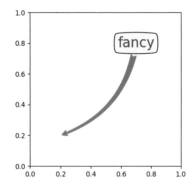

7-4-5 wedge 箭头样式

英文 wedge 可以翻译为楔形，相同位置可以搭配两组箭头。

程序实例 ch7_10.py：将箭头改为 wedge，同时有两组箭头。

```
1  # ch7_10.py
2  import matplotlib.pyplot as plt
3
4  plt.subplots(figsize=(4,4))
5  plt.annotate("wedge",
6               xy=(0.2, 0.2),
7               xytext=(0.7, 0.8),
8               size=20, va="center", ha="center",
9               color='b',
10              bbox=dict(boxstyle="round4",fc="lightyellow"),
11              arrowprops=dict(arrowstyle="wedge",
12                              color='g',
13                              connectionstyle="arc3,rad=-0.3"),
14              )
15  plt.annotate("wedge",
16               xy=(0.2, 0.2),
17               xytext=(0.7, 0.8),
18               size=20, va="center", ha="center",
19               color='b',
20              bbox=dict(boxstyle="round4",fc="lightyellow"),
21              arrowprops=dict(arrowstyle="wedge",
22                              color='m',
23                              connectionstyle="arc3,rad=0.3"),
24              )
25  plt.show()
```

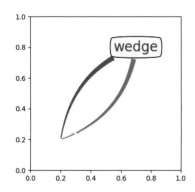

7-5　将图表注释应用于极坐标

程序实例 ch7_11.py：将图表注释应用于极坐标。

```
1   # ch7_11.py
2   import matplotlib.pyplot as plt
3   import numpy as np
4
5   plt.rcParams["font.family"] = ["Microsoft JhengHei"]
6   fig = plt.figure()
7   ax = fig.add_subplot(projection='polar')
8   r = np.linspace(0, 1, 1000)
9   theta = 2 * 2*np.pi * r
10  ax.plot(theta, r, color='g', lw=3)
11
12  i = 500
13  radius, thistheta = r[i], theta[i]
14  ax.plot([thistheta], [radius], 'o')          # 指定位置绘点
15  ax.annotate('极坐标文字注释',
16              xy=(thistheta, radius),          # theta, radius
17              xytext=(0.8, 0.2),               # 百分比
18              color='b',                       # 蓝色
19              textcoords='figure fraction',    # 坐标格式是百分比
20              arrowprops=dict(arrowstyle="->",
21                              color='m'),
22              horizontalalignment='left',
23              verticalalignment='bottom',
24              )
25  plt.show()
```

执行结果

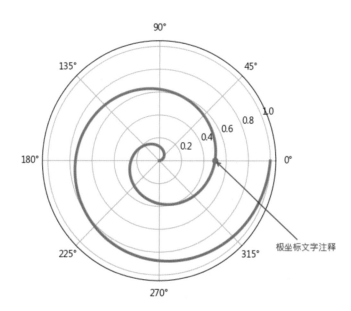

第 8 章

图表的数学符号

在建立图表的过程中，我们很可能需要表达类似下列的数学符号：

$$\propto \quad \beta \quad \pi \quad \mu \quad \frac{2}{5x} \quad \sqrt{x}$$

上述数学符号无法使用一般公式表达，本章将讲解 matplotlib 模块表达数学符号的完整知识。

8-1　编写简单的数学表达式

使用 matplotlib 模块时，要编写键盘上无法表达的数学符号，可以使用模块内建的 TeX 标记的子集，使用时将字符放在一对金钱符号 $ 内，同时左边加上字符 r 即可。

8-1-1　显示圆周率

圆周率的表达方式是 \pi。

程序实例 ch8_1.py：显示圆周率 π。

```
1  # ch8_1.py
2  import matplotlib.pyplot as plt
3
4  plt.title(r'$\pi$')
5  plt.show()
```

执行结果　下列是省略打印空图表。

π

8-1-2　数学表达式内有数字

如果数学表达式内有数字，则数字需要使用大括号 { } 括起来。

程序实例 ch8_2.py：数学表达式内有数字。

```
1  # ch8_2.py
2  import matplotlib.pyplot as plt
3
4  plt.title(r'${2}\pi$')
5  plt.show()
```

执行结果

2π

8-1-3　数学表达式内有键盘符号

如果数学表达式内有键盘上的英文字母或数学符号，可以直接放在一对金钱符号 $ 内。

程序实例 ch8_3.py：数学表达式的使用。

```
1  # ch8_3.py
2  import matplotlib.pyplot as plt
3
4  plt.title(r'${2}\pi > {5}x$')
5  plt.show()
```

执行结果

$2\pi > 5x$

8-2　上标和下标符号

8-2-1　建立上标符号

符号 ^ 可以建立上标。

程序实例 ch8_4.py：建立圆面积表达式。

```
1  # ch8_4.py
2  import matplotlib.pyplot as plt
3
4  plt.title(r'$\pi r^{2}$')
5  plt.show()
```

执行结果

πr^2

注 上述程序第 4 行 pi 和 r 之间空一格，因为 pi 是特定意义的字，所以必须如此，如果多空几格，执行结果不会受到影响。

8-2-2 建立下标符号

符号 _ 可以建立下标。

程序实例 ch8_5.py：建立水的分子式符号。

```
1  # ch8_5.py
2  import matplotlib.pyplot as plt
3
4  plt.title(r'$H_{2}0$')
5  plt.show()
```

执行结果

H_2O

8-3 分数 (Fractions) 符号

分数符号的表达方式是 \frac{ }{ }，其中左边 { } 内是分子，右边 { } 内是分母。

程序实例 ch8_6.py：分数符号的表达方式。

```
1  # ch8_6.py
2  import matplotlib.pyplot as plt
3
4  plt.title(r'$\frac{7}{9}$', fontsize=20)
5  plt.show()
```

执行结果

$\frac{7}{9}$

程序实例 ch8_7.py：分数公式的嵌套。

```
1  # ch8_7.py
2  import matplotlib.pyplot as plt
3
4  plt.title(r'$\frac{7-\frac{3}{2x}}{9}$',fontsize=20)
5  plt.show()
```

执行结果

$\frac{7-\frac{3}{2x}}{9}$

8-4 二项式 (Binomials)

二项式可以使用 \binom{ }{ } 表示。

程序实例 ch8_8.py：二项式表示法。

```
1  # ch8_8.py
2  import matplotlib.pyplot as plt
3
4  plt.title(r'$\binom{7}{9}$',fontsize=20)
5  plt.show()
```

执行结果

$\binom{7}{9}$

8-5 堆积数 (Stacked numbers)

堆积数可以使用 \genfrac{ }{ }{ }{ }{ }{ } 表示。

程序实例 ch8_9.py：堆积数表示法。

```
1  # ch8_9.py
2  import matplotlib.pyplot as plt
3
4  plt.title(r'$\genfrac{}{}{0}{}{7}{9}$',fontsize=20)
5  plt.show()
```

执行结果

$$\genfrac{}{}{0pt}{}{7}{9}$$

8-6 小括号

小括号也可以应用在数学符号内，可以参考下列实例。

程序实例 ch8_10.py：扩充设计程序实例 ch8_7.py，在嵌套分数公式内增加小括号。

```
1  # ch8_10.py
2  import matplotlib.pyplot as plt
3
4  plt.title(r'$(\frac{7-\frac{3}{2x}}{9})$',fontsize=20)
5  plt.show()
```

执行结果

$$(\frac{7-\frac{3}{2x}}{9})$$

上述程序的缺点是小括号没有包含整个公式。

8-7 建立包含整个公式的小括号

如果想要改良 8-6 节的公式，需在左小括号符号左边增加 \left，右小括号符号左边增加 \right。

程序实例 ch8_11.py：改良程序实例 ch8_10.py 的小括号公式。

```
1  # ch8_11.py
2  import matplotlib.pyplot as plt
3
4  plt.title(r'$\left(\frac{7-\frac{3}{2x}}{9}\right)$',fontsize=20)
5  plt.show()
```

执行结果

$$\left(\frac{7-\frac{3}{2x}}{9}\right)$$

8-8 根号

根号可以使用 \sqrt[ ]{ } 表示，[ ] 是根号的次方，如果是平方根，则此 [ ] 符号可以省略，{ } 则是根号内容。

程序实例 ch8_12.py：建立平方根符号。

```
1  # ch8_12.py
2  import matplotlib.pyplot as plt
3
4  plt.title(r'$\sqrt{7}$',fontsize=20)
5  plt.show()
```

执行结果

$$\sqrt{7}$$

程序实例 ch8_13.py：建立三次根号。

```
1  # ch8_13.py
2  import matplotlib.pyplot as plt
3
4  plt.title(r'$\sqrt[3]{a}$',fontsize=20)
5  plt.show()
```

执行结果

$$\sqrt[3]{a}$$

8-9 求和符号

求和符号可以使用 \sum，无限大可以使用 \infty。

程序实例 ch8_14.py：求和符号的应用。

```
1  # ch8_14.py
2  import matplotlib.pyplot as plt
3
4  plt.title(r'$\sum_{i=0}^\infty x_i$',fontsize=20)
5  plt.tight_layout()
6  plt.show()
```

执行结果

$$\sum_{i=0}^{\infty} x_i$$

8-10 小写希腊字母

下列是建立数学符号会需要的小写希腊字母撰写方式。

α \alpha	β \beta	χ \chi	δ \delta	ε \digamma	ε \epsilon
η \eta	γ \gamma	我 \iota	κ \kappa	λ \lambda	μ \mu
ν \nu	ω \omega	φ \phi	π \pi	ψ \psi	ρ \rho
σ \sigma	τ \tau	θ \theta	υ \upsilon	ε \varepsilon	ε \varkappa
φ \varphi	ϖ \varpi	ϱ \varrho	ε \varsigma	ϑ \vartheta	ξ \xi

ζ \zeta

上述符号取材自 matplotlib 官方网站。

程序实例 ch8_15.py：与小写希腊字母有关的数学公式。

```
1  # ch8_15.py
2  import matplotlib.pyplot as plt
3
4  plt.title(r'$\alpha^2 > \beta i$',fontsize=20)
5  plt.show()
```

执行结果

$$\alpha^2 > \beta_i$$

8-11　大写希腊字母

下列是建立数学符号会需要的大写希腊字母撰写方式。

Δ \Delta	Γ \Gamma	Λ \Lambda	Ω \Omega	Φ \Phi	Π \Pi	Ψ \Psi	Σ \Sigma
θ \Theta	Υ \Upsilon	Ξ \Xi	℧ \mho	∇ \nabla		

上述符号取材自 matplotlib 官方网站。

程序实例 ch8_16.py：输出大写希腊字母。

```
1  # ch8_16.py
2  import matplotlib.pyplot as plt
3
4  plt.title(r'$\Omega vs \Delta$',fontsize=20)
5  plt.show()
```

执行结果

$\Omega vs \Delta$

上述程序的缺点是没有空格。

8-12　增加空格

可以使用 \quad 增加一个字符空格，使用 \qquad 增加二个字符空格。

程序实例 ch8_17.py：增加空格的应用。

```
1  # ch8_17.py
2  import matplotlib.pyplot as plt
3
4  plt.title(r'$\Omega \quad vs \quad \Delta$',fontsize=20)
5  plt.show()
```

执行结果

$\Omega \quad vs \quad \Delta$

如果觉得上述空格太大，也可以使用 \/ 符号增加一点空格。

程序实例 ch8_18.py：增加一点空格。

```
1  # ch8_18.py
2  import matplotlib.pyplot as plt
3
4  plt.title(r'$\Omega \/vs\/ \Delta$',fontsize=20)
5  plt.show()
```

执行结果

$\Omega \/vs\/ \Delta$

8-13　分隔符

/ /	[[	⇓ \Downarrow	⇑ \Uparrow	‖ \Vert	\ \backslash
↓ \downarrow	⟨ \langle	⌈ \lceil	⌊ \lfloor	∟ \llcorner	⌟ \lrcorner
⟩ \rangle	⌉ \rceil	⌋ \rfloor	⌜ \ulcorner	↑ \uparrow	⌝ \urcorner
| \vert	{ \{	| |	} \}	]]	||

137

上述符号取材自 matplotlib 官方网站。

8-14 大符号

∩ \bigcap	∪ \bigcup	⊙ \bigodot	⊕ \bigoplus	⊗ \bigotimes	⊎ \biguplus
⋁ \bigvee	⋀ \bigwedge	⊔ \coprod	∫ \int	∮ \oint	∏ \prod

∑ \sum

上述符号取材自 matplotlib 官方网站。

8-15 标准函数名称

Pr \Pr	arccos \arccos	arcsin \arcsin	arctan \arctan	arg \arg	cos \cos
cosh \cosh	cot \cot	coth \coth	csc \csc	deg \deg	det \det
dim \dim	exp \exp	gcd \gcd	hom \hom	inf \inf	ker \ker
lg \lg	lim \lim	liminf \liminf	limsup \limsup	ln \ln	log \log
max \max	min \min	sec \sec	sin \sin	sinh \sinh	sup \sup
tan \tan	tanh \tanh				

上述函数名称取材自 matplotlib 官方网站。

8-16 二元运算和关系符号

≎ \Bumpeq	⋒ \Cap	⋓ \Cup	≑ \Doteq
⋈ \Join	⋐ \Subset	⋑ \Supset	⊩ \Vdash
⊪ \Vvdash	≈ \approx	≊ \approxeq	∗ \ast
≍ \asymp	϶ \backepsilon	∽ \backsim	⋍ \backsimeq
⊼ \barwedge	∵ \because	≬ \between	○ \bigcirc
▽ \bigtriangledown	△ \bigtriangleup	◀ \blacktriangleleft	▶ \blacktriangleright

⊥ \bot	⋈ \bowtie	⊡ \boxdot	⊟ \boxminus
⊞ \boxplus	⊠ \boxtimes	· \bullet	≏ \bumpeq
∩ \cap	· \cdot	∘ \circ	≗ \circeq
≔ \coloneq	≅ \cong	∪ \cup	⋞ \curlyeqprec
⋟ \curlyeqsucc	⋎ \curlyvee	⋏ \curlywedge	† \dag
⊣ \dashv	‡ \ddag	⋄ \diamond	÷ \div
⊛ \divideontimes	≐ \doteq	≑ \doteqdot	∔ \dotplus
⊼ \doublebarwedge	≖ \eqcirc	≕ \eqcolon	≂ \eqsim
⪖ \eqslantgtr	⪕ \eqslantless	≡ \equiv	≒ \fallingdotseq
⌢ \frown	≥ \geq	≧ \geqq	⩾ \geqslant
≫ \gg	⋙ \ggg	⪊ \gnapprox	≩ \gneqq
⋧ \gnsim	⪆ \gtrapprox	⋗ \gtrdot	⋛ \gtreqless
⪌ \gtreqqless	≷ \gtrless	≳ \gtrsim	∈ \in
⊺ \intercal	⋋ \leftthreetimes	≤ \leq	≦ \leqq
⩽ \leqslant	⪅ \lessapprox	⋖ \lessdot	⋚ \lesseqgtr
⪋ \lesseqqgtr	≶ \lessgtr	≲ \lesssim	≪ \ll
⋘ \lll	⪉ \lnapprox	≨ \lneqq	⋦ \lnsim
⋉ \ltimes	∣ \mid	⊨ \models	∓ \mp

⊮ \nVDash	⊯ \nVdash	≉ \napprox	≇ \ncong
≠ \ne	≠ \neq	≠ \neq	≢ \nequiv
≱ \ngeq	≯ \ngtr	∋ \ni	≰ \nleq
≮ \nless	∤ \nmid	∉ \notin	∦ \nparallel
⊀ \nprec	≁ \nsim	⊄ \nsubset	⊈ \nsubseteq
⊁ \nsucc	⊅ \nsupset	⊉ \nsupseteq	⋪ \ntriangleleft
⋬ \ntrianglelefteq	⋫ \ntriangleright	⋭ \ntrianglerighteq	⊬ \nvDash
⊭ \nvdash	⊙ \odot	⊖ \ominus	⊕ \oplus
⊘ \oslash	⊗ \otimes	∥ \parallel	⊥ \perp
⋔ \pitchfork	± \pm	≺ \prec	⪷ \precapprox
≼ \preccurlyeq	⪯ \preceq	⪹ \precnapprox	⋨ \precnsim
≾ \precsim	∝ \propto	⋌ \rightthreetimes	≓ \risingdotseq
⋊ \rtimes	~ \sim	≃ \simeq	/ \slash
⌣ \smile	⊓ \sqcap	⊔ \sqcup	⊏ \sqsubset
⊏ \sqsubset	⊑ \sqsubseteq	⊐ \sqsupset	⊐ \sqsupset
⊒ \sqsupseteq	⋆ \star	⊂ \subset	⊆ \subseteq
⊆ \subseteqq	⊊ \subsetneq	⊊ \subsetneqq	≻ \succ
⪸ \succapprox	≽ \succcurlyeq	⪰ \succeq	⪺ \succnapprox

⪰ \succapprox	≽ \succcurlyeq	≽ \succeq	⪲ \succnapprox
⪴ \succnsim	≿ \succsim	⊃ \supset	⊇ \supseteq
⊒ \supseteqq	⊋ \supsetneq	⊋ \supsetneqq	∴ \therefore
× \times	⊤ \top	◁ \triangleleft	⊴ \trianglelefteq
≜ \triangleq	▷ \triangleright	⊵ \trianglerighteq	⊎ \uplus
⊨ \vDash	∝ \varpropto	⊲ \vartriangleleft	⊳ \vartriangleright
⊢ \vdash	∨ \vee	⊻ \veebar	∧ \wedge
≀ \wr			

上述符号取材自 matplotlib 官方网站。

8-17　箭头符号

⇓ \Downarrow	⇐ \Leftarrow	⇔ \Leftrightarrow	⇚ \Lleftarrow
⟸ \Longleftarrow	⟺ \Longleftrightarrow	⟹ \Longrightarrow	↱ \Lsh
↗ \Nearrow	↖ \Nwarrow	⇒ \Rightarrow	⇛ \Rrightarrow
↱ \Rsh	↘ \Searrow	↙ \Swarrow	⇑ \Uparrow
⇕ \Updownarrow	↺ \circlearrowleft	↻ \circlearrowright	↶ \curvearrowleft
↷ \curvearrowright	⇠ \dashleftarrow	⇢ \dashrightarrow	↓ \downarrow
⇊ \downdownarrows	⇃ \downharpoonleft	⇂ \downharpoonright	↩ \hookleftarrow
↪ \hookrightarrow	⤳ \leadsto	← \leftarrow	↢ \leftarrowtail
↽ \leftharpoondown	↼ \leftharpoonup	⇇ \leftleftarrows	↔ \leftrightarrow
⇆ \leftrightarrows	⇋ \leftrightharpoons	↭ \leftrightsquigarrow	↜ \leftsquigarrow
⟵ \longleftarrow	⟷ \longleftrightarrow	⟼ \longmapsto	⟶ \longrightarrow
↫ \looparrowleft	↬ \looparrowright	↦ \mapsto	⊸ \multimap

⇍ \nLeftarrow	⇎ \nLeftrightarrow	⇏ \nRightarrow	↗ \nearrow
↚ \nleftarrow	↮ \nleftrightarrow	↛ \nrightarrow	↖ \nwarrow
→ \rightarrow	↣ \rightarrowtail	⇁ \rightharpoondown	⇀ \rightharpoonup
⇄ \rightleftarrows	⇄ \rightleftarrows	⇌ \rightleftharpoons	⇌ \rightleftharpoons
⇉ \rightrightarrows	⇉ \rightrightarrows	⇝ \rightsquigarrow	↘ \searrow
↙ \swarrow	→ \to	↞ \twoheadleftarrow	↠ \twoheadrightarrow
↑ \uparrow	↕ \updownarrow	↕ \updownarrow	↿ \upharpoonleft
↾ \upharpoonright	⇈ \upuparrows		

上述符号取材自 matplotlib 官方网站。

8-18 其他符号

$ \$	Å \AA	Ⅎ \Finv	⅁ \Game
ℑ \Im	¶ \P	ℜ \Re	§ \S
∠ \angle	` \backprime	★ \bigstar	■ \blacksquare
▲ \blacktriangle	▼ \blacktriangledown	⋯ \cdots	✓ \checkmark
® \circledR	Ⓢ \circledS	♣ \clubsuit	∁ \complement
© \copyright	⋱ \ddots	◆ \diamondsuit	ℓ \ell
∅ \emptyset	ð \eth	∃ \exists	♭ \flat
∀ \forall	ℏ \hbar	♡ \heartsuit	ℏ \hslash
∭ \iiint	∬ \iint	ı \imath	∞ \infty
ȷ \jmath	… \ldots	∡ \measuredangle	♮ \natural
¬ \neg	∄ \nexists	∰ \oiiint	∂ \partial
′ \prime	♯ \sharp	♠ \spadesuit	∢ \sphericalangle
ß \ss	▽ \triangledown	∅ \varnothing	△ \vartriangle
⋮ \vdots	℘ \wp	¥ \yen	

上述符号取材自 matplotlib 官方网站。

8-19　Unicode

如果发现特殊字符不在前几节的范围，但是知道此字符的 Unicode 码，如 Unicode 码是 33ab，也可以使用下列方式处理此字符。

```
r'$\u33ab$'
```

8-20　口音字符

有些语系有口音字符，其指令格式如下：

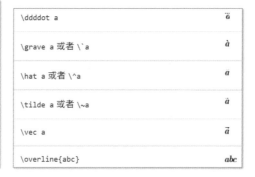

此外，还有两个中音字符。

\widehat{xyz}	$\widehat{xyz}$
\widetilde{xyz}	$\widetilde{xyz}$

上述符号取材自 matplotlib 官方网站。

8-21　字体

8-21-1　部分字体设定

下列是字体的所有选项。

\mathrm{Roman}	Roman
\mathit{Italic}	*Italic*
\mathtt{Typewriter}	**Typewriter**
\mathcal{CALLIGRAPHY}	*CALLIGRAPHY*

上述符号取材自 matplotlib 官方网站。

数学符号默认是斜体，在 matplotlib 模块中可以使用下列方式更改字体：

```
rcParams["mathtext.default"] = 'it'
```

例如：可以将数学符号改为 regular 字体，这是一般字体。

程序实例 ch8_19.py：数学符号默认是斜体。

```
1  # ch8_19.py
2  import matplotlib.pyplot as plt
3
4  plt.title(r'$y(t) = \mathcal{A}\mathrm{cos}(2\pi \omega t)$',fontsize=20)
5  plt.show()
```

执行结果 $y(t) = \mathcal{A}\mathrm{cos}(2\pi\omega t)$

程序实例 ch8_20.py：重新设计程序实例 ch8_19.py，将数学符号改为文书使用的正常字体 regular。

```
1  # ch8_20.py
2  import matplotlib.pyplot as plt
3
4  plt.rcParams["mathtext.default"] = 'regular'
5  plt.title(r'$y(t) = \mathcal{A}\mathrm{cos}(2\pi \omega t)$',fontsize=20)
6  plt.show()
```

执行结果 $y(t) = \mathcal{A}\mathrm{cos}(2\pi\omega t)$

上述 A 和 cos 之间如果可以有适度间距会更好，可以参考程序实例 ch8_18.py。

程序实例 ch8_21.py：重新设计程序实例 ch8_19.py，适度增加间距。

```
1  # ch8_21.py
2  import matplotlib.pyplot as plt
3
4  plt.title(r'$y(t) = \mathcal{A}\/\mathrm{cos}(2\pi \omega t)$',fontsize=20)
5  plt.show()
```

执行结果 $y(t) = \mathcal{A}\,\mathrm{cos}(2\pi\omega t)$

8-21-2 整体字体设定

我们也可以使用 rcParams 的参数 mathtext.fontset 更改字体，方式如下：

```
plt.rcParam["mathtext.fonset"] = 字体名称
```

有下列字体可以设定。

❑ dejavusans
❑ dejavuserif
❑ cm
❑ stix
❑ stixsans

程序实例 ch8_22.py：使用 dejavusans 字体设定数学公式。

```
1  # ch8_22.py
2  import matplotlib.pyplot as plt
3
4  plt.rcParams["mathtext.fontset"] = "dejavusans"
5  plt.title(r'$y(t) = A\/\cos(2\pi \omega t)$',fontsize=20)
6  plt.show()
```

执行结果

$$y(t) = A\cos(2\pi\omega t) \qquad y(t) = A\cos(2\pi\omega t) \qquad y(t) = A\cos(2\pi\omega t)$$

ch8_22.py　　　　　　　ch8_22_1.py　　　　　　ch8_22_2.py
dejavusans　　　　　　　dejavuserif　　　　　　　cm

$$y(t) = A\cos(2\pi\omega t) \qquad y(t) = A\cos(2\pi\omega t)$$

ch8_22_3.py　　　　　　ch8_22_4.py
stix　　　　　　　　stixsans

上述执行结果中，程序实例 ch8_22.py 使用 dejavusans 字体、程序实例 ch8_22_1.py 使用 dejavuserif 字体、程序实例 ch8_22_2.py 使用 cm 字体、程序实例 ch8_22_3.py 使用 stix 字体、程序实例 ch8_22_4.py 使用 stixsans 字体，笔者只列出一个程序，读者可以由本书程序实例列出其他程序。

8-22　建立含数学符号的刻度

如果要建立含数学符号的刻度，首先要使用 set_major_locator( ) 函数建立刻度，其语法如下：

```
set_major_locator(locator)
```

上述参数 locator 是刻度位置，可以使用 MutipleLocator( ) 函数设定，例如：下列可以设定刻度位置是 np.pi / 2。

```
set_major_locator(MutipleLocator(np.pi/2))
```

有了刻度后，可以使用 set_major_formatter( ) 函数设计刻度标签，此函数语法如下：

```
set_major_formatter(formatter)
```

上述 formatter 是一个标记 x 轴的字符串，这个字符串可以使用 FuncFormatter( ) 函数取得，建立内部函数时，该函数需有两个参数，分别是 x 和 pos，x 是数列，pos 是位置。

程序实例 ch8_23.py：建立 sin( ) 函数图形，每隔 pi/2 建立一个刻度标记和刻度标签。

```
1   # ch8_23.py
2   import numpy as np
3   import matplotlib.pyplot as plt
4   from matplotlib.ticker import MultipleLocator, FuncFormatter
5
6   def piformat(x, pos):
7       ''' 刻度间距是 1/2 Pi '''
8       return r"$\frac{%d\pi}{%d}$" % (int(np.round(x/(np.pi/2))),2)
9
10  plt.rcParams["font.family"] = ["Microsoft JhengHei"]
11  plt.rcParams["axes.unicode_minus"] = False
12  x = np.linspace(0,2*np.pi,100)
13  y = np.sin(x)
14  fig = plt.figure()
15  ax = fig.add_subplot()
16  ax.plot(x,y,label="sin(x)",color="g",linewidth=3)
17  # 建立刻度间距 pi/2
18  ax.xaxis.set_major_locator(MultipleLocator(np.pi/2))
19  # 建立刻度标签
20  ax.xaxis.set_major_formatter(FuncFormatter(piformat))
21  plt.title('sin()函数的刻度标签是数学符号')
22  plt.grid()
23  plt.show()
```

执行结果

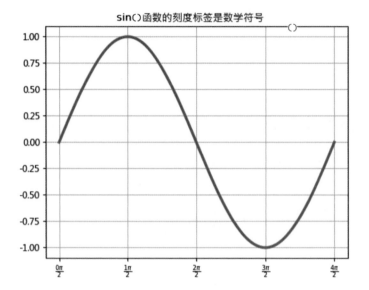

第 9 章

绘制散点图

使用 plot( ) 函数可以绘制散点图（参考程序实例 ch2_15_1.py），而本章将介绍另一种绘制散点图的常用方法——scatter( ) 函数。

9-1 散点图的语法

scatter( ) 函数的语法如下：

```
plt.scatter(x,y, s=None, c=None, marker=None, cmap=None, norm=None,
vmin=None, vmax=None, alpha=None, linewidths=None, *, edgecolors=None,
plotnonfinite=False, data=None, **kwargs)
```

上述函数可以绘制散点图，其参数意义如下：

- ❑ x,y：x 和 y 是相同长度的数组，数组内容就是散点图的位置。
- ❑ s：绘图点的大小，默认是 20。也可以用 rcParams["lines.markersize"] 设定。
- ❑ c：色彩或颜色数组，也可以用 rcParams["axes.prop_cycle"] 设定。
- ❑ marker：默认是 'o'，也可以用 rcParams["scatter.marker"] 设定，可以有下列选项。

marker	符号	说明	marker	符号	说明
"."	●	点	"d"	◆	薄钻石形
", "		像素	"|"	│	垂直线
"o"	●	圆	"-"	─	水平线
"v"	▼	向下三角形	0(TICKLELEFT)	─	左标记
"^"	▲	向上三角形	1(TICKLERIGHT)	─	右标记
"<"	◀	向左三角形	2(TICKLEUP)	│	上标记
">"	▶	向右三角形	3(TICKLEDOWN)	│	下标记
"1"	Y	三角头向下	4(CARETLEFT)	◀	插入左符号
"2"	人	三角头向上	5(CARETRIGHT)	▶	插入右符号
"3"	⊰	三角头向左	6(CARETUP)	▲	插入上符号
"4"	⊱	三角头向右	7(CARETDOWN)	▼	插入下符号
"8"	●	八角形	8(CARETDOWNBASE)	◀	插入左符号 (在底线)
"s"	■	矩形	9(CARETRIGHTBASE)	▶	插入右符号 (在底线)
"p"	⬠	五角形	10(CARETUPBASE)	▲	插入上符号 (在底线)
"P"	✚	加号形	11(CARETDOWNBASE)	▼	插入下符号 (在底线)
"*"	★	星形	"None", " " OR " "	无	─
"h"	⬡	六边形 1	;$ … $'	*f*	字符串间放 f
"H"	⬢	六边形 2	verts	无	─

续表

marker	符号	说明	marker	符号	说明
"+"	✚	加号	path	无	路径对象
"x"	✕	x	(numsides，0，angle)	无	可参考 9-6 节
"X"	✖	x(填满)	(numsides，1，angle)	无	可参考 9-6 节
"D"	◆	钻石形	(numsides，2，angle)	无	可参考 9-6 节

❑ cmap：colormap 色彩映射图，也可以用 rcParams["image.cmap"] 设定，默认是 viridis，笔者将在第 10 章做更完整的解说。

❑ norm：数据亮度，值为 0 ~ 1。

❑ vmin, vmax：这是数据亮度，如果 norm 已经设定，此参数无效。

❑ alpha：透明度，值为 0 ~ 1。

❑ linewidths：marker 的宽度，也可以用 rcParams["lines.linewidth"] 设定，默认是 1.5。

❑ edgecolors：边界颜色，也可以用 rcParams["scatter.edgecolors"] 设定，可以有 {"face"、"none"、None} 或 color，默认是 face。如果是 face，则表示边界颜色与内部颜色相同；如果是 none，表示没有边界；如果是 color，表示边界颜色。

❑ **kwargs 参数：图表其他特性，例如增加 label 参数可以设定图例等。

9-2 散点图的基础实例

9-2-1 绘制单一点

程序实例 ch9_1.py：在坐标轴 (5,5) 内绘制一个点。

```
1   # ch9_1.py
2   import matplotlib.pyplot as plt
3
4   plt.scatter(5, 5)
5   plt.show()
```

执行结果

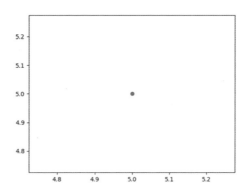

9-2-2 绘制系列点

程序实例 ch9_2.py：建立浅绿色点，含蓝色外边界颜色的系列点。

```
1  # ch9_2.py
2  import matplotlib.pyplot as plt
3
4  x = [x for x in range(1,6)]
5  y = [(y * y) for y in x]
6  plt.scatter(x,y,color='lightgreen',edgecolor='b',s=60)
7  plt.show()
```

执行结果　可以参考下方左图。

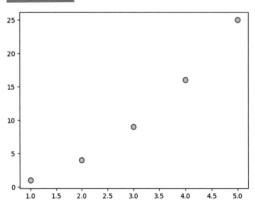 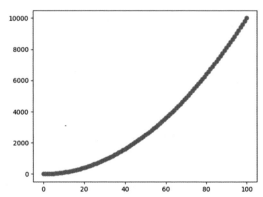

9-2-3 系列点组成线条

如果绘制散点图时，系列点之间很近，则会变成线条。

程序实例 ch9_3.py：绘制系列点，使之看起来有线条的感觉。

```
1  # ch9_3.py
2  import matplotlib.pyplot as plt
3  #import numpy as np
4
5  x = [x for x in range(101)]
6  y = [(y * y) for y in x]
7  plt.scatter(x ,y, c='g')
8  plt.show()
```

执行结果　可以参考上方右图。

9-3 多组不同的数据集

9-3-1 sin（）函数和 cos（）函数数据集

程序实例 ch9_4.py：使用不同标记 (marker) 绘制 sin() 函数和 cos() 函数的散点图。

```
1  # ch9_4.py
2  import matplotlib.pyplot as plt
3  import numpy as np
4
5  plt.rcParams["font.family"] = ["Microsoft JhengHei"]
6  plt.rcParams["axes.unicode_minus"] = False
7  x = np.linspace(0.0, 2*np.pi, 50)         # 建立 50 个点
8  y1 = np.sin(x)
9  plt.scatter(x, y1, c='b', marker='x')     # 绘制 sin()函数曲线
10 y2 = np.cos(x)
11 plt.scatter(x, y2, c='g', marker='X')     # 绘制 cos()函数曲线
12 plt.xlabel('角度')
13 plt.ylabel('正弦波值')
14 plt.title('sin()函数曲线和cos()函数曲线', fontsize=16)
15 plt.show()
```

执行结果 可以参考下方左图。

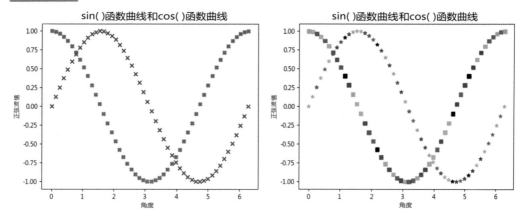

9-3-2 设定颜色列表

程序实例 ch9_5.py：使用参数 c 设定颜色列表，然后重新设计程序实例 ch9_4.py。

```
1  # ch9_5.py
2  import matplotlib.pyplot as plt
3  import numpy as np
4
5  plt.rcParams["font.family"] = ["Microsoft JhengHei"]
6  plt.rcParams["axes.unicode_minus"] = False
7  colorused = ['b','c','g','k','m','r','y']    # 定义颜色
8  x = np.linspace(0.0, 2*np.pi, 50)            # 建立 50 个点
9  y1 = np.sin(x)
10 colors = []
11 for i in range(50):                          # 随机设定颜色
12     colors.append(np.random.choice(colorused))
13 plt.scatter(x, y1, c=colors, marker='*')     # 绘制 sin()函数曲线
14 y2 = np.cos(x)
15 plt.scatter(x, y2, c=colors, marker='s')     # 绘制 cos()函数曲线
16 plt.xlabel('角度')
17 plt.ylabel('正弦波值')
18 plt.title('sin()函数曲线和cos()函数曲线', fontsize=16)
19 plt.show()
```

执行结果 可以参考上方右图。

9-3-3 实现每一列有不同颜色的点

程序实例 ch9_6.py：实现每一列有 7 个不同颜色的星状符号。

```
1   # ch9_6.py
2   import matplotlib.pyplot as plt
3   import numpy as np
4   import itertools as it
5
6   colorused = it.cycle(['b','c','g','k','m','r','y']) # 定义颜色
7   x = np.linspace(1, 10, 10)                          # 建立 x 坐标
8   y = np.random.random((7,10))                        # 建立 y 坐标
9   for yy in y:
10      plt.scatter(x, yy, c=next(colorused), marker='*')
11  plt.xticks(np.arange(0,11,step=1.0))
12  plt.show()
```

执行结果

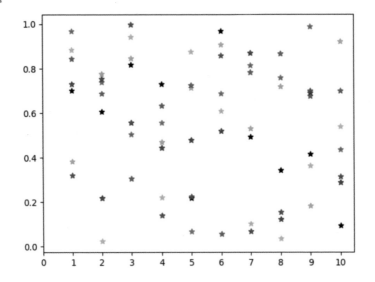

9-4 建立数列色彩

使用 scatter( ) 函数时，也可以用一个数列处理颜色参数 c(或 color)。

程序实例 ch9_7.py：随机建立 30 个散点，使用默认的圆点，同时使用色彩参数 c。

```
1   # ch9_7.py
2   import matplotlib.pyplot as plt
3   import numpy as np
4
5   points = 30
6   x = np.random.randint(1,11,points)    # 建立 x 坐标
7   y = np.random.randint(1,11,points)    # 建立 y 坐标
8   colors = np.random.rand(points)       # 色彩数列
9   plt.scatter(x, y, c=colors)
10  plt.xticks(np.arange(0,11,step=1.0))
11  plt.yticks(np.arange(0,11,step=1.0))
12  plt.show()
```

执行结果 | 可以参考下方左图。

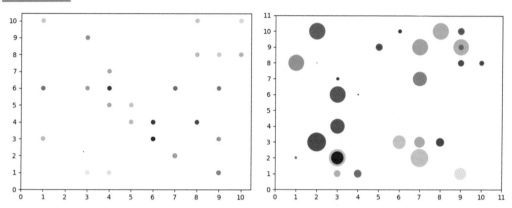

注 上述数列所产生的色彩是默认色彩。

9-5　建立大小不一的散点

建立散点时，也可以建立大小不一的散点。

程序实例 ch9_8.py：扩充设计程序实例 ch9_7.py，建立大小不一的散点。

```
1  # ch9_8.py
2  import matplotlib.pyplot as plt
3  import numpy as np
4
5  points = 30
6  x = np.random.randint(1,11,points)        # 建立 x 坐标
7  y = np.random.randint(1,11,points)        # 建立 y 坐标
8  colors = np.random.rand(points)           # 色彩数列
9  size =  (30 * np.random.rand(points))**2  # 散点大小数列
10 plt.scatter(x, y, s=size, c=colors)
11 plt.xticks(np.arange(0,12,step=1.0))
12 plt.yticks(np.arange(0,12,step=1.0))
13 plt.show()
```

执行结果 | 可以参考上方右图。

9-6　再谈 marker 符号

在 marker 符号中可以使用下列符号。

(numsides，0，angle)：多边形。

(numsides，1，angle)：星形。

(numsides，2，angle)：钻石形。

上述 numsides 代表使用的边数量；0、1、2 分别代表各形状；angle 是旋转角度，如果不旋转，可以省略。

程序实例 ch9_9.py：建立多边形、星形、钻石形的散点，同时每个子图有 10 个点，这些点有不同颜色。

```python
1  # ch9_9.py
2  import matplotlib.pyplot as plt
3  import numpy as np
4
5  plt.rcParams["font.family"] = ["Microsoft JhengHei"]
6  np.random.seed(5)                                          # 固定随机数
7  x = np.random.rand(10)
8  y = np.random.rand(10)
9  colors = np.array(['b','c','g','k','m','r','y','pink','purple','orange'])
10 # 建立 1 x 3 的子图
11 fig, axs = plt.subplots(nrows=1, ncols=3, sharex=True, sharey=True)
12 # 建立多边形标记
13 axs[0].scatter(x, y, s=75, c=colors, marker=(5, 0))
14 axs[0].set_title("多边形marker=(5, 0)")
15 axs[0].axis('square')                                       # 建立矩形子图
16 # 建立星形标记
17 axs[1].scatter(x, y, s=75, c=colors, marker=(5, 1))
18 axs[1].set_title("星形marker=(5, 1)")
19 axs[1].axis('square')                                       # 建立矩形子图
20 # 建立钻石形标记
21 axs[2].scatter(x, y, s=75, c=colors, marker=(5, 2))
22 axs[2].set_title("钻石形marker=(5, 2)")
23 axs[2].axis('square')                                       # 建立矩形子图
24 plt.tight_layout()
25 plt.show()
```

执行结果

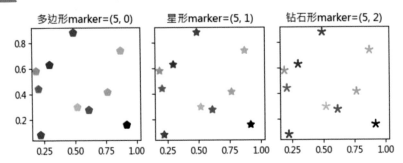

9-7 数学符号在散点图中的应用

笔者在第 8 章介绍了数学符号，我们也可以将这些数学符号应用在散点图中。

程序实例 ch9_10.py：将数学符号应用在散点图中。

```python
1  # ch9_10.py
2  import matplotlib.pyplot as plt
3  import numpy as np
4
5  plt.rcParams["font.family"] = ["Microsoft JhengHei"]
6  np.random.seed(20)                                          # 固定随机数
7  x = np.random.rand(10)
8  y = np.random.rand(10)
9  colors = np.array(['b','c','g','k','m','r','y','pink','purple','orange'])
10 # 建立 2 x 3 的子图
11 fig, axs = plt.subplots(nrows=2, ncols=3, sharex=True, sharey=True)
```

```
12  # 建立 alpha 标记
13  axs[0,0].scatter(x, y, s=100, c=colors, marker=r'$\alpha$')
14  axs[0,0].set_title(r'${alpha=}\alpha$'+'标记',c='b')
15  axs[0,0].axis('square')                              # 建立矩形子图
16  # 建立 beta 标记
17  axs[0,1].scatter(x, y, s=100, c=colors, marker=r'$\beta$')
18  axs[0,1].set_title(r'${beta=}\beta$'+'标记',c='b')
19  axs[0,1].axis('square')                              # 建立矩形子图
20  # 建立 gamma 标记
21  axs[0,2].scatter(x, y, s=100, c=colors, marker=r'$\gamma$')
22  axs[0,2].set_title(r'${gamma=}\gamma$'+'标记',c='b')
23  axs[0,2].axis('square')                              # 建立矩形子图
24  # 建立 clubsuit 标记
25  axs[1,0].scatter(x, y, s=100, c=colors, marker=r'$\clubsuit$')
26  axs[1,0].set_title(r'${clubsuit=}\clubsuit$'+'标记',c='b')
27  axs[1,0].axis('square')                              # 建立矩形子图
28  # 建立 spadesuit 标记
29  axs[1,1].scatter(x, y, s=100, c=colors, marker=r'$\spadesuit$')
30  axs[1,1].set_title(r'${spadesuit=}\spadesuit$'+'标记',c='b')
31  axs[1,1].axis('square')                              # 建立矩形子图
32  # 建立 heartsuit 标记
33  axs[1,2].scatter(x, y, s=100, c=colors, marker=r'$\heartsuit$')
34  axs[1,2].set_title(r'${heartsuit=}\heartsuit$'+'标记',c='b')
35  axs[1,2].axis('square')                              # 建立矩形子图
36  plt.tight_layout()
37  plt.show()
```

执行结果

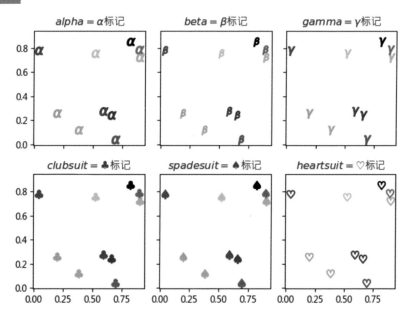

9-8 散点图的图例

在 scatter( ) 函数内增加 label 参数，与在 plot( ) 函数内增加 label 参数意义相同，未来只要增加
legend( ) 函数就可以建立图例。

程序实例 ch9_11.py：在散点图内增加图例的应用。

```
1  # ch9_11.py
2  import matplotlib.pyplot as plt
3  import numpy as np
4
5  points = 10
6  colors = np.array(['b','c','g','k','m','r','y','pink','purple','orange'])
7  x = np.random.randint(1,11,points)        # 建立 x
8  y1 = np.random.randint(1,11,points)       # 建立 y1
9  y2 = np.random.randint(1,11,points)       # 建立 y2
10 plt.scatter(x, y1, c=colors, label='Circle')
11 plt.scatter(x, y2, c=colors, marker='*', label='Star')
12 plt.xticks(np.arange(0,11,step=1.0))
13 plt.yticks(np.arange(0,11,step=1.0))
14 plt.legend()
15 plt.show()
```

执行结果

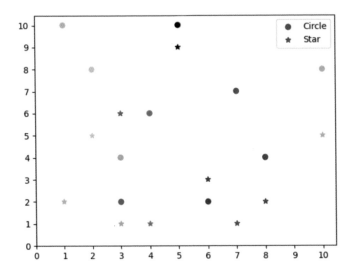

9-9 屏蔽模式在散点图中的应用

在数据分类过程中可以设定一个边界线 (Boundary)，将数据分类，这时需使用 NumPy 的屏蔽 (Mask) 函数 np.ma.masked_where( )，其语法如下：

```
np.ma.masked_where(condition, a)
```

上述 a 是数组，condition 是条件，然后回传符合条件的屏蔽数组，也就是将符合条件的数据屏蔽，下面将从简单的屏蔽实例说起。

程序实例 ch9_12.py：将符合 a > 3 条件的数组元素数据屏蔽。

```
1  # ch9_12.py
2  import numpy as np
3
4  a = np.array([2,3,4,5,6])
5  print(f'a = {a}')
6  b = np.ma.masked_where(a > 3, a)
7  print(f'b = {b}')
```

```
==================== RESTART: D:/matplotlib/ch9/ch9_12.py ====================
a = [2 3 4 5 6]
b = [2 3 -- -- --]
```

上述执行结果中，因为大于 3 的元素被屏蔽，所以最后回传给 b 数组的结果中，大于 3 的元素以 - - 显示。

程序实例 ch9_13.py：使用随机数建立 50 个散点，然后将 x 轴坐标大于或等于 0.5 的坐标点标上星形，小于 0.5 的坐标点标上圆形，最后绘制一条垂直边界线。

```
1   # ch9_13.py
2   import matplotlib.pyplot as plt
3   import numpy as np
4
5   np.random.seed(10)                         # 固定随机数
6   N = 50                                      # 散点的数量
7   r = 0.5                                     # 边界线boundary半径
8   x = np.random.rand(N)                       # 随机的 x 坐标点
9   y = np.random.rand(N)                       # 随机的 y 坐标点
10  area = []
11  for i in range(N):                          # 建立散点区域数组
12      area.append(30)
13  colorused = ['b','c','g','k','m','r','y']   # 定义颜色
14  colors = []
15  for i in range(N):                          # 随机设定 N 个颜色
16      colors.append(np.random.choice(colorused))
17
18  area1 = np.ma.masked_where(x < r, area)     # 边界线 0.5 内区域屏蔽
19  area2 = np.ma.masked_where(x >= r, area)    # 边界线 0.5 (含)外区域屏蔽
20  # 大于或等于 0.5 绘制星形，小于 0.5 绘制圆形
21  plt.scatter(x, y, s=area1, marker='*', c=colors)
22  plt.scatter(x, y, s=area2, marker='o', c=colors)
23  # 绘制边界线
24  plt.plot((0.5,0.5),(0,1.0))                 # 绘制边界线
25  plt.xticks(np.arange(0,1.1,step=0.1))
26  plt.yticks(np.arange(0,1.1,step=0.1))
27  plt.show()
```

可以参考下方左图。

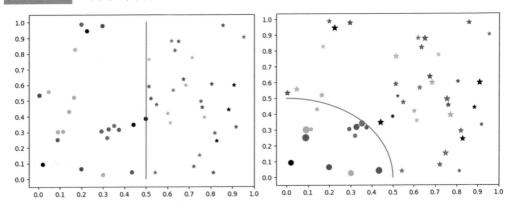

上述程序比较容易理解，下面将讲解更复杂的实例。

程序实例 ch9_14.py：重新设计程序实例 ch9_13.py，将与 (0, 0) 坐标点的距离大于或等于 0.5 的坐标点标上星形，小于 0.5 的坐标点标上圆形，最后绘制一条边界线。此程序的另一个功能是将散点的大小设定为 20~100。

```
1  # ch9_14.py
2  import matplotlib.pyplot as plt
3  import numpy as np
4
5  np.random.seed(10)                              # 固定随机数
6  N = 50                                          # 散点的数量
7  r = 0.5                                         # 边界线boundary半径
8  x = np.random.rand(N)                           # 随机的 x 坐标点
9  y = np.random.rand(N)                           # 随机的 y 坐标点
10 area = np.random.randint(20,100,N)              # 散点大小
11 colorused = ['b','c','g','k','m','r','y']        # 定义颜色
12 colors = []
13 for i in range(N):                              # 随机设定 N 个颜色
14     colors.append(np.random.choice(colorused))
15
16 r1 = np.sqrt(x ** 2 + y ** 2)                   # 计算距离
17 area1 = np.ma.masked_where(r1 < r, area)        # 边界线 0.5 内区域屏蔽
18 area2 = np.ma.masked_where(r1 >= r, area)       # 边界线 0.5 (含)外区域屏蔽
19 # 大于或等于 0.5 绘制星形, 小于 0.5 绘制圆形
20 plt.scatter(x, y, s=area1, marker='*', c=colors)
21 plt.scatter(x, y, s=area2, marker='o', c=colors)
22 # 计算 0.5pi 的弧度, 依据弧度产生的坐标点绘制边界线
23 radian = np.arange(0, np.pi / 2, 0.01)
24 plt.plot(r * np.cos(radian), r * np.sin(radian))   # 绘制边界线
25 plt.xticks(np.arange(0,1.1,step=0.1))
26 plt.yticks(np.arange(0,1.1,step=0.1))
27 plt.show()
```

执行结果　可以参考上页右图。

9-10 蒙特卡罗模拟

我们可以使用蒙特卡罗模拟计算 π 值, 首先绘制一个外接正方形的圆, 圆的半径是 1。

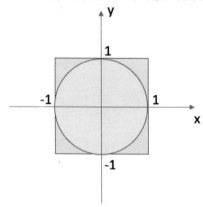

由上图可知, 正方形面积是 4, 圆面积是 π。

如果我们现在要产生 1000000 个落在正方形内的点, 可以由下列公式计算点落在圆内的概率：

圆面积 / 正方形面积 $= \pi / 4$

落在圆内的点个数 (Hits) $= 1000000 \, \pi / 4$

如果落在圆内的点个数用 Hits 代替, 则可以使用下列公式计算 π。

```
π = 4×Hits / 1000000
```

程序实例 ch9_15.py：使用蒙特卡罗模拟计算 π 值，此程序会产生 1000000 个随机点。

```
1  # ch9_15.py
2  import numpy as np
3
4  trials = 1000000
5  Hits = 0
6  for i in range(trials):
7      x = np.random.random() * 2 - 1    # x轴坐标
8      y = np.random.random() * 2 - 1    # y轴坐标
9      if x * x + y * y <= 1:            # 判断是否在圆内
10         Hits += 1
11 PI = 4 * Hits / trials
12 print("PI = ", PI)
```

执行结果

```
==================== RESTART: D:/matplotlib/ch9/ch9_15.py ====================
PI =  3.140136
```

程序实例 ch9_16.py：使用 matplotlib 模块扩充设计程序实例 ch9_15.py，如果点落在圆内，则绘制黄色点；如果点落在圆外，则绘制绿色点。此题笔者直接使用 randint( ) 方法产生随机数，同时将所绘制的图落在 x = 0 ~ 100、y = 0 ~ 100 内。由于绘图需要比较多的时间，所以此题测试 2000 次。

```
1  # ch9_16.py
2  import matplotlib.pyplot as plt
3  import numpy as np
4
5  trials = 2000
6  Hits = 0
7  radius = 50
8  for i in range(trials):
9      x = np.random.randint(1, 100)              # x轴坐标
10     y = np.random.randint(1, 100)              # y轴坐标
11     if np.sqrt((x-50)**2 + (y-50)**2) < radius: # 在圆内
12         plt.scatter(x, y, marker='.', c='y')
13         Hits += 1
14     else:
15         plt.scatter(x, y, marker='.', c='g')
16 plt.axis('equal')
17 plt.show()
```

执行结果

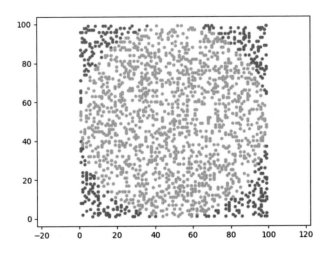

第 1 0 章

色彩映射图

　　前面章节所绘制的散点图虽然可以产生彩色效果，但是为了要产生彩色必须要建立数组，比较麻烦，同时色彩的变化有限。本章将讲解 matplotlib 模块内建的色彩映射图 (Colormaps)，读者可以直接套用以产生完美的色彩效果。

10-1 色彩映射图的工作原理

在色彩的使用中是允许数组 (或列表) 色彩随着数据而进行变化的，此时色彩的变化根据所设定的色彩映射图 (Colormaps) 而定，例如，有一个色彩映射图是 rainbow，内容如下：

数值低　　　　　　　　　　　　　　　　　　　　数值高

在数组 (或列表) 中，数值低的颜色在左边，随着数值变高，颜色往右边移动。当然在程序设计中，我们需要在 scatter( ) 函数中增加 color 参数 c，这时 color 的值就变成一个数组 (或列表)。然后我们需要增加参数 cmap(英文是 color map)，这个参数的主要作用是指定使用哪一种色彩映射图。

程序实例 ch10_1.py：让 x 坐标的值使用色彩映射图 rainbow 的应用。

```
1  # ch10_1.py
2  import matplotlib.pyplot as plt
3  import numpy as np
4
5  x = np.arange(100)
6  y = x
7  t = x                    # 色彩随 y 轴的值进行变化
8  plt.scatter(x, y, c=t, cmap='rainbow')
9  plt.show()
```

执行结果

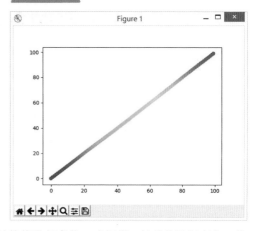

在程序设计时，也可以设定色彩映射图根据 x 轴的值进行变化，或根据 y 轴的值进行变化，整个效果是不一样的。

程序实例 ch10_2.py：使用色彩映射图 rainbow 重新设计程序实例 ch9_5.py，色彩映射图根据 x 轴的值进行变化。

```
1  # ch10_2.py
2  import matplotlib.pyplot as plt
3  import numpy as np
4
5  plt.rcParams["font.family"] = ["Microsoft JhengHei"]
6  plt.rcParams["axes.unicode_minus"] = False
7  x = np.linspace(0.0, 2*np.pi, 50)          # 建立 50 个点
8  y1 = np.sin(x)
9  plt.scatter(x,y1,c=x,cmap='rainbow',marker='*') # 绘制 sin ( ) 函数曲线
10 y2 = np.cos(x)
11 plt.scatter(x,y2,c=x,cmap='rainbow',marker='s') # 绘制 cos ( ) 函数曲线
12 plt.xlabel('角度')
13 plt.ylabel('正弦波值')
14 plt.title('sin ( ) 函数曲线和 cos ( ) 函数曲线', fontsize=16)
15 plt.show()
```

| 执行结果 | 可以参考下方左图。 |

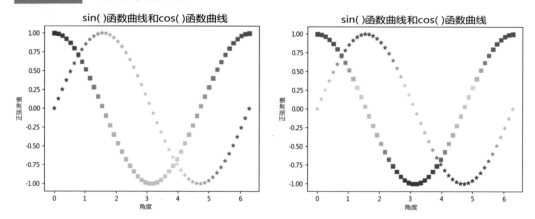

程序实例 ch10_3.py：重新设计程序实例 ch10_2.py，使色彩映射图根据 y 轴的值进行变化。

```
1   # ch10_3.py
2   import matplotlib.pyplot as plt
3   import numpy as np
4
5   plt.rcParams["font.family"] = ["Microsoft JhengHei"]
6   plt.rcParams["axes.unicode_minus"] = False
7   x = np.linspace(0.0, 2*np.pi, 50)                       # 建立 50 个点
8   y1 = np.sin(x)
9   plt.scatter(x,y1,c=y1,cmap='rainbow',marker='*')       # sin()函数曲线
10  y2 = np.cos(x)
11  plt.scatter(x,y2,c=y2,cmap='rainbow',marker='s')       # cos()函数曲线
12  plt.xlabel('角度')
13  plt.ylabel('正弦波值')
14  plt.title('sin()函数曲线和cos()函数曲线', fontsize=16)
15  plt.show()
```

| 执行结果 | 可以参考上方右图。 |

10-2 不同宽度线条与 HSV 色彩映射

色彩映射图 HSV 内容如下：

程序实例 ch10_4.py：建立不同宽度线条与 HSV 色彩映射，色彩将随着 x 轴的值进行变化。

```
1   # ch10_4.py
2   import matplotlib.pyplot as plt
3   import numpy as np
4
5   xpt = np.linspace(0, 5, 500)                 # 建立含500个元素的数组
6   ypt = 1 - 0.5*np.abs(xpt-2)                   # y数组的变化
7   lwidths = (1+xpt)**2                          # 宽度数组
8   plt.scatter(xpt,ypt,s=lwidths,c=xpt,cmap='hsv') # HSV色彩映射图
9   plt.show()
```

| 执行结果 | 可以参考下方左图。 |

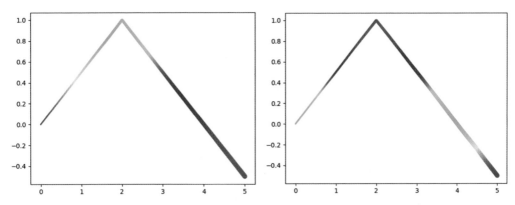

程序实例 ch10_5.py：重新设计程序实例 ch10_4.py，使色彩随着 y 轴的值进行变化。

```
1  # ch10_5.py
2  import matplotlib.pyplot as plt
3  import numpy as np
4
5  xpt = np.linspace(0, 5, 500)              # 建立含500个元素的数组
6  ypt = 1 - 0.5*np.abs(xpt-2)               # y数组的变化
7  lwidths = (1+xpt)**2                      # 宽度数组
8  plt.scatter(xpt,ypt,s=lwidths,c=ypt,cmap='hsv')  # HSV色彩映射图
9  plt.show()
```

执行结果　可以参考上方右图。

10-3　matplotlib 色彩映射图

目前，matplotlib 协会所提供的色彩映射图内容如下：

❑　序列色彩映射图（sequential colormaps）

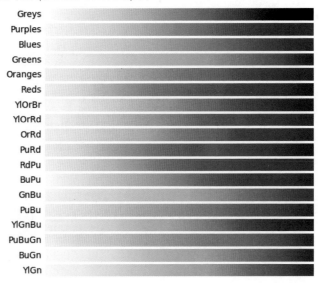

❑ 序列 2 色彩映射图 [sequential (2) colormaps]

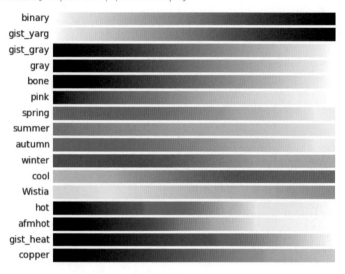

❑ 感知一致的色彩映射图（perceptually uniform sequential colormaps）

❑ 发散式的色彩映射图（diverging colormaps）

❑ 循环色彩映射图（cyclic colormaps）

❏　定性色彩映射图（qualitative colormaps）

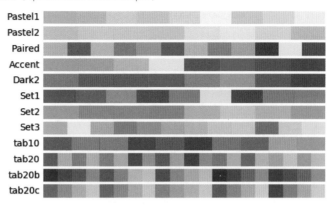

❏　杂项色彩映射图（miscellaneous colormaps）

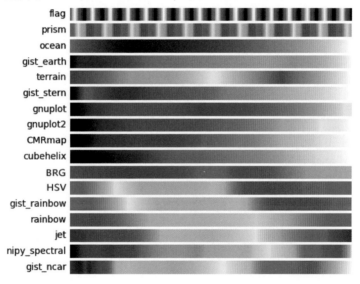

数据源：matplotlib 协会

http://matplotlib.org/examples/color/colormaps_reference.html

程序实例 ch10_6.py：列出上述色彩映射图的内容。

```
1  # ch10_6.py
2  import matplotlib.pyplot as plt
3  import numpy as np
4
5  def plot_color_gradients(cmap_list, cmap_name):
6      # 建立图表，调整图表高度
7      nrows = len(cmap_name)
8      width = 6.5                              # 定义图表宽度
9      height = (nrows + 1) * 0.28              # 定义图表高度
10     fig, axs = plt.subplots(nrows=nrows,figsize=(width, height))
11     fig.subplots_adjust(left=0.2, right=0.95, top=0.75, bottom=0.1)
12     axs[0].set_title(cmap_list + ' colormaps', fontsize=14)
13     # 绘制色彩映射图和此图的名称
14     for ax, cmap_name in zip(axs, cmap_name):
15         ax.imshow(colorbar, aspect='auto', cmap=cmap_name)
```

```
16              # 更改坐标轴为 ax，文字因为是靠右对齐，所以文字从 -0.02开始
17              # 同时文字垂直居中对齐
18              ax.text(-0.02, 0.5, cmap_name, va='center', ha='right',
19                      fontsize=10, transform=ax.transAxes)
20          # 关闭坐标轴标记
21          for ax in axs:
22              ax.set_axis_off()
23  # 主程序开始
24  cmaps = [
25          ('Sequential', [
26              'Greys', 'Purples', 'Blues', 'Greens', 'Oranges', 'Reds',
27              'YlOrBr', 'YlOrRd', 'OrRd', 'PuRd', 'RdPu', 'BuPu',
28              'GnBu', 'PuBu', 'YlGnBu', 'PuBuGn', 'BuGn', 'YlGn']),
29          ('Sequential (2)', [
30              'binary', 'gist_yarg', 'gist_gray', 'gray', 'bone', 'pink',
31              'spring', 'summer', 'autumn', 'winter', 'cool', 'Wistia',
32              'hot', 'afmhot', 'gist_heat', 'copper']),
33          ('Perceptually Uniform Sequential', [
34              'viridis', 'plasma', 'inferno', 'magma', 'cividis']),
35          ('Diverging', [
36              'PiYG', 'PRGn', 'BrBG', 'PuOr', 'RdGy', 'RdBu',
37              'RdYlBu', 'RdYlGn', 'Spectral', 'coolwarm', 'bwr', 'seismic']),
38          ('Cyclic', ['twilight', 'twilight_shifted', 'hsv']),
39          ('Qualitative', [
40              'Pastel1', 'Pastel2', 'Paired', 'Accent',
41              'Dark2', 'Set1', 'Set2', 'Set3',
42              'tab10', 'tab20', 'tab20b', 'tab20c']),
43          ('Miscellaneous', [
44              'flag', 'prism', 'ocean', 'gist_earth', 'terrain', 'gist_stern',
45              'gnuplot', 'gnuplot2', 'CMRmap', 'cubehelix', 'brg',
46              'gist_rainbow', 'rainbow', 'jet', 'turbo', 'nipy_spectral',
47              'gist_ncar'])]
48  colorbar = np.linspace(0, 1, 256)              # 建立0 ~ 1内有256个元素的数组
49  colorbar = np.vstack((colorbar, colorbar))     # 扩充数组为矩阵
50  # cmap_list是色彩分类名称，cmap_name是类别内的名称
51  for cmap_list, cmap_name in cmaps:
52      plot_color_gradients(cmap_list, cmap_name)
53  plt.show()
```

执行结果 笔者只列出两个色彩映射图，实际程序可以列出七个色彩映射图。

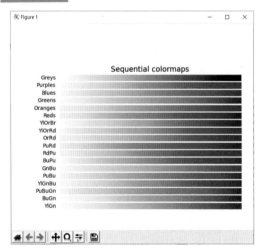

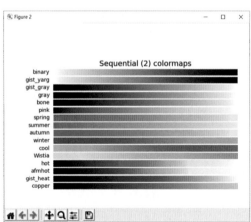

上述程序使用了一个之前未使用过的函数 subplots_adjust( )，此函数可以调整子图边界、填充宽度和高度，其语法如下：

```
plt.subplots_adjust(left, bottom, right, top, wspace, hspace)
```

上述函数也可以使用 rcParams["figure.subplot.[name]"] 调整，其参数意义如下：

❑ left：子图左边界位置，使用单位是百分比。
❑ right：子图右边界位置，使用单位是百分比。
❑ bottom：子图下边界位置，使用单位是百分比。
❑ top：子图上边界位置，使用单位是百分比。
❑ wspace：子图之间的填充宽度，使用单位是平均轴的百分比。
❑ hspace：子图之间的填充高度，使用单位是平均轴的百分比。

在 matplotlib.pyplot 模块中关闭坐标轴标记可以使用下列函数，参考程序实例 ch2_23.py。

```
plt.axis('off')
```

上述程序第 21 和 22 行使用了 ax 子图对象，这时可以调用 set_axis_off( ) 函数关闭坐标轴标记。

10-4 随机数的应用

随机数在统计的应用中是非常重要的知识，本节笔者试着用随机数方法了解 Python 的随机数分布。本节将介绍下列随机方法：

```
np.random.random(size)                    # 回传 size 个 0.0~1.0 的数
```

另一个常用的高斯随机数函数如下：

```
np.random.normal(loc, scale, size)
```

上述 loc 是高斯随机数的平均值，scale 是标准偏差，size 是随机数的个数。

10-4-1 一个简单的应用

程序实例 ch10_7.py：产生 100 个 0.0~1.0 的随机数，第 10 行的 cmap='brg' 意义是使用 BRG 色彩映射图绘制出这个图表，基本模式色彩会随 x 轴的值而变化。当关闭图表时，会询问是否继续，如果输入 n 或 N，则程序结束。因为数据是随机数，所以每次皆可产生不同的效果。

```
1   # ch10_7.py
2   import matplotlib.pyplot as plt
3   import numpy as np
4
5   num = 100
6   while True:
7       x = np.random.random(100)          # 可以产生num个0.0～1.0的数字
8       y = np.random.random(100)
9       t = x                              # 色彩随x轴的值而变化
10      plt.scatter(x, y, s=100, c=t, cmap='brg')
11      plt.show()
12      yORn = input("是否继续 ?(y/n) ")      # 询问是否继续
13      if yORn == 'n' or yORn == 'N':      # 输入n或N，则程序结束
14          break
```

matplotlib 数据可视化实战

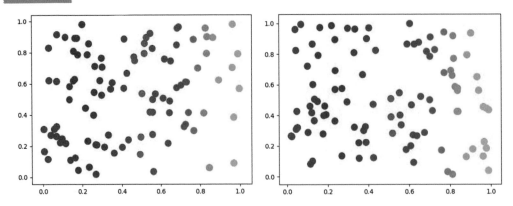

10-4-2 随机数的移动

其实我们也可以针对随机数的特性，让每个点随着随机数的变化产生有序列的随机移动，经过大量值的运算后，每次均可产生不同但有趣的图形。

程序实例 ch10_8.py：随机数移动的程序设计，此程序在设计时，最初点的起始位置是 (0,0)，程序第 7 行可以设定下一个点的 x 轴是往右移动 3 还是往左移动 3，程序第 9 行可以设定下一个点的 y 轴是往上移动 1 或 5 还是往下移动 1 或 5。每轮执行完 10000 点的测试后，会询问是否继续。如果继续，先将上轮的终点坐标当作新一轮的起点坐标 (28~29 行)，然后清除列表索引 x[0] 和 y[0] 以外的元素 (30~31 行)。

```
1  # ch10_8.py
2  import matplotlib.pyplot as plt
3  import numpy as np
4
5  def loc(index):
6      ''' 处理坐标的移动 '''
7      x_mov = np.random.choice([-3, 3])          # 随机x轴移动值
8      xloc = x[index-1] + x_mov                   # 计算x轴新位置
9      y_mov = np.random.choice([-5, -1, 1, 5])    # 随机y轴移动值
10     yloc = y[index-1] + y_mov                   # 计算y轴新位置
11     x.append(xloc)                              # x轴新位置加入列表
12     y.append(yloc)                              # y轴新位置加入列表
13
14 num = 10000                                     # 设定随机点的数量
15 x = [0]                                         # 设定第一次执行x坐标
16 y = [0]                                         # 设定第一次执行y坐标
17 while True:
18     for i in range(1, num):                     # 建立点的坐标
19         loc(i)
20     t = x                                       # 色彩随x轴的值而变化
21     plt.scatter(x, y, s=2, c=t, cmap='brg')
22     plt.axis('off')                             # 隐藏坐标
23     plt.show()
24     yORn = input("是否继续 ?(y/n) ")              # 询问是否继续
25     if yORn == 'n' or yORn == 'N':              # 输入n或N,则程序结束
26         break
27     else:
28         x[0] = x[num-1]                         # 上次结束的x坐标成为新一轮的起点x坐标
29         y[0] = y[num-1]                         # 上次结束的y坐标成为新一轮的起点y坐标
30         del x[1:]                               # 删除旧列表x坐标元素
31         del y[1:]                               # 删除旧列表y坐标元素
```

执行结果

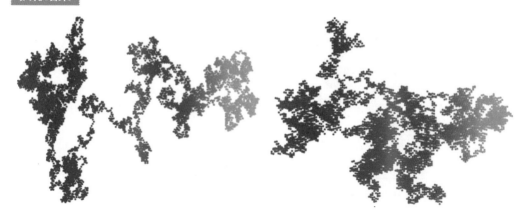

10-4-3　数值对应色彩映射图

Normalize ( ) 函数是将数值数据标准化 (或称归一化) 到色彩映射图的 [0, 1] 区间，其语法如下：

```
plt.Normalize(vmin, vmax, clip)
```

上述各参数意义如下：

❑　vmin, vmax：相对于色彩映射的最小值与最大值。

❑　clip：默认是 False，超出 vmin 和 vmax 的值会被屏蔽。如果设为 True，则映射为 0 或 1。

程序实例 ch10_9.py：建立高斯随机数，均值是 0，标准偏差是 1，然后使用下列标准化随机数值。

```
vmin = -3
vmax = 3
```

最后绘制绿色的随机数点，点的大小是 60。

```
1  # ch10_9.py
2  import matplotlib.pyplot as plt
3  import numpy as np
4
5  N = 1000                        # 数据数量
6  np.random.seed(10)              # 设定随机数种子值
7  x = np.random.normal(0, 1, N)   # 均值是 0，标准偏差是 1
8  y = np.random.normal(0, 1, N)   # 均值是 0，标准偏差是 1
9  color = x + y                   # 设定颜色列表是 x + y 数列结果
10 norm = plt.Normalize(vmin=-3, vmax=3)
11 plt.scatter(x,y,s=60,c=color,cmap='Greens',norm=norm)
12 plt.xlim(-3, 3)
13 plt.xticks(())                  # 不显示 x 刻度
14 plt.ylim(-3, 3)
15 plt.yticks(())                  # 不显示 y 刻度
16 plt.show()
```

执行结果　可以参考下方左图。

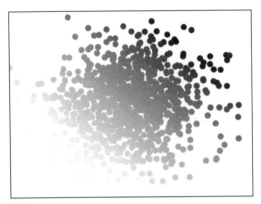 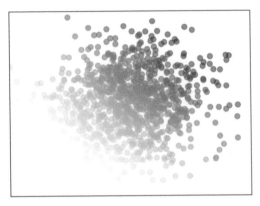

上述程序第 6 行使用 np.random.seed(10) 指令，这是设定随机数的种子，未来可以产生一样的随机数。如果没有使用这个随机数种子，则每一次的随机数皆会不一样。

程序实例 ch10_10.py：重新设计程序实例 ch10_9.py，将上述散点的透明度改为 0.5。

```
11  plt.scatter(x,y,s=60,alpha=0.5,c=color,cmap='Greens',norm=norm)
```

执行结果   可以参考上方右图。

程序实例 ch10_11.py：重新设计程序实例 ch10_10.py，将色彩映射图改为 jet。

```
11  plt.scatter(x,y,s=60,alpha=0.5,c=color,cmap='jet',norm=norm)
```

执行结果

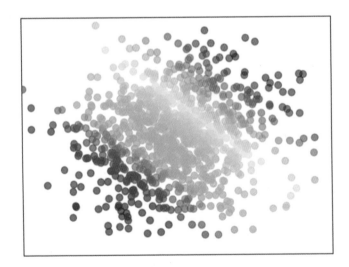

10-5 散点图在极坐标中的应用

程序实例 ch10_12.py：散点图在极坐标中的应用，此程序会绘制 100 个不同半径、不同角度、不同颜色与不同大小的散点图。

```
1  # ch10_12.py
2  import numpy as np
3  import matplotlib.pyplot as plt
4
5  fig = plt.figure()
6  np.random.seed(10)                        # 设定种子值
7  N = 100
8  r = 2 * np.random.rand(N)
9  theta = 2 * np.pi * np.random.rand(N)
10 area = 150 * r**2
11 colors = theta
12 plt.subplot(projection='polar')
13 plt.scatter(theta,r,c=colors,s=area,cmap='rainbow',alpha=0.8)
14 plt.show()
```

执行结果

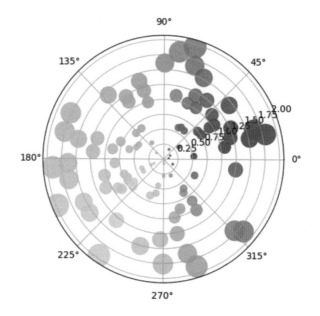

10-6　使用折线图函数 plot( ) 调用 cmap 色彩

折线图函数 plot( ) 只有 color 参数可以设定色彩，但是可以适度使用 cmap 的色彩，每一个 cmap 皆有一个名称，可以使用 plt.cm 调用此色彩，如下所示：

```
plt.cm.rainbow(数值)
plt.cm.hsv(数值)
...
```

上述数值必须为 0.0 ~ 1.0，相当于该色彩映射的最低值到最高值之间，有了这个模式，我们可以调用不同色彩。

程序实例 ch10_13.py：使用折线图函数调用色彩映射图 rainbow，其中不同的线段使用不同的色彩。

```
1   # ch10_13.py
2   import matplotlib.pyplot as plt
3   import numpy as np
4
5   fig, axs = plt.subplots(nrows=2, ncols=2)
6   x =np.linspace(0, 2*np.pi, 200)
7   N = 20
8   for i in range(N):
9       axs[0,0].plot(x,i*np.sin(x),color=plt.cm.hsv(i/N))
10      axs[0,1].plot(x,i*np.sin(x),color=plt.cm.rainbow(i/N))
11      axs[1,0].plot(x,i*np.sin(x),color=plt.cm.cool(i/N))
12      axs[1,1].plot(x,i*np.sin(x),color=plt.cm.hot(i/N))
13  axs[0,0].set_title('hsv')
14  axs[0,1].set_title('rainbow')
15  axs[1,0].set_title('cool')
16  axs[1,1].set_title('hot')
17  plt.tight_layout()
18  plt.show()
```

執行結果

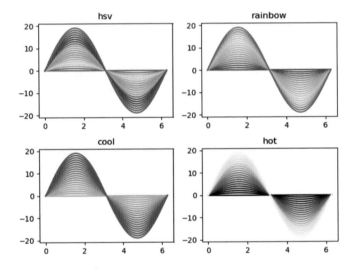

11

第 1 1 章

色彩条

当使用色彩映射图时，若增加色彩条 (Colorbars)，可以为图表增加更直观的辨识功能。

11-1 colorbar( ) 函数语法

色彩条函数 colorbar( ) 的语法如下：

```
plt.colorbar(mappable=None, cax=None, ax=None, **kwargs)
```

上述主要参数功能与意义如下：

❑ mappable：图像，默认是现在的图像。

❑ cax：可选参数，可将子图应用到色彩条对象，11-5 节会有实例解说。

❑ ax：可选参数，可以设定多个轴，如果设定 cax，这个参数将无效。

❑ orientation：方向，可以是 'vertical' 或 'horizontal'，默认是 vertical。

❑ extend：可以是 { 'neither', 'both', 'min', 'max' }，默认是 neither，如果设定为 both，边界外的数值所映射的颜色将不同于第一种和最后一种颜色，默认此区域将使用三角形表示。如果使用 min，则左边界外会有三角形；如果使用 max，则右边界外有三角形。

上述函数的回传对象是 colorbar 对象，最简单的应用就是使用默认值。

程序实例 ch11_1.py：扩充设计程序实例 ch10_11.py，增加色彩条。

```
1  # ch11_1.py
2  import matplotlib.pyplot as plt
3  import numpy as np
4
5  N = 1000                          # 数据数量
6  np.random.seed(10)                # 设定随机数种子值
7  x = np.random.normal(0, 1, N)     # 均值是 0，标准偏差是 1
8  y = np.random.normal(0, 1, N)     # 均值是 0，标准偏差是 1
9  color = x + y                     # 设定颜色列表是 x + y 数列结果
10 norm = plt.Normalize(vmin=-3, vmax=3)
11 plt.scatter(x,y,s=60,alpha=0.5,c=color,cmap='jet',norm=norm)
12 plt.xlim(-3, 3)
13 plt.xticks(())                    # 不显示 x 刻度
14 plt.ylim(-3, 3)
15 plt.yticks(())                    # 不显示 y 刻度
16 plt.colorbar()                    # 建立色彩条
17 plt.show()
```

执行结果

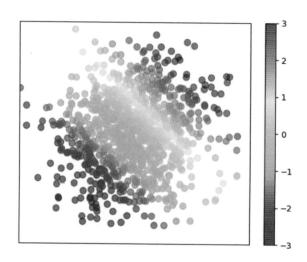

11-2　色彩条的配置

色彩条默认的方向是垂直方向，所以在使用 scatter( ) 函数绘制散点图时，参数 c 最好设为 c = y，相当于色彩条配合垂直色彩。

程序实例 ch11_2.py：绘制散点图，设定参数 c = x。

```
1  # ch11_2.py
2  import matplotlib.pyplot as plt
3  import numpy as np
4
5  N= 5000
6  x = np.random.rand(N)
7  y = np.random.rand(N)
8  plt.scatter(x, y, c=x)
9  plt.colorbar()                    # 建立色彩条
10 plt.show()
```

执行结果　可以参考下方左图。

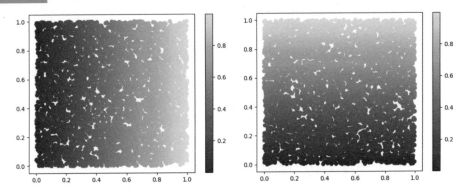

注　上述色彩是系统默认数列色彩。

程序实例 ch11_3.py：修改程序实例 ch11_2.py，设定参数 c = y。

```
1  # ch11_3.py
2  import matplotlib.pyplot as plt
3  import numpy as np
4
5  N= 5000
6  x = np.random.rand(N)
7  y = np.random.rand(N)
8  plt.scatter(x, y, c=y)
9  plt.colorbar()                    # 建立色彩条
10 plt.show()
```

执行结果　可以参考上方右图。

从执行结果可以看到，色彩条的颜色方向与图的颜色方向相同，整个色彩条的显示变得更有意义。

11-3　建立水平色彩条

当了解了色彩条的意义后，如果色彩是依据 x 轴的值进行变化时，可以使用水平色彩条取代默认的垂直色彩条。在 colorbar( ) 函数内设定 orientation='horizontal'，可以建立水平色彩条。

程序实例 ch11_4.py：使用水平色彩条重新设计程序实例 ch11_2.py。

```
1  # ch11_4.py
2  import matplotlib.pyplot as plt
3  import numpy as np
4
5  N= 5000
6  x = np.random.rand(N)
7  y = np.random.rand(N)
8  plt.scatter(x, y, c=x)
9  plt.colorbar(orientation='horizontal')  # 建立水平色彩条
10 plt.show()
```

执行结果

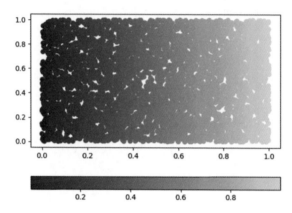

　　从上图可以看到，色彩条与原图的色彩方向相同。注：许多可视化设计即使色彩依照 x 轴的值进行变化，依旧使用垂直色彩条设计。

11-4　建立含子图的色彩条

　　从前面几节可以看到，没有子图的色彩条非常简单，只需使用一个 plt.colorbar( ) 指令就可以了，默认是建立垂直色彩条。如果增加 orientation='horizontal' 参数，可以建立水平色彩条，本节将讲解含有子图的色彩条。

11-4-1　建立含有两个子图的色彩条

　　如果要建立含有子图的色彩条，必须建立子图对象，这样才可以指出色彩条应用到哪一个子图，11-1 节 colorbar( ) 函数的参数 mappable 就是用于设定子图对象。

程序实例 ch11_5.py：分别为两个子图对象建立色彩条。

```
1  # ch11_5.py
2  import matplotlib.pyplot as plt
3  import numpy as np
4
5  N= 5000
6  x = np.random.rand(N)
7  y = np.random.rand(N)
8  fig, ax = plt.subplots(2,1)
9  # 建立子图 0 的散点图和色彩条
10 ax0 = ax[0].scatter(x, y, c=y, cmap='brg')
11 fig.colorbar(ax0, ax=ax[0])
12 # 建立子图 1 的散点图和色彩条
13 ax1 = ax[1].scatter(x, y, c=y, cmap='hsv')
14 fig.colorbar(ax1, ax=ax[1])
15 plt.show()
```

执行结果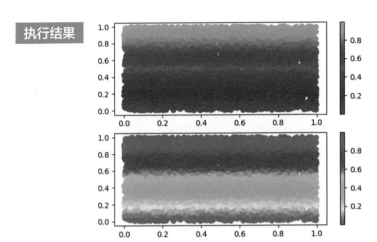

11-4-2 一个色彩条应用到多个子图

使用 colorbar( ) 函数时，可以用 ax 设定散点图对象的轴，如果要设定多个轴共享一个色调，可以将多个轴打包成列表 (list) 或元组 (tuple)。例如，若要使用 ax[0] 和 ax[1] 共享色彩条，方法如下：

```
ax = (ax[0], ax[1])
```

程序实例 ch11_6.py：建立三个子图，然后子图 0 和子图 1 共享色彩条。

```
1  # ch11_6.py
2  import matplotlib.pyplot as plt
3  import numpy as np
4
5  N= 5000
6  x = np.random.rand(N)
7  y = np.random.rand(N)
8  fig, ax = plt.subplots(3,1)
9  # 建立子图 0 和子图 1 的散点图和色彩条
10 ax0 = ax[0].scatter(x, y, c=x, cmap='GnBu')
11 ax1 = ax[1].scatter(x, y, c=x, cmap='GnBu')
12 fig.colorbar(ax0, ax=(ax[0],ax[1]))      # 共享色彩条
13 # 建立子图 2 的散点图和色彩条
14 ax2 = ax[2].scatter(x, y, c=y, cmap='hsv')
15 fig.colorbar(ax2, ax=ax[2])
16 plt.show()
```

 执行结果

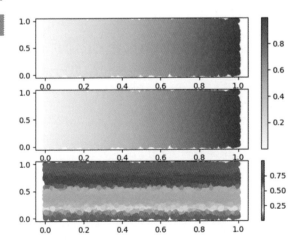

11-5　自定义色彩条

11-5-1　使用内建色彩映射图 colormaps 自定义色彩条

前面几节建立色彩条时，都有一个图表对象当作色彩条映射的规范，其实建立色彩条时，也可以没有图表对象，这时需要使用 ScalarMappqble( ) 函数定义对象，此函数语法如下：

```
matplotlib.cm.ScalarMappable(norm=None, cmap=None)
```

上述参数意义如下：

- ❏　norm：色彩数值标准化，即在 [0, 1] 区间，然后依据所使用的 cmap，映射 cmap 色彩图表。
- ❏　cmap：将标准化数据映射到 RGBA 的颜色图。

程序实例 ch11_7.py：在没有图表的情况下，设计数值在 [2, 8] 区间的色彩条，所采用的色彩映射图是 spring。

```
1  # ch11_7.py
2  import matplotlib.pyplot as plt
3  import matplotlib as mpl
4
5  plt.rcParams["font.family"] = ["Microsoft JhengHei"]
6  fig, ax = plt.subplots(figsize=(6, 1))
7  fig.subplots_adjust(bottom=0.5)              # 设定色彩条bottom的位置
8  norm = plt.Normalize(vmin=2, vmax=8)          # 定义色彩条的数值区间
9  fig.colorbar(mpl.cm.ScalarMappable(norm=norm, cmap='spring'),
10                cax=ax, orientation='horizontal',
11                label='自定义色彩条')
12 plt.show()
```

执行结果

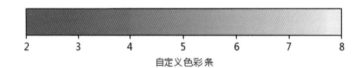

自定义色彩条

11-5-2　使用自定义色彩映射图设计色彩条

前一节使用了内建的色彩映射图设计色彩条，我们也可以自行建立色彩映射图，然后用此设计色彩条。自行设计色彩映射图所使用的是 matplotlib.colors.ListedColormap( ) 函数，此函数语法如下：

```
matplotlib.colors.ListedColormap(colors, name='from_list', N=None)
```

上述函数会回传色彩映射图对象，各参数意义如下：

- ❏　colors：自定义的色彩列表。
- ❏　name：可选参数，可以用字符串标记色彩映射图名称。
- ❏　N：可选参数，默认是 None。如果 N 大于 len(colors)，列表会重复扩展；如果 N 小于 len(colors)，则颜色在 N 处截断。

有了上述定义的色彩映射图对象后，须使用 BoundaryNorm( ) 函数定义色彩边界序列，此函数语法如下：

```
matplotlib.colors.BoundaryNorm(boundaries, ncolors, clip=False, *,
extend='neither')
```

上述函数会回传将数字映射的对象，各参数意义如下：

❑ boundaries：定义边界的列表。

❑ ncolors：设定色彩数量。

❑ clip：这是布尔值。如果是 True，在 boundaries[0] 之下的值将映射为 0，在 boundaries[-1] 之上的值将映射为 boundaries[-1]。如果是 False，超出范围且在 boundaries[0] 之下的值将映射为 -1，在 boundaries[-1] 之上的值将映射为 ncolors。

❑ extend：可以是 {'neither'、'both'、'min'、'max'}，默认是 neither，可以设定超出范围值时是否增加三角区域，默认是无 ('neither')，可以设定增加两边 ('both')，增加极小值边 ('min')，增加极大值边 ('max')。

程序实例 ch11_8.py：使用 r、g、b 自定义色彩映射图，然后在 [2, 4, 6, 8] 设计边界，最后产生色彩条。

```
1  # ch11_8.py
2  import matplotlib.pyplot as plt
3  import matplotlib as mpl
4
5  plt.rcParams["font.family"] = ["Microsoft JhengHei"]
6  fig, ax = plt.subplots(figsize=(6, 1))
7  fig.subplots_adjust(bottom=0.5)              # 设定色彩条bottom的位置
8  # 自定义色彩映射图
9  mycmap = mpl.colors.ListedColormap(['r','g','b'])
10 # 建立色彩边界值
11 mynorm = mpl.colors.BoundaryNorm([2, 4, 6, 8], 3)
12 fig.colorbar(mpl.cm.ScalarMappable(norm=mynorm, cmap=mycmap),
13              cax=ax, orientation='horizontal',
14              label='自定义色彩映射图和色彩图')
15 plt.show()
```

执行结果

自定义色彩映射图和色彩图

11-5-3　使用色彩映射图另创色彩映射图

我们也可以使用色彩映射图另创色彩映射图，这时需要先取得色彩映射图对象，语法如下：

```
matplotlib.cm.get_cmap(name=None, lut=None)
```

上述函数会回传色彩映射图对象，各参数意义如下：

❑ name：色彩映射图名称，默认是 viridis，使用者可以使用 10-3 节所有的映射图，此外也可以使用 rcParams["image.cmap"] 设定。

❑ lut：这是整数值，可以将色彩重新采样。

程序实例 ch11_8_1.py：将色彩映射图的 Oranges 和 Greens 组成新的色彩映射图。

```
1   # ch11_8_1.py
2   import matplotlib.pyplot as plt
3   import matplotlib as mpl
4   import numpy as np
5
6   plt.rcParams["font.family"] = ["Microsoft JhengHei"]
7   fig, ax = plt.subplots(figsize=(6, 1))
8   fig.subplots_adjust(bottom=0.5)              # 设定色彩条bottom的位置
9   top = mpl.cm.get_cmap('Oranges', 128)        # Oranges色彩
10  bottom = mpl.cm.get_cmap('Greens', 128)      # Greens
11  # 组合Oranges和Greens色彩
12  newcolors = np.vstack((top(np.linspace(0, 1, 128)),
13                         bottom(np.linspace(0, 1, 128))))
14  mycmap = mpl.colors.ListedColormap(newcolors)
15  fig.colorbar(mpl.cm.ScalarMappable(cmap=mycmap),
16               cax=ax, orientation='horizontal',
17               label='组合Oranges和Greens色彩')
18  plt.show()
```

执行结果

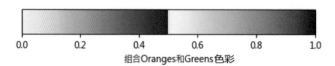

上述程序的缺点是色彩在 0.5 位置反转色彩太快，这时可以使用将色彩映射图色彩反转功能，一个 Oranges 色彩映射图可以使用 Oranges_r 做反转，这个模式可以使用在其他色彩映射图中。

程序实例 ch11_8_2.py：使用 Oranges 色彩反转 Oranges_r，重新设计程序实例 ch11_8_1.py。

```
9   top = mpl.cm.get_cmap('Oranges_r', 128)      # Oranges_r色彩
```

执行结果

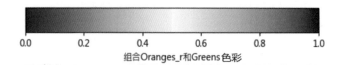

11-5-4　BoundaryNorm( ) 函数的 extend 参数

BoundaryNorm( ) 函数默认的 extend 参数是 neither，即不使用扩展参数，如果使用扩展参数，则超出的边界值颜色与边界颜色不同，下面将以实例进行解说。

程序实例 ch11_9.py：使用色彩映射图 plasma，设定 extend='both'，同时色彩边界设为 $[-1,3,4,5,11,15]$。

```
1   # ch11_9.py
2   import matplotlib.pyplot as plt
3   import matplotlib as mpl
4
5   plt.rcParams["font.family"] = ["Microsoft JhengHei"]
6   plt.rcParams["axes.unicode_minus"] = False
7   fig, ax = plt.subplots(figsize=(6, 1))
8   fig.subplots_adjust(bottom=0.5)              # 设定色彩条bottom的位置
9   cmap = mpl.cm.plasma                          # 使用 plasma
10  bounds = [-1, 3, 5, 7, 11, 15]
11  # 建立色彩边界值
12  mynorm = mpl.colors.BoundaryNorm(bounds, cmap.N, extend='both')
13  fig.colorbar(mpl.cm.ScalarMappable(norm=mynorm, cmap=cmap),
14               cax=ax, orientation='horizontal',
15               label='使用extend=both')
16  plt.show()
```

执行结果

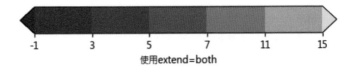

使用extend=both

上述第 12 行中的 cmap.N 可以回传目前使用色彩映射图的色彩数量。

程序实例 ch11_9_1.py：设定 extend = 'min'，重新设计程序实例 ch11_9.py。

```
12  mynorm = mpl.colors.BoundaryNorm(bounds, cmap.N, extend='min')
13  fig.colorbar(mpl.cm.ScalarMappable(norm=mynorm, cmap=cmap),
14              cax=ax, orientation='horizontal',
15              label='使用extend=min')
```

执行结果

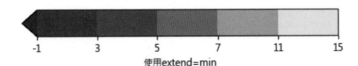

使用extend=min

程序实例 ch11_9_2.py：设定 extend = 'max'，重新设计程序实例 ch11_9.py。

```
12  mynorm = mpl.colors.BoundaryNorm(bounds, cmap.N, extend='max')
13  fig.colorbar(mpl.cm.ScalarMappable(norm=mynorm, cmap=cmap),
14              cax=ax, orientation='horizontal',
15              label='使用extend=max')
```

执行结果

使用extend=max

如果设定 extend = 'neither' 或取消设定，则色彩条左右两边将没有三角形区块，这也是程序实例 ch11_8.py 的结果，读者可以自行测试。

11-6 将自定义色彩应用于鸢尾花实例

在数据分析领域有一个很有名的数据集 iris.csv，这是加州大学欧文分校机器学习中常用的数据，这些数据是由美国植物学家埃德加·安德森 (Edgar Anderson) 在加拿大 Gaspesie 半岛实际测量鸢尾花所采集的，读者可以由代码文件中 ch11 文件夹的 iris.csv 文件了解此数据集。

	A	B	C	D	E	F
1	5.1	3.5	1.4	0.2	Iris-setosa	
2	4.9	3	1.4	0.2	Iris-setosa	
3	4.7	3.2	1.3	0.2	Iris-setosa	
4	4.6	3.1	1.5	0.2	Iris-setosa	
5	5	3.6	1.4	0.2	Iris-setosa	

总共有 150 个数据，在此数据集中总共有 5 个字段，从左到右分别代表意义如下：
花萼长度 (sepal length)

花萼宽度 (sepal width)

花瓣长度 (petal length)

花瓣宽度 (petal width)

鸢尾花类别 (species，有 setosa、versicolor、virginica)

程序实例 ch11_10.py：为 iris.csv 文件建立 x 轴是花瓣长度、y 轴是花萼长度的散点图，颜色区间是 [0, 2, 5, 7]，所自建的色彩映射图是 b、g、r，同时自定义色彩条。

```python
1   # ch11_10.py
2   import matplotlib.pyplot as plt
3   import matplotlib as mpl
4   import pandas as pd
5
6   plt.rcParams["font.family"] = ["Microsoft JhengHei"]
7   plt.rcParams["axes.unicode_minus"] = False
8
9   colName = ['sepal_len','sepal_wd','petal_len','petal_wd','species']
10  iris = pd.read_csv('iris.csv', names = colName)
11  x = iris['petal_len'].values        # 花瓣长度
12  y = iris['sepal_len'].values        # 花萼长度
13
14  fig, ax = plt.subplots()
15  mycmap = mpl.colors.ListedColormap(['b','g','r'])
16  norm = mpl.colors.BoundaryNorm([0,2,5,7], mycmap.N)
17  plt.scatter(x, y, c=x, cmap=mycmap, norm=norm)
18  fig.colorbar(mpl.cm.ScalarMappable(norm=norm,cmap=mycmap),ax=ax)
19  plt.show()
```

执行结果

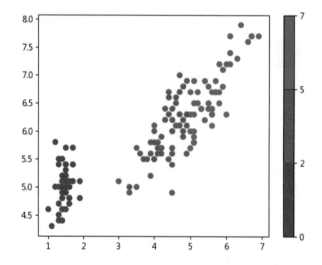

12

第 1 2 章

建立数据图表

　　在做大数据研究时，当收集了无数的数据后，可以将数据以图表显示，然后用色彩判断整个数据趋势。

12-1 显示图表数据 imshow( ) 函数

绘制矩阵数据或图像可以使用 imshow( ) 函数，此函数语法如下：

```
plt.imshow(X, cmap=None, *, aspect=None, interpolation=None, alpha=None,
norm=None, vmin=None, vmax=None, origin=None, extent=None, url=None,
data=None, **kwargs)
```

上述各参数意义如下：

- [ ] X：图像文件或下列外形数据。

  (M, N)：分别是 M 行 (row) 和 N 列 (col) 的图像文件，文件数据格式是二维数组数据，即使是普通的二维数组数据也可以用图表方式表达。注：二维数组又称矩阵。

  (M, N, 3)：RGB 的彩色图像。

  (M, N, 4)：RGBA 的彩色图像，如 png 图像文件。

- [ ] cmap：默认是 viridis，可以参考第 10 章内容。

- [ ] aspect：可以使用 equal 或 auto。默认是 equal，比例是 1，像素点是正方形。若设为 auto，可以依据轴数据调整。此参数也可以使用 rcParams["image.aspect"] 设定调整。

- [ ] interpolation：色彩的插值方法，默认是 antialiased，其他选项是 nearest、bilinear、bicubic、spline16、spline36、hanning、hermite、kaiser、quadric、catrom、gaussian、bessel、mitchell、sinc、lanczos、blackman。 也 可 以 使 用 rcParams ["image.interpolation"] 设定调整。

- [ ] alpha：透明度，0 表示透明，1 表示不透明。

- [ ] norm：色彩数值标准化，即在 [0, 1] 区间，然后依据所使用的 cmap，映射 cmap 色彩图表。

- [ ] vmin, vmax：没有使用 norm 参数时，这两个参数才有效，vmin 定义颜色的最小值，vmax 定义颜色的最大值。

- [ ] origin：图表的原点是在 upper 或是 lower，默认是在 upper，相当于左上方是坐标轴的原点 (0，0)。如果选择 lower，相当于左下方是坐标轴的原点 (0，0)。也可以使用 rcParams["image.origin"] 设定。

- [ ] extent：数据坐标的边界框，可以使用 (left, right, bottom, top) 设定。

- [ ] url：建立轴图像的 URL。

12-2 显示图表数据

imshow( ) 函数可以显示图像，也可以将矩阵数据转换成图表数据显示。

程序实例 ch12_1.py：绘制矩阵数据。

```
1   # ch12_1.py
2   import matplotlib.pyplot as plt
3   import numpy as np
4
5   img = np.array([[0, 1, 2, 3, 4, 5],
6                   [6, 7, 8, 9, 10, 11],
7                   [12, 13, 14, 15, 16, 18],
8                   [18, 19, 20, 21, 22, 23],
9                   [24, 25, 26, 27, 28, 29],
10                  [30, 31, 32, 33, 34, 35]])
11  plt.imshow(img, cmap='Blues')
12  plt.colorbar()
13  plt.show()
```

执行结果 可以参考下方左图。

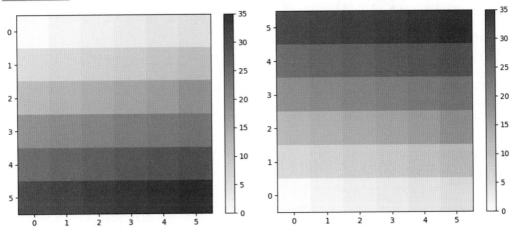

程序实例 ch12_2.py：设定 origin='lower'，重新设计程序实例 ch12_1.py。

```
11  plt.imshow(img, cmap='Blues', origin='lower')
```

执行结果 可以参考上方右图。

12-3 显示随机数的数据图表

matplotlib 模块会依据数量自行调整图表中的方格大小。

程序实例 ch12_3.py：使用随机数建立 10×10 的图表。

```
1   # ch12_3.py
2   import matplotlib.pyplot as plt
3   import numpy as np
4
5   np.random.seed(10)
6   data = np.random.random((10, 10))
7   plt.imshow(data)
8   plt.colorbar()
9   plt.show()
```

> **执行结果**　可以参考下方左图。

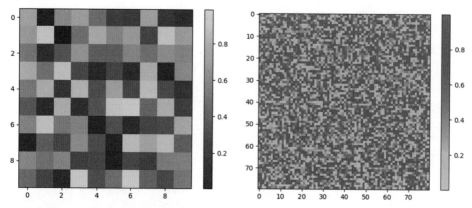

如果数据量变多时，方格将接近像素点。

程序实例 ch12_4.py：使用 cmap='cool'，建立 80×80 的图表，重新设计程序实例 ch12_3.py。

```
6  data = np.random.random((80, 80))
7  plt.imshow(data, cmap='cool')
```

> **执行结果**　可以参考上方右图。

12-4　色彩条就是子图对象

其实色彩条就是一个子图对象，我们可以建立一个子图对象，然后将回传的子图对象当作
colorbar( ) 函数的 cax 参数，这样就可以建立一个属于自己的色彩条。

程序实例 ch12_5.py：将自行建立的色彩映射图应用到自行建立的图表和色彩条中。

```
1  # ch12_5.py
2  import matplotlib.pyplot as plt
3  import matplotlib as mpl
4  import numpy as np
5
6  top = mpl.cm.get_cmap('OrRd_r', 128)       # OrRd_r色彩反转
7  bottom = mpl.cm.get_cmap('Blues', 128)     # Blues色彩
8  # 组合OrRd_r和Blues色彩
9  newcolors = np.vstack((top(np.linspace(0, 1, 128)),
10                         bottom(np.linspace(0, 1, 128))))
11 OrRdBlue = mpl.colors.ListedColormap(newcolors)
12
13 np.random.seed(10)
14 plt.subplot(211)                            # 上方子图
15 data1 = np.random.random((80, 80))
16 plt.imshow(data1, cmap=OrRdBlue)
17
18 plt.subplot(212)                            # 下方子图
19 data2 = np.random.random((80, 80))
20 plt.imshow(data2, cmap=OrRdBlue)
21 plt.subplots_adjust(left=0.2, right=0.6, bottom=0.1, top=0.9)
22 # 建立子图表axes对象
23 ax = plt.axes([0.7, 0.1, 0.05, 0.8])        # 设定色彩条大小和位置
24 plt.colorbar(mpl.cm.ScalarMappable(cmap=OrRdBlue),cax=ax)
25 plt.show()
```

执行结果

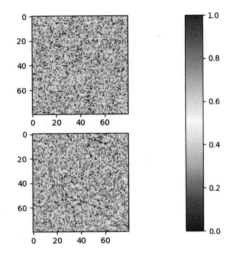

12-5　色彩的插值方法

　　色彩的插值方法可以使用 interpolation 参数设定，默认使用 antialiased 插值，有一个可以将邻边色彩混合的插值方法是 bicubic，可以参考下列实例。

程序实例 ch12_6.py：建立一个 5×5 的矩阵，然后分别使用默认插值和 bicubic 处理，cmap 使用默认的 viridis。

```
 1  # ch12_6.py
 2  import matplotlib.pyplot as plt
 3  import numpy as np
 4
 5  plt.rcParams["font.family"] = ["Microsoft JhengHei"]
 6  N = 5
 7  data = np.reshape(np.linspace(0,1,N**2), (N,N)) # 建立 N x N 数组
 8  plt.figure()
 9  # 使用默认颜色绘制
10  plt.subplot(131)
11  plt.imshow(data)
12  plt.xticks(range(N))                            # 绘制 x 轴刻度
13  plt.yticks(range(N))                            # 绘制 y 轴刻度
14  plt.title('使用默认插值',fontsize=12,color='b')
15  # 相同数组使用不同的插值法
16  plt.subplot(132)
17  plt.imshow(data,interpolation='bicubic')
18  plt.xticks(range(N))                            # 绘制 x 轴刻度
19  plt.yticks([])                                  # 隐藏绘制 y 轴刻度
20  plt.title('使用 bicubic 插值',fontsize=12,color='b')
21  plt.subplot(133)
22  plt.imshow(data,interpolation='hamming')
23  plt.xticks(range(N))                            # 绘制 x 轴刻度
24  plt.yticks([])                                  # 隐藏绘制 y 轴刻度
25  plt.title('使用 hamming 插值',fontsize=12,color='b')
26  plt.show()
```

执行结果

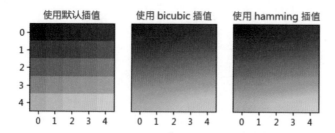

使用默认插值　　　使用 bicubic 插值　　　使用 hamming 插值

12-6 图像的色彩元素处理

12-6-1 随机色彩图像

使用随机数也可以建立彩色图像，因为色彩是 RGB，所以必须建立 N×N×3 的数组。如果想要保留红色元素，可以将绿色和蓝色元素设为 0，语法如下：

```
r[:,:,[1,2]] = 0
```

如果想要保留绿色元素，可以将红色和蓝色元素设为 0，语法如下：

```
r[:,:,[0,2]] = 0
```

如果想要保留蓝色元素，可以将红色和绿色元素设为 0，语法如下：

```
r[:,:,[0,1]] = 0
```

程序实例 ch12_7.py：使用随机数建立 RGB 彩色图像，然后分别保留红色、绿色和蓝色元素，读者可以比较它们之间的差异。

```
1   # ch12_7.py
2   import matplotlib.pyplot as plt
3   import numpy as np
4
5   plt.rcParams["font.family"] = ["Microsoft JhengHei"]
6   N = 5
7   np.random.seed(10)                    # 设定种子颜色值
8   src = np.random.random((N,N,3))       # 随机产生图像数组数据
9   plt.figure()
10
11  plt.subplot(141)
12  plt.xticks(range(N))                  # 绘制 x 轴刻度
13  plt.yticks(range(N))                  # 绘制 y 轴刻度
14  plt.title('RGB色彩')
15  plt.imshow(src)
16
17  plt.subplot(142)
18  r = src.copy()                        # 复制图像色彩数组
19  r[:,:,[1,2]] = 0                      # 保留红色元素，设定绿色和蓝色元素是 0
20  plt.xticks(range(N))                  # 绘制 x 轴刻度
21  plt.yticks([])                        # 隐藏绘制 y 轴刻度
22  plt.title('Red元素')
23  plt.imshow(r)
24
25  plt.subplot(143)
26  g = src.copy()                        # 复制图像色彩数组
27  g[:,:,[0,2]] = 0                      # 保留绿色元素，设定红色和蓝色元素是 0
```

```
28   plt.xticks(range(N))                    # 绘制 x 轴刻度
29   plt.yticks([])                          # 隐藏绘制 y 轴刻度
30   plt.title('Green元素')
31   plt.imshow(g)
32
33   plt.subplot(144)
34   b = src.copy()                          # 复制图像色彩数组
35   b[:,:,[0,1]] = 0                        # 保留蓝色元素，设定红色和绿色元素是 0
36   plt.xticks(range(N))                    # 绘制 x 轴刻度
37   plt.yticks([])                          # 隐藏绘制 y 轴刻度
38   plt.title('Blue元素')
39   plt.imshow(b)
40   plt.show()
```

执行结果

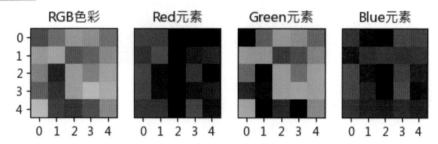

12-6-2　图片图像

前一小节的模式也可以应用在图片图像中，可以参考下列实例。

程序实例 ch12_8.py：读取 macau.jpg 图像，然后分别列出原始图像、Red 元素图像、Green 元素图像、Blue 元素图像。

```
1    # ch12_8.py
2    import matplotlib.pyplot as plt
3    import matplotlib.image as img
4
5    plt.rcParams["font.family"] = ["Microsoft JhengHei"]
6    macau = img.imread('macau.jpg')         # 读取原始图像
7    plt.figure()
8
9    plt.subplot(221)                        # 原始图像
10   plt.axis('off')
11   plt.title('原始图像')
12   plt.imshow(macau)
13
14   plt.subplot(222)
15   r = macau.copy()                        # 复制图像
16   r[:,:,[1,2]] = 0                        # 保留红色元素，设定绿色和蓝色元素是 0
17   plt.axis('off')
18   plt.title('Red元素图像')
19   plt.imshow(r)
20
21   plt.subplot(223)
22   g = macau.copy()                        # 复制图像
23   g[:,:,[0,2]] = 0                        # 保留绿色元素，设定红色和蓝色元素是 0
24   plt.axis('off')
25   plt.title('Green元素图像')
26   plt.imshow(g)
27
28   plt.subplot(224)
29   b = macau.copy()                        # 复制图像
30   b[:,:,[0,1]] = 0                        # 保留蓝色元素，设定红色和绿色元素是 0
31   plt.axis('off')
32   plt.title('Blue元素图像')
33   plt.imshow(b)
34   plt.show()
```

执行结果

原始图像

Red元素图像

Green元素图像

Blue元素图像

12-6-3 图像变暗处理

对于一个灰阶图像而言，当像素值是 0 时，色彩是黑色；当像素值变大时，色彩会逐渐转成浅灰色；当像素值是 255 时，色彩变为白色。利用这个特性，我们可以使用将像素值变小的方法产生图像变暗的效果。

程序实例 ch12_9.py：读取 macau.jpg 图像，然后将图像像素值分别乘以 1.0、0.8、0.6 和 0.4，将图像变暗。

```
1   # ch12_9.py
2   import matplotlib.pyplot as plt
3   import matplotlib.image as img
4
5   macau = img.imread('macau.jpg')          # 读取原始图像
6   plt.figure()
7   for i in range(1,5):
8       plt.subplot(2,2,i)
9       x = 1 - 0.2*(i-1)                    # 调整色彩明暗参数
10      plt.axis('off')                      # 关闭显示轴刻度
11      plt.title(f'x = {x:2.1f}',color='b') # 蓝色浮动值标题
12      src = macau * x                      # 处理像素值
13      intmacau = src.astype(int)           # 将元素值转成整数
14      plt.imshow(intmacau)                 # 显示图像
15  plt.show()
```

执行结果

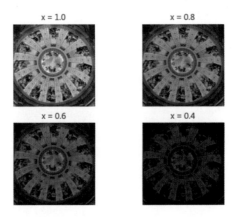

12-7　图表数据的创意

12-7-1　NumPy 的 meshgrid( ) 函数

NumPy 的 meshgrid( ) 函数可以从坐标向量回传坐标矩阵，由于图像是由矩阵 (二维数组) 组成的，所以可以使用此函数执行图像创意。meshgrid( ) 函数的常用参数语法如下：

```
numpy.meshgrid(*xi)
```

假设有两个数组，分别如下：

```
x = [1 2 3 4]
y = [8 7 6]
```

经过 meshgrid(x, y) 后可以回传 x 和 y 的坐标矩阵，如下所示：

```
xx = [ [1 2 3 4]
       [1 2 3 4]
       [1 2 3 4] ]
yy = [ [8 8 8 8]
       [7 7 7 7]
       [6 6 6 6] ]
```

程序实例 ch12_10.py：使用 meshgrid( ) 函数建立 x 轴和 y 轴的坐标矩阵。

```
1  # ch12_10.py
2  import numpy as np
3
4  x = np.array([1,2,3,4])
5  y = np.array([8,7,6])
6
7  xx, yy = np.meshgrid(x,y)
8  print('xx = \n', xx)
9  print('yy = \n', yy)
```

执行结果

```
============== RESTART: D:/matplotlib/ch12/ch12_10.py
xx =
 [[1 2 3 4]
 [1 2 3 4]
 [1 2 3 4]]
yy =
 [[8 8 8 8]
 [7 7 7 7]
 [6 6 6 6]]
```

程序实例 ch12_11.py：扩充设计程序实例 ch12_10.py，使用 scatter( ) 函数绘制坐标点。

```
1  # ch12_11.py
2  import matplotlib.pyplot as plt
3  import numpy as np
4
5  x = np.array([1,2,3,4])
6  y = np.array([8,7,6])
7  xx, yy = np.meshgrid(x,y)
8  plt.scatter(xx,yy,marker='o',c='m')
9  plt.show()
```

执行结果

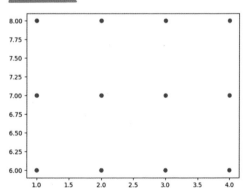

12-7-2 简单的图像创意

适度使用函数建立坐标点的像素值，可以创建图像。

程序实例 ch12_12.py：使用 meshgrid( ) 函数建立 10×10 的矩阵，矩阵的每个元素是 sin(xx) + cos(yy) 的结果。

```
1   # ch12_12.py
2   import matplotlib.pyplot as plt
3   import numpy as np
4
5   x = np.linspace(0, 2 * np.pi, 10)
6   y = np.linspace(0, 2 * np.pi, 10)
7   xx, yy = np.meshgrid(x, y)
8   z = np.sin(xx) + np.cos(yy)    # 建立图像
9
10  plt.imshow(z)
11  plt.show()
```

执行结果 可以参考下方左图。

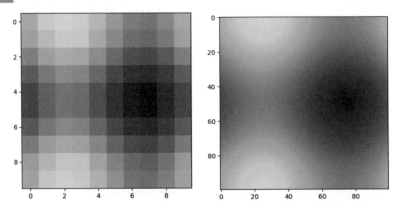

程序实例 ch12_13.py：扩充坐标点至产生 100×100 的矩阵，重新设计程序实例 ch12_12.py。

```
5   x = np.linspace(0, 2 * np.pi, 100)
6   y = np.linspace(0, 2 * np.pi, 100)
```

执行结果 可以参考上方右图。

要建立创意图像，关键是上述程序第 8 行的公式 np.sin(xx) + np.cos(yy)，不同的公式将有不同的效果。

程序实例 ch12_14.py：使用公式 sin(xx) + cos(yy) 重新设计程序实例 ch12_13.py，cmap 则使用 hsv。

```
1   # ch12_14.py
2   import matplotlib.pyplot as plt
3   import numpy as np
4
5   x = np.linspace(0, 2 * np.pi, 100)
6   y = np.linspace(0, 2 * np.pi, 100)
7   xx, yy = np.meshgrid(x, y)
8   z = np.sin(xx) + np.sin(yy)    # 建立图像
9   plt.imshow(z,cmap='hsv')
10  plt.show()
```

执行结果

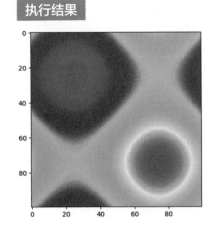

12-7-3　绘制棋盘

适度应用 NumPy 的 np.add.outer(x,y) 函数，可以将 x 数组的每个元素一次加到 y 数组的每个元素中，得到每一行，最后可以得到矩阵数据，下面将用简单的实例进行解说。

程序实例 ch12_15.py：np.add.outer(x,y) 函数的应用。

```
1  # ch12_15.py
2  import numpy as np
3
4  x1 = [1,2,3]
5  y1 = [4,5,6,7,8]
6  z1 = np.add.outer(x1, y1)
7  print(f"z1 = \n{z1}")
8
9  x2 = range(8)
10 y2 = range(8)
11 z2 = np.add.outer(x2, y2)
12 print(f"z2 = \n{z2}")
```

执行结果

```
=============== RESTART: D:\matplotlib\ch12\ch12_15.py
z1 =
[[ 5  6  7  8  9]
 [ 6  7  8  9 10]
 [ 7  8  9 10 11]]
z2 =
[[ 0  1  2  3  4  5  6  7]
 [ 1  2  3  4  5  6  7  8]
 [ 2  3  4  5  6  7  8  9]
 [ 3  4  5  6  7  8  9 10]
 [ 4  5  6  7  8  9 10 11]
 [ 5  6  7  8  9 10 11 12]
 [ 6  7  8  9 10 11 12 13]
 [ 7  8  9 10 11 12 13 14]]
```

程序实例 ch12_16.py：建立棋盘。

```
1  # ch12_16.py
2  import matplotlib.pyplot as plt
3  import numpy as np
4
5  fig = plt.figure()
6  z = np.add.outer(range(8), range(8)) % 2
7  im1 = plt.imshow(z, cmap='gray')
8  plt.show()
```

执行结果

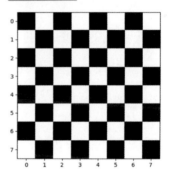

12-7-4　重叠图像设计

如果要将图像重叠，在使用 imshow( ) 函数时，需要使用 extent 参数，让两个要显示的重叠图像有相同的 extent，细节可以参考下列实例。

程序实例 ch12_17.py：扩充设计程序实例 ch12_16.py，增加使用下列公式将图像重叠。

```
z2 = np.sin(xx) + cos(yy)
```

```
1  # ch12_17.py
2  import matplotlib.pyplot as plt
3  import numpy as np
4
5  N = 100
6  x = np.linspace(-3.0, 3.0, N)
7  y = np.linspace(-3.0, 3.0, N)
8  xx, yy = np.meshgrid(x, y)
9  # 当建立重叠图像时，需要有相同的 extent
10 extent = np.min(x), np.max(x), np.min(y), np.max(y)
11
12 fig = plt.figure()
13 z1 = np.add.outer(range(8), range(8)) % 2            # 棋盘
14 plt.imshow(z1, cmap='gray',extent=extent)            # 图像 1
15
16 z2 = np.sin(xx) + np.cos(yy)                         # 图像 2 公式
17 plt.imshow(z2, cmap='jet', alpha=0.8,
18            interpolation='bilinear',extent=extent)   # 图像 2
19 plt.show()
```

执行结果

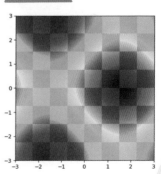

12-8　建立热图 (heatmap)

12-8-1　几个 OO API 函数解说

在数据可视化中，建立热图可以让整个数据依据颜色深浅的变化优雅地展示结果，我们可以使用 imshow( ) 函数建立热图效果。下列是程序实例会使用的 OO API 函数。

set_xticks(ticks)：设定 x 轴的刻度标记，参数 ticks 是刻度列表。

set_xticklabels(labels)：设定 x 轴的刻度标签，参数 labels 是刻度标签列表。

set_yticks(ticks)：设定 y 轴的刻度标记，参数 ticks 是刻度列表。

set_yticklabels(labels)：设定 y 轴的刻度标签，参数 labels 是刻度标签列表。

setp(obj, *args)：设定 obj 对象的属性。例如：下列指令可以将 x 轴刻度标签旋转 45°。

plt.setp(ax.get_xticklabels(), rotation=45)

上述 ax.get_xticklabels( ) 函数可以回传 x 轴刻度标签，所以可以将 x 轴刻度标签旋转 45°。另外，ax.get_yticklabels( ) 函数可以回传 y 轴刻度标签。注：ax 是图表对象。

12-8-2　农夫收成的热图实例

程序实例 ch12_18.py：有 6 位农夫，种植 6 种水果，现在使用热图显示农夫与水果。

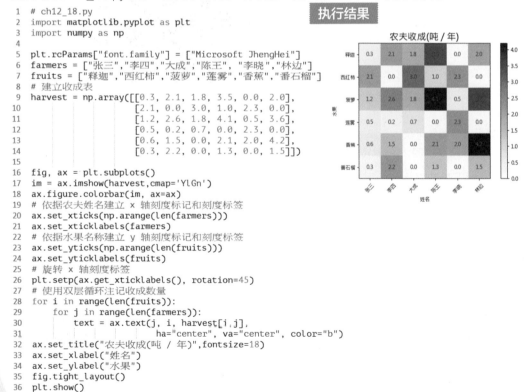

```
1  # ch12_18.py
2  import matplotlib.pyplot as plt
3  import numpy as np
4
5  plt.rcParams["font.family"] = ["Microsoft JhengHei"]
6  farmers = ["张三","李四","大成","陈王", "李晓","林边"]
7  fruits = ["释迦","西红柿","菠萝","莲雾","香蕉","番石榴"]
8  # 建立收成表
9  harvest = np.array([[0.3, 2.1, 1.8, 3.5, 0.0, 2.0],
10                     [2.1, 0.0, 3.0, 1.0, 2.3, 0.0],
11                     [1.2, 2.6, 1.8, 4.1, 0.5, 3.6],
12                     [0.5, 0.2, 0.7, 0.0, 2.3, 0.0],
13                     [0.6, 1.5, 0.0, 2.1, 2.0, 4.2],
14                     [0.3, 2.2, 0.0, 1.3, 0.0, 1.5]])
15
16 fig, ax = plt.subplots()
17 im = ax.imshow(harvest,cmap='YlGn')
18 ax.figure.colorbar(im, ax=ax)
19 # 依据农夫姓名建立 x 轴刻度标记和刻度标签
20 ax.set_xticks(np.arange(len(farmers)))
21 ax.set_xticklabels(farmers)
22 # 依据水果名称建立 y 轴刻度标记和刻度标签
23 ax.set_yticks(np.arange(len(fruits)))
24 ax.set_yticklabels(fruits)
25 # 旋转 x 轴刻度标签
26 plt.setp(ax.get_xticklabels(), rotation=45)
27 # 使用双层循环注记收成数量
28 for i in range(len(fruits)):
29     for j in range(len(farmers)):
30         text = ax.text(j, i, harvest[i,j],
31                        ha="center", va="center", color="b")
32 ax.set_title("农夫收成(吨 / 年)",fontsize=18)
33 ax.set_xlabel("姓名")
34 ax.set_ylabel("水果")
35 fig.tight_layout()
36 plt.show()
```

执行结果

　　上述程序有一个缺点，其批注的文字颜色是蓝色，深色的区块颜色将造成收成数字不明显，下列程序将对此进行改进。

程序实例 ch12_19.py：改进程序实例 ch12_18.py，将深色区块的批注文字由蓝色改为白色，程序是将收成大于或等于 3.0 的文字改为白色批注文字，下面只列出修改部分。

```
27  # 使用双层循环注记收成数量
28  for i in range(len(fruits)):
29      for j in range(len(farmers)):
30          if harvest[i,j] < 3.0:
31              text = ax.text(j, i, harvest[i,j],
32                             ha="center", va="center", color="b")
33          else:
34              text = ax.text(j, i, harvest[i,j],
35                             ha="center", va="center", color="w")
```

执行结果

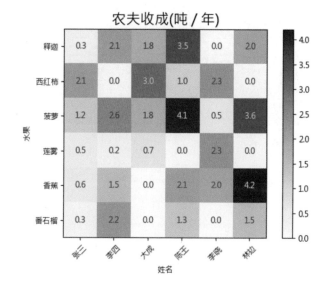

第 1 3 章

长条图与横条图

长条图与横条图是常用的统计图表，本章将对此进行完整的解说。

13-1　长条图 bar( ) 函数

长条图是统计专业常使用的图表，使用长条显示分类的数据，长条的高度和此分类数据的数量成正比，默认是垂直显示，也可以更改为水平显示。bar( ) 函数可以建立长条图，此函数语法如下：

```
plt.bar(x, height, width=0.8, bottom=None, align='center', **kwargs)
```

上述各参数意义如下：

- ❏ x：x 坐标的序列值，即类别数据。
- ❏ height：y 坐标的序列值，代表长条高度，这也是我们要展示的数据。
- ❏ width：长条的宽度，默认是 0.8。
- ❏ bottom：长条的底部坐标，默认是 0。如果是建立堆叠图，底部将是被堆叠的数组。
- ❏ align：对齐方式，可以选 center、edge，默认是 center。center 表示对齐 x 轴长条中间，edge 表示对齐 x 轴长条左边。
- ❏ color：长条颜色。
- ❏ edgecolor：长条边缘色彩。
- ❏ ecolor：错误长条色彩。
- ❏ label：每个长条的标签。
- ❏ lw 或 linewidth：长条边缘的厚度，如果是 0，代表没有长条边缘厚度。
- ❏ hatch：长条内部造型，可以有 /、\、|、-、+、o、O、.、*。

13-2　统计选课人数

一个长条图最基本的数据是 x 轴和 y 轴所需要的值，如果要统计学生的选课情况，可以将课程名称设为 x 轴数据，将各科选课人数设为 y 轴数据。

程序实例 ch13_1.py：绘制学生选课的长条图。

```
1  # ch13_1.py
2  import matplotlib.pyplot as plt
3
4  courses = ['C++','Java','Python','C#','PHP']
5  students = [45, 52, 66, 32, 39]
6  plt.bar(courses,students)
7  plt.show()
```

执行结果　可以参考下方左图。

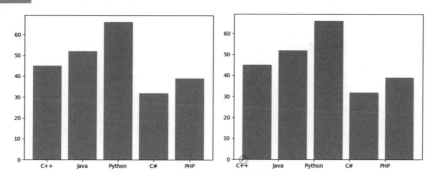

程序实例 ch13_2.py：使用绿色长条，设定 align='edge'，重新设计程序实例 ch13_1.py。

```
1  # ch13_2.py
2  import matplotlib.pyplot as plt
3
4  courses = ['C++','Java','Python','C#','PHP']
5  students = [45, 52, 66, 32, 39]
6  plt.bar(courses,students,align='edge',color='g')
7  plt.show()
```

执行结果　可以参考上页右图。

　　比较两个执行结果，可以看到当设定 align='edge' 时，标签是从长条左边开始的。

13-3　长条图的宽度

　　长条图的宽度单位是百分比，一个坐标轴在绘制长条图时，会在左右两边留下空隙，其余宽度分配给 x 轴数据笔数，长条图的宽度是指一笔数据所分配到的宽度空间，默认是 0.8，由参数 width 进行设定，使用者可以根据需要自行分配宽度，如果将宽度设为 1.0，则长条之间没有空隙。

程序实例 ch13_2_1.py：修改程序实例 ch13_1.py，将长条图的宽度设为 1，然后观察执行结果，此实例的长条图颜色改为 m(magenta，品红色)。

```
1  # ch13_2_1.py
2  import matplotlib.pyplot as plt
3
4  courses = ['C++','Java','Python','C#','PHP']
5  students = [45, 52, 66, 32, 39]
6  plt.bar(courses,students,width=1.0,color='m')
7  plt.show()
```

执行结果

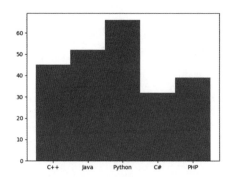

　　从上述执行结果可以看到，除了左右两边有空隙外，长条图彼此之间没有空隙。

13-4　长条图内部造型

　　bar( ) 函数的 hatch 参数可以设计长条图内部造型，更多参数细节可以参考 13-1 节。

程序实例 ch13_3.py：掷骰子的概率设计，一个骰子有 6 面分别记载 1、2、3、4、5、6，此程序会用随机数计算 600 次，每个数字出现的次数用柱形图表示，为了让读者有不同的体验，笔者将图表颜色改为橘色，同时设定 hatch='o'.

```
1   # ch13_3.py
2   import numpy as np
3   import matplotlib.pyplot as plt
4
5   plt.rcParams["font.family"] = ["Microsoft JhengHei"]
6   def dice_generator(num, sides):
7       ''' 处理随机数 '''
8       for i in range(num):
9           ranNum = np.random.randint(1, sides+1)    # 产生 1~6 的随机数
10          dice.append(ranNum)
11  def dice_count(sides):
12      '''计算1~6的出现次数'''
13      for i in range(1, sides+1):
14          frequency = dice.count(i)                 # 计算i出现在dice列表的次数
15          times.append(frequency)
16  num = 600                                         # 掷骰子次数
17  sides = 6                                         # 骰子有几面
18  dice = []                                         # 建立掷骰子的列表
19  times = []                                        # 存储每一面骰子出现次数的列表
20  dice_generator(num, sides)                        # 产生掷骰子的列表
21  dice_count(sides)                                 # 将骰子列表转成次数的列表
22  x = np.arange(6)                                  # 长条图x轴坐标
23  width = 0.35                                      # 长条图宽度
24  plt.bar(x,times,width,color='orange',hatch='o')   # 绘制长条图
25  plt.ylabel('出现次数',color='b')
26  plt.title('测试 600次 ',fontsize=16,color='b')
27  plt.xticks(x, ('1', '2', '3', '4', '5', '6'), color='b')
28  plt.yticks(np.arange(0, 150, 15), color='b')
29  plt.show()
```

执行结果

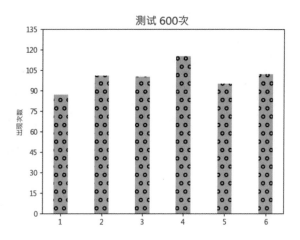

13-5　多数据长条图表设计

各品牌汽车 2020 年、2021 年和 2022 年的销售统计如下：

Benz：3367、4120、5539

BMW：4000、3590、4423

Lexus：5200、4930、5350

上述有 3 个品牌与 3 个年度的销售量，这类数据称为多数据，下面使用柱形图设计，上述数据与程序实例 ch3_20.py 所使用的数据相同。

程序实例 ch13_4.py：使用柱形图设计上述各品牌汽车的销售量。

```python
1  # ch13_4.py
2  import matplotlib.pyplot as plt
3  import numpy as np
4
5  plt.rcParams["font.family"] = ["Microsoft JhengHei"]
6  Benz = [3367, 4120, 5539]              # Benz线条
7  BMW = [4000, 3590, 4423]               # BMW线条
8  Lexus = [5200, 4930, 5350]            # Lexus线条
9
10 X = np.arange(len(Benz))
11 labels = ["2020年","2021年","2022年"]       # 年度刻度标签
12 fig = plt.figure()
13 ax = fig.add_axes([0.15,0.15,0.7,0.7])
14 barW = 0.25                            # 长条图宽度
15 plt.bar(X+0.00,Benz,color='r',width=barW,label='Benz')
16 plt.bar(X+barW,BMW,color='g',width=barW,label='BMW')
17 plt.bar(X+barW*2,Lexus,color='b',width=barW,label='Lexus')
18 plt.title("销售报表", fontsize=24, color='b')
19 plt.xlabel("年度", fontsize=14, color='b')
20 plt.ylabel("数量", fontsize=14, color='b')
21 plt.legend()                           # 绘制图例
22 plt.xticks(X+barW, labels)             # 加注年度标签
23 plt.show()
```

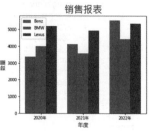

执行结果

上述程序第 14 行中，笔者将长条图的宽度设为 0.25，所以不同品牌的整个长条图间没有空隙，如果想要产生空隙，可以将宽度缩小。

程序实例 ch13_5.py：将长条图的宽度改为 0.22，重新设计程序实例 ch13_4.py。

```python
14 barW = 0.22                            # 长条图宽度
15 plt.bar(X+0.0,Benz,color='r',width=barW,label='Benz')
16 plt.bar(X+0.25,BMW,color='g',width=barW,label='BMW')
17 plt.bar(X+0.5,Lexus,color='b',width=barW,label='Lexus')
```

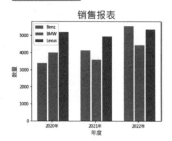

执行结果

从上图可以看到，各品牌的长条图间有了空隙。

13-6 多数据柱形图表 —— 堆叠图

多数据的长条图也可以堆叠显示，因为一个数据堆叠在另一个数据上面，所以需要使用 bottom 参数，我们可以使用 np.array( ) 函数将列表改为数组，细节可以参考下列实例第 13~16 行。

程序实例 ch13_6.py：使用堆叠模式重新设计程序实例 ch13_5.py。

```
1  # ch13_6.py
2  import matplotlib.pyplot as plt
3  import numpy as np
4
5  plt.rcParams["font.family"] = ["Microsoft JhengHei"]
6  Benz = [3367, 4120, 5539]                    # Benz线条
7  BMW = [4000, 3590, 4423]                     # BMW线条
8  Lexus = [5200, 4930, 5350]                   # Lexus线条
9  year = ["2020年","2021年","2022年"]          # 年度
10
11 barW = 0.35                                  # 长条图宽度
12 plt.bar(year,Benz,color="green",width=barW,label="Benz")
13 plt.bar(year,BMW,color="yellow",width=barW,
14        bottom=np.array(Benz),label="BMW")
15 plt.bar(year,Lexus,color="red",width=barW,
16        bottom=np.array(Benz)+np.array(BMW),label="Lexus")
17 plt.title("销售报表", fontsize=24, color='b')
18 plt.xlabel("年度", fontsize=14, color='b')
19 plt.ylabel("数量", fontsize=14, color='b')
20 plt.legend()
21 plt.show()
```

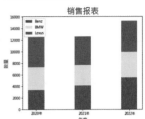

13-7　色彩凸显

一般可以将色彩分为暖色系、冷色系和中性色系。

暖色系：橙色、红色、黄色。

冷色系：蓝色、水蓝色、灰色。

中性色系：绿色、紫色。

在数据可视化过程中，建议重点 (主角) 数列使用暖色系，非重点（配角）数列则使用中性色系或冷色系。

程序实例 ch13_7.py : 使用红色凸显 Python 课程的选课人数，此程序也使用不同方式设定色彩。

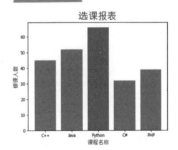

```
1  # ch13_7.py
2  import matplotlib.pyplot as plt
3
4  plt.rcParams["font.family"] = ["Microsoft JhengHei"]
5  colors = ['grey','grey','red','grey','grey']
6  courses = ['C++','Java','Python','C#','PHP']
7  students = [45, 52, 66, 32, 39]
8  plt.bar(courses,students,color=colors)
9  plt.title("选课报表", fontsize=24, color='b')
10 plt.xlabel("课程名称", fontsize=14, color='b')
11 plt.ylabel("修课人数", fontsize=14, color='b')
12 plt.show()
```

13-8　横条图

水平长条图也可称为横条图，bar( ) 函数可以建立长条图，barh( ) 函数则可以建立横条图。

13-8-1 基础语法

barh( ) 函数和 bar( ) 函数的参数用法类似，不过 x 要改为 y，height 要改为 width，width 要改为 height，bottom 要改为 left，此函数语法如下：

```
plt.barh(y, width, height=0.8, left=None, align='center', **kwargs)
```

上述各参数意义如下：

❑ y：y 坐标的序列值，即类别数据。
❑ width：x 坐标的序列值，代表横条图宽度，这也是我们要展示的数据。
❑ height：长条的高度，默认是 0.8。
❑ left：横条图的左边坐标，默认是 0。如果是建立堆叠图，左边将是被堆叠的数组。
❑ align：对齐方式，可以选 center、edge，默认是 center。center 表示对齐长条中间，edge 表示对齐长条下缘线。
❑ color：横条颜色。
❑ edgecolor：横条边缘色彩。
❑ ecolor：错误横条色彩。
❑ label：每个横条的标签。
❑ lw 或 linewidth：横条边缘的厚度，如果是 0，代表没有横条边缘厚度。
❑ hatch：横条内部造型，可以有 /、\、|、−、+、o、O、.、*。

13-8-2 横条图的实例

程序实例 ch13_8.py：重新设计程序实例 ch13_7.py，将长条图改为横条图，同时使用不同色彩处理水平横条。

```python
1  # ch13_8.py
2  import matplotlib.pyplot as plt
3
4  plt.rcParams["font.family"] = ["Microsoft JhengHei"]
5  fig = plt.figure()
6  ax = fig.add_axes([0.15,0.15,0.7,0.7])
7  colors = ['b','g','r','y','c']
8  courses = ['C++','Java','Python','C#','PHP']
9  students = [45, 52, 66, 32, 39]
10 plt.barh(courses,students,color=colors)
11 plt.title("选课报表", fontsize=24, color='b')
12 plt.xlabel("修课人数", fontsize=12, color='b')
13 plt.ylabel("课程名称", fontsize=12, color='b')
14 plt.show()
```

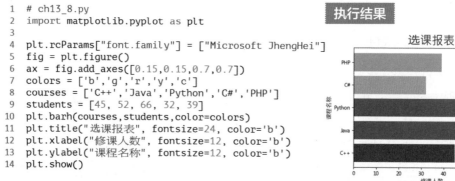

13-8-3 多数据横条图

横条图模式与长条图模式类似，所不同的是使用 barh( ) 函数取代 bar( ) 函数，同时原来的 bar( ) 函数参数 width 改为 height。注：x 轴和 y 轴的标签也要对调。
程序实例 ch13_9.py：使用多数据横条图，重新设计程序实例 ch13_4.py。

```
1   # ch13_9.py
2   import matplotlib.pyplot as plt
3   import numpy as np
4
5   plt.rcParams["font.family"] = ["Microsoft JhengHei"]
6   Benz = [3367, 4120, 5539]                    # Benz线条
7   BMW = [4000, 3590, 4423]                     # BMW线条
8   Lexus = [5200, 4930, 5350]                   # Lexus线条
9
10  X = np.arange(len(Benz))
11  labels = ["2023年","2024年","2025年"]        # 年度刻度标签
12  fig = plt.figure()
13  ax = fig.add_axes([0.15,0.15,0.7,0.7])
14  barH = 0.25                                  # 横条图高度
15  plt.barh(X+0.00,Benz,color='r',height=barH,label='Benz')
16  plt.barh(X+barH,BMW,color='g',height=barH,label='BMW')
17  plt.barh(X+barH*2,Lexus,color='b',height=barH,label='Lexus')
18  plt.title("销售报表", fontsize=24, color='b')
19  plt.xlabel("数量", fontsize=14, color='b')
20  plt.ylabel("年度", fontsize=14, color='b')
21  plt.legend()                                 # 绘制图例
22  plt.yticks(X+barH, labels)                   # 加注年度标签
23  plt.show()
```

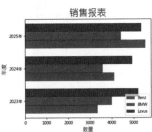

13-8-4　堆叠横条图

横条图模式与长条图模式类似，所不同的是使用 barh( ) 函数取代 bar( ) 函数，同时原来的 bar( ) 函数参数 width 改为 height。注：x 轴和 y 轴的标签也要对调。

程序实例 ch13_10.py：使用堆叠横条图，重新设计程序实例 ch13_6.py。

```
1   # ch13_10.py
2   import matplotlib.pyplot as plt
3   import numpy as np
4
5   plt.rcParams["font.family"] = ["Microsoft JhengHei"]
6   Benz = [3367, 4120, 5539]                    # Benz线条
7   BMW = [4000, 3590, 4423]                     # BMW线条
8   Lexus = [5200, 4930, 5350]                   # Lexus线条
9   year = ["2023年","2024年","2025年"]          # 年度
10
11  barH = 0.35                                  # 横条图高度
12  plt.barh(year,Benz,color="green",height=barH,label="Benz")
13  plt.barh(year,BMW,color="yellow",height=barH,
14          left=np.array(Benz),label="BMW")
15  plt.barh(year,Lexus,color="red",height=barH,
16          left=np.array(Benz)+np.array(BMW),label="Lexus")
17  plt.title("销售报表", fontsize=24, color='b')
18  plt.xlabel("数量", fontsize=12, color='b')
19  plt.ylabel("年度", fontsize=12, color='b')
20  plt.legend()
21  plt.show()
```

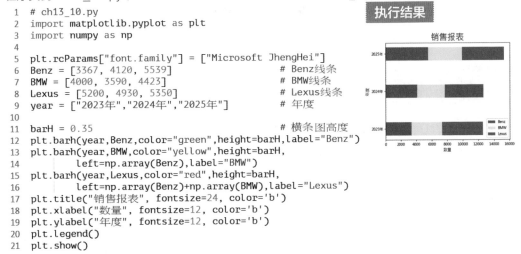

13-9　双向横条图

如果有两组数据分别代表不同含义，则可以考虑使用双向横条图，例如：一家公司可以将每个月的收入使用一个列表记录，支出使用另一个列表记录，然后使用双向横条图表达。

因为要进行双向表达，所以可以让支出列表左边增加负号。

程序实例 ch13_11.py：列出一家公司收入与支出的报表。

```
1  # ch13_11.py
2  import matplotlib.pyplot as plt
3  import numpy as np
4
5  plt.rcParams["font.family"] = ["Microsoft JhengHei"]
6  plt.rcParams["axes.unicode_minus"] = False
7  revenue = [300, 320, 400, 350]
8  cost = [250, 280, 310, 290]
9  quarter = ['Q1','Q2','Q3','Q4']
10
11 barH = 0.5
12 plt.barh(quarter,revenue,color='g',height=barH,label='收入')
13 plt.barh(quarter,-np.array(cost),color='m',height=barH,label='支出')
14 plt.title("公司收支表", fontsize=24, color='b')
15 plt.xlabel("收入与支出", fontsize=14, color='b')
16 plt.ylabel("季度", fontsize=14, color='b')
17 plt.legend()
18 plt.show()
```

执行结果

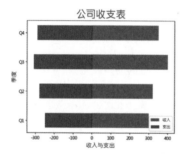

13-10 长条图在极坐标中的应用

长条图也可以应用在极坐标中，首先可以使用 subplot( ) 函数建立子图，其中参数 projection 设为 'polar'，这样就可以绘制极坐标的长条图。

程序实例 ch13_12.py：将长条图应用在极坐标中，同时使用 cmap 的 HSV 色彩映射图。

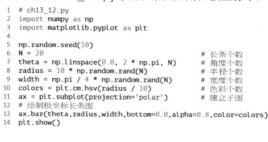

执行结果

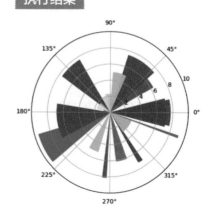

```
1  # ch13_12.py
2  import numpy as np
3  import matplotlib.pyplot as plt
4
5  np.random.seed(10)
6  N = 20                                  # 长条个数
7  theta = np.linspace(0.0, 2 * np.pi, N)  # 角度个数
8  radius = 10 * np.random.rand(N)         # 半径个数
9  width = np.pi / 4 * np.random.rand(N)   # 宽度个数
10 colors = plt.cm.hsv(radius / 10)        # 色彩个数
11 ax = plt.subplot(projection='polar')    # 建立子图
12 # 绘制极坐标长条图
13 ax.bar(theta,radius,width,bottom=0.0,alpha=0.8,color=colors)
14 plt.show()
```

14

第 14 章

直方图

hist( ) 函数的主要作用是绘制直方图，特别适合于统计频率分布数据绘图，本章将对其进行完整解说。

14-1 直方图的语法

直方图的函数是 hist( )，其语法如下：

```
plt.hist(x, bins=None, range=None, density=False, weight=None,
cumulative=False, bottom=None, histtype='bar', align='mid',
orientation='vertical', rwidth=None, log=False, color=None, stacked=False,
data=None, **kwargs)
```

上述各参数意义如下：

☐ x：如果是一组数据，则是一个数组；如果是多组数据，则可以用列表方式组织数组。14-1 节 ~ 14-7 节皆是单组数据，14-8 节会对多组数据进行说明。

☐ bins：英文字义是箱子，如果是整数，表示这是设定 bin 的个数。bins 可以想成长条的个数或组别个数。如果是序列，第一个元素是 bin 的左边缘，最后一个元素是 bin 的右边缘，这时可以设计不同宽度的 bin。

☐ range：bins 的上下限。

☐ density：是否将直方图的总和归一化为 1。默认是 False，如果是 True，表示 y 轴呈现的是占比，各直方条状的占比总和是 1。

☐ weight：与 x 相同外形的权重数组，如果 density 是 True，则权重被归一化，默认是 False。

☐ cumulative：如果是 True，每个 bin 除了自己的计数，也包含较小值的所有 bin，最后一个 bin 是数据点的总计。默认是 False。

☐ bottom：bin 的底部基线位置，默认是 0。

☐ histtype：直方图类型，可以是 bar、barstacked、step、stepfilled。

　　● bar：传统条形直方图，这是默认值。

　　● barstacked：堆叠直方图，其中多个数据堆叠在一起。

　　● step：生成未填充的直方图。

　　● stepfilled：生成填充的直方图。

☐ align：对齐方式，可以是 left、mid、right，默认是 mid。left 是指直方图位于 bin 边缘左侧，mid 是指直方图位于 bin 边缘中间，right 是指直方图位于 bin 边缘右侧，默认是 mid。

☐ rwidth：直方长条的相对宽度，默认是 None，表示系统自动计算宽度。

☐ log：默认是 False，如果是 True，则将直方图轴设置为对数刻度。

☐ color：色彩值或色彩序列。

☐ label：默认是 False，如果是 True，则第一个数据可以有标签，因此 legend( ) 可以依照预期输出图例。

☐ stacked：如果是 True，则多个数据堆叠；如果是 False，则数据并排。

回传值 h 是元组，可以不理会，如果设定了回传值，则 h 值所回传的 h[0] 是 bins 的数量数组，每个索引记载这个 bins 的 y 轴值，由索引数量也可以知道 bins 的数量，相当于是直方长条数。h[1] 也是数组，此数组记载 bins 的 x 轴值。

14-2　直方图的基础实例

14-2-1　简单自创一系列数字实例

程序实例 ch14_1.py：自行设计一系列数字，然后绘制此系列数字的直方图。

```
1  # ch14_1.py
2  import matplotlib.pyplot as plt
3
4  plt.rcParams["font.family"] = ["Microsoft JhengHei"]
5  x = [4,3,3,2,5,4,5,6,9,4,5,5,3,0,1,7,8,7,5,6,4]
6  plt.hist(x)
7  plt.title('直方图')
8  plt.xlabel('值')
9  plt.ylabel('频率')
10 plt.show()
```

执行结果　可以参考下方左图。

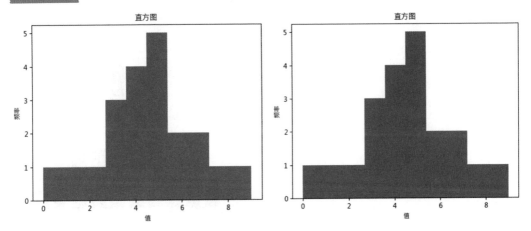

14-2-2　设计不同色彩的直方图

程序实例 ch14_2.py：重新设计程序实例 ch14_1.py，使用绿色显示直方图。

```
7  plt.hist(x,color='g')
```

执行结果　可以参考上方右图。

14-2-3　认识回传值

　　执行 plt.hist( ) 函数后，回传值是列表，列表的第 0 个元素是 y 轴的值，相当于记录每个 x 轴值的频率值，也可以想成出现次数，第 1 个元素是 x 轴的各 bin 分割点的坐标值。

程序实例 ch14_3.py：重新设计程序实例 ch14_2.py，设计回传值是 h，然后列出 h[0] 和 h[1]。

```
1   # ch14_3.py
2   import matplotlib.pyplot as plt
3   import numpy as np
4
5   plt.rcParams["font.family"] = ["Microsoft JhengHei"]
6   x = [4,3,3,2,5,4,5,6,9,4,5,5,3,0,1,7,8,7,5,6,4]
7   h = plt.hist(x,color='g')
8   print(f"bins的 y 轴 = {h[0]}")
9   print(f"bins的 x 轴 = {h[1]}")
10  plt.title('直方图')
11  plt.xlabel('值')
12  plt.ylabel('频率')
13  plt.show()
```

执行结果

直方图结果与程序实例 ch14_2.py 相同。

```
==================== RESTART: D:\matplotlib\ch14\ch14_3.py
bins的 y 轴 = [1. 1. 1. 3. 4. 5. 2. 2. 1. 1.]
bins的 x 轴 = [0.  0.9 1.8 2.7 3.6 4.5 5.4 6.3 7.2 8.1 9. ]
```

从上述执行结果可以看到，0 出现 1 次、1 出现 1 次、2 出现 1 次、3 出现 3 次、4 出现 4 次，其他以此类推。

14-2-4　直方图宽度缩小

参数 rwidth 可以设定直方图的宽度，如果设定 rwidth = 0.8，相当于直方图宽度是原来默认值的 80%，结果类似于长条图。

程序实例 ch14_3_1.py：设定 rwidth = 0.8，重新设计程序实例 ch14_2.py。

```
1   # ch14_3_1.py
2   import matplotlib.pyplot as plt
3   import numpy as np
4
5   plt.rcParams["font.family"] = ["Microsoft JhengHei"]
6   x = [4,3,3,2,5,4,5,6,9,4,5,5,3,0,1,7,8,7,5,6,4]
7   plt.hist(x,color='g',rwidth=0.8)        # 宽度设定 80%
8   plt.title('直方图')
9   plt.xlabel('值')
10  plt.ylabel('频率')
11  plt.show()
```

执行结果

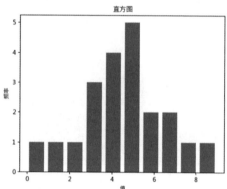

14-2-5　数据累加的应用

若将参数 cumulative 设为 True，则可以让直方图的长条数据累加。

程序实例 ch14_3_2.py：数据累加的应用。

```
1   # ch14_3_2.py
2   import matplotlib.pyplot as plt
3   import numpy as np
4
5   x = [4,3,3,2,5,4,5,6,9,4,5,5,3,0,1,7,8,7,5,6,4]
6   plt.hist(x,bins=5,color='g',cumulative=True,rwidth=0.8)
7   plt.show()
```

执行结果

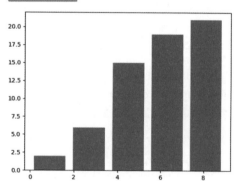

14-3　随机数函数的数据分布

常见的数据分布有下列几种：

- 均匀分布
- 正态分布
- 二项式分布
- Beta 分布
- Chi-square 分布
- Gamma 分布

下面两节将针对 NumPy 所提供的均匀分布函数与正态分布函数进行解说。

14-4　均匀分布随机数函数

所谓均匀分布函数，是指所产生的随机数均匀分布在指定区间，NumPy 所提供的均匀分布函数有下列几种。

```
rand()
randint()
uniform()
```

本节将使用上述均匀分布随机数函数产生随机数，然后绘制随机数的直方图，读者即可了解均匀分布函数的意义。

14-4-1　均匀分布函数 rand( )

NumPy 的 random.rand( ) 函数可以建立值为 0(含) ~ 1(不含) 的随机数，其语法如下：

```
np.random.rand(d0, d1, … ,dn)
```

回传指定外形的数组元素。参数 d0, d1, … , dn 主要说明要建立多少轴 (也可以想成维度) 与多少元素的数组，例如：np.random.rand(3) 代表建立一轴含 3 个元素的数组。

由于是产生随机数，所以每次执行结果皆不相同，如果要建立相同的随机数，可以使用 seed( ) 函数建立种子值。

程序实例 ch14_4.py：使用 np.random.rand( ) 函数产生 1000 个随机数，同时绘制直方图。

```
1  # ch14_4.py
2  import matplotlib.pyplot as plt
3  import numpy as np
4
5  np.random.seed(10)
6  x = np.random.rand(1000)
7  plt.hist(x)
8  plt.title('np.random.rand()')
9  plt.show()
```

执行结果

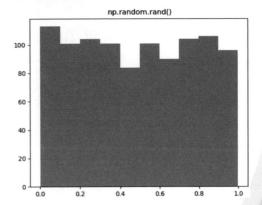

14-4-2 均匀分布函数 np.random.randint( )

NumPy 的 random.rand( ) 函数可以建立值为 low(含)~high(不含) 的随机整数，其语法如下：

```
np.random.randint(low[,high, size, dtype])
```

如果省略 high，则所产生的随机整数为 0(含)~ low(不含)。例如：np.random.randint(10) 代表回传 0(含)~9(含) 的随机数。

其中，size 参数可以设定随机数的数组外形，可以是单一数组或多维数组。

程序实例 ch14_5.py：使用 np.random.randint( ) 函数可以一次建立 10000 个随机数，以 hist 直方图打印掷骰子 10000 次的结果，同时列出每个点数的出现次数。

注 此程序增加设定箱子 (bins) 是 6(sides)，可以参考第 10 行。

```
1   # ch14_5.py
2   import matplotlib.pyplot as plt
3   import numpy as np
4
5   plt.rcParams["font.family"] = ["Microsoft JhengHei"]
6   np.random.seed(10)
7   sides = 6
8   # 建立 10000 个 1~6(含) 的整数随机数
9   dice = np.random.randint(1,sides+1,size=10000)   # 建立随机数
10  # 设定 bins = sides = 6
11  h = plt.hist(dice, sides)                         # 绘制hist图
12  print("骰子出现次数 : ",h[0])
13  plt.ylabel('次数')
14  plt.xlabel('骰子点数')
15  plt.title('测试 10000 次')
16  plt.show()
```

执行结果

```
================= RESTART: D:\matplotlib\ch14\ch14_5.py ==================
骰子出现次数 :  [1607. 1716. 1728. 1704. 1641. 1604.]
```

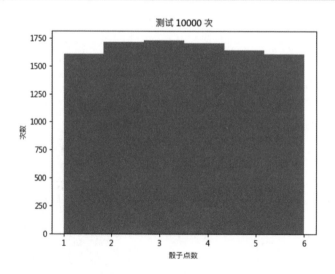

14-4-3　uniform( ) 函数

这是一个均匀分布的随机函数，其语法如下：

np.random.uniform(low, high, size)

low：默认是 0.0，随机数的下限值。

high：默认是 1.0，随机数的上限值。

size：默认是 1，产生随机数的数量。

程序实例 ch14_6.py：产生 250 个均匀分布的随机数，同时绘制直方图。

```
1  # ch14_6.py
2  import matplotlib.pyplot as plt
3  import numpy as np
4
5  np.random.seed(10)
6  s = np.random.uniform(0.0,5.0,size=250)  # 随机数
7  plt.hist(s, 5)                           # bin=5的直方图
8  plt.show()
```

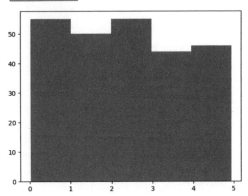

执行结果

从上图可以看到，我们使用 5 个长条区块代表区间值，第 1 个直方长条是 0 ~ 1，第 2 个直方长条是 1 ~ 2，第 3 个直方长条是 2 ~ 30，第 4 个直方长条是 3 ~ 4，第 5 个直方长条是 4 ~ 5。从上图可以得到下列结果：

（1）在 0 ~ 1 内有 51 个数值。

（2）在 1 ~ 2 内有 49 个数值。

（3）在 2 ~ 3 内有 58 个数值。

（4）在 3 ~ 4 内有 43 个数值。

（5）在 4 ~ 5 内有 49 个数值。

14-5　正态分布随机数函数

正态分布函数的数学公式如下：

$$f(x) = \frac{1}{\sigma\sqrt{2\pi}} \cdot \exp\left(\frac{-(x-\mu)^2}{2\sigma^2}\right)$$

正态分布又称高斯分布 (Gaussian distribution)，上述标准差 σ 会决定分布的幅度，均值 μ 会决定数据分布的位置。正态分布的特点如下：

（1）平均数、中位数与众数为相同数值。

（2）单峰的钟形曲线，因为呈现钟形，所以又称钟形曲线。

（3）左右对称。

NumPy 所提供的正态分布函数有下列几种。

```
randn()
normal()
```

本节将使用上述正态分布随机数函数产生随机数，然后绘制随机数的直方图，读者即可了解正态分布函数的意义。

14-5-1 randn( )函数

randn( )函数主要产生一个或多个均值 μ 是 0、标准差 σ 是 1 的正态分布的随机数。其语法如下：

```
np.random.randn(d0, d1, …, dn)
```

如果省略参数，则回传一个随机数，dn 是维度，如果想要回传 10000 个随机数，可以使用 np.random.randn(10000)。

程序实例 ch14_7.py：使用 randn( )函数，设定 bins=30，绘制 10000 个随机数的直方图与正态分布的曲线图。

```
1  # ch14_7.py
2  import matplotlib.pyplot as plt
3  import numpy as np
4
5  np.random.seed(10)
6  #均值 = 0.0、标准差 = 1 的随机数
7  s = np.random.randn(10000)              # 随机数
8  bins = 30
9  plt.hist(s, bins, density=True)         # 直方图
10 plt.show()
```

执行结果 可以参考下方左图。

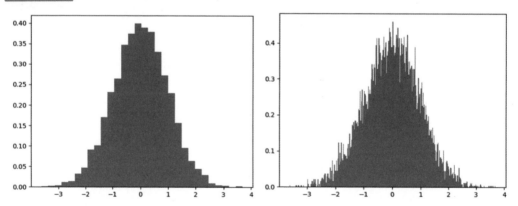

程序实例 ch14_8.py：重新设计程序实例 ch14_7.py，将 bins 改为 300，读者可以体会彼此的差异。

```
9  bins = 300
```

执行结果 可以参考上方右图。

14-5-2 normal( )函数

虽然可以使用 randn( )函数产生正态分布的随机数，但是一般数据科学家更常用的正态分布函数是 normal( )函数，其语法如下：

```
np.random.normal(loc, scale, size)
```

loc：均值μ，默认是 0，这也是随机数分布的中心。

scale：标准默认差σ，默认是 1，值越大，图形越矮胖；值越小，图形越瘦高。

size：默认是 None，表示产生一个随机数，可由此设定随机数的数量。

上述函数与 np.random.randn( ) 函数的最大差异在于，此正态分布的随机函数可以自行设定均值μ、标准差σ，所以应用范围更广。

程序实例 ch14_9.py：使用 normal( ) 函数重新设计程序实例 ch14_7.py。

```
1  # ch14_9.py
2  import matplotlib.pyplot as plt
3  import numpy as np
4
5  mu = 0                                    # 均值
6  sigma = 1                                 # 标准差
7  np.random.seed(10)
8  s = np.random.normal(mu, sigma, 10000)    # 随机数
9  bins = 30
10 plt.hist(s, bins, density=True)           # 直方图
11 plt.show()
```

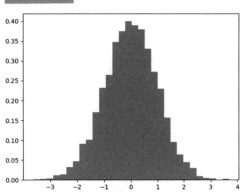

执行结果

程序实例 ch14_10.py：重新设计程序实例 ch14_9.py，将均值改为 100，标准差改为 15，其实这个数据就是预估一般人智商的图表。

执行结果

```
1  # ch14_10.py
2  import matplotlib.pyplot as plt
3  import numpy as np
4
5  plt.rcParams["font.family"] = ["Microsoft JhengHei"]
6  mu = 100                                  # 均值
7  sigma = 15                                # 标准差
8  np.random.seed(10)
9  s = np.random.normal(mu, sigma, 10000)    # 随机数
10 bins = 30
11 plt.hist(s, bins, density=True)           # 直方图
12
13 plt.xlabel('智商指数',color='b')
14 plt.ylabel('概率',color='b')
15 plt.title('智商IQ指标直方图',color='m')
16 plt.text(120,0.02,r'$\mu=100,\ \sigma=15$',color='b')
17 plt.grid(True)
18 plt.show()
```

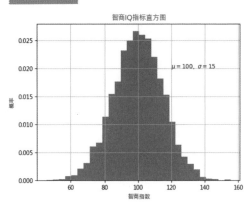

14-5-3　样本数不同的考虑

在一张图表中绘制两组样本数不同的数据时，可能会让数据本身有差异，如下所示。

程序实例 ch14_10_1.py：绘制两组样本数不同的数据。

```
1   # ch14_10_1.py
2   import numpy as np
3   import matplotlib.pyplot as plt
4
5   x1 = np.random.normal(50,5,10000)
6   x2 = np.random.normal(60,5,50000)
7   plt.hist(x1,range=(30,80),bins=20,color='g',alpha=0.8)
8   plt.hist(x2,range=(30,80),bins=20,color='m',alpha=0.8)
9   plt.show()
```

执行结果　可以参考下方左图。

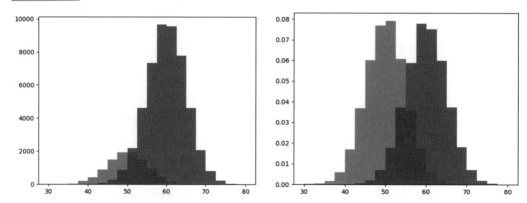

程序实例 ch14_10_2.py：增加 density = True，重新设计程序实例 ch14_10_1.py。

```
7   plt.hist(x1,range=(30,80),bins=20,color='g',alpha=0.8,density=True)
8   plt.hist(x2,range=(30,80),bins=20,color='m',alpha=0.8,density=True)
```

执行结果　可以参考上方右图。

14-6　三角形分布取样

常用的数据分布图中还有三角形分布函数，可以使用 triangular( ) 函数完成，其语法如下：

```
np.random.triangular(left, mode, right, size=None)
```

上述各参数意义如下：

❑　left：x 轴的最小值。

❑　mode：x 轴出现尖峰值的位置。

❑　right：x 轴的最大值。

程序实例 ch14_11.py：三角形分布取样的实例，此程序在调用 hist( ) 函数时，增加设定 density=True，此时 y 轴不再是次数，而是概率值。

```
1    # ch14_11.py
2    import numpy as np
3    import matplotlib.pyplot as plt
4
5    left = -2
6    peak = 8                              # mode尖峰值
7    right = 10
8    bins = 200
9    s = np.random.triangular(left,peak,right,10000)
10   plt.hist(s, bins, density=True)
11   plt.show()
```

执行结果　可以参考下方左图，统计学上称此为正偏态分布。

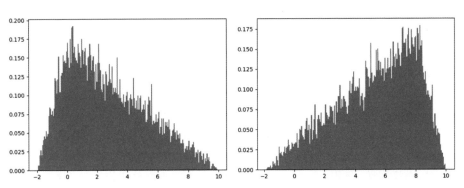

程序实例 ch14_12.py：重新设计程序实例 ch14_11.py，将 x 轴出现尖峰值的位置改为 8。

```
6    peak = 8                                        # mode尖峰值
```

执行结果　可以参考上方右图，统计学上称此为负偏态分布。

14-7　组合图

14-7-1　hist( ) 函数和 plot( ) 函数的混合应用

在绘制图表时同时有两种类型的表达方式，称其为组合图，例如：先前我们绘制了正态分布随机数的直方图，也可以增加绘制正态分布随机数的折线图，当折线图的线段变多时，就形成曲线图。

程序实例 ch14_13.py：重新设计程序实例 ch14_8.py，增加绘制折线图。

```
1   # ch14_13.py
2   import matplotlib.pyplot as plt
3   import numpy as np
4
5   plt.rcParams["font.family"] = ["Microsoft JhengHei"]
6   plt.rcParams["axes.unicode_minus"] = False
7   np.random.seed(10)
8   mu = 0                                           # 均值
9   sigma = 1                                        # 标准差
10  s = np.random.randn(10000)                       # 随机数
11  bins = 30
12  count, bins, ignored = plt.hist(s, bins, density=True)  # 直方图
13  # 绘制折线图
14  plt.plot(bins, 1/(sigma * np.sqrt(2 * np.pi)) *
15           np.exp( - (bins - mu)**2 / (2 * sigma**2) ),
16           linewidth=2, color='r')
17  plt.title('正态分布 ' + r'$\mu=0, \sigma=1$',fontsize=16)
18  plt.show()
```

执行结果

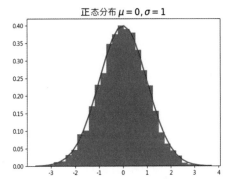

14-7-2 可视化模块 Seaborn

Seaborn 是建立在 matplotlib 模块底下的可视化模块，可以使用很少的指令完成图表建立，在使用此模块前，请先安装此模块。

由于笔者的计算机安装了多个 Python 版本，目前使用下列指令安装此模块：

```
py -m pip install seaborn
```

如果你的计算机没有安装多版本，可以只写 pip install seaborn。在此模块中可以使用 kdeplot( ) 函数，此函数称为核密度估计图，绘制所产生的正态分布曲线非常方便。

程序实例 ch14_14.py：使用 kdeplot( ) 函数绘制所产生的正态分布曲线，重新设计程序实例 ch14_13.py。

```
1  # ch14_14.py
2  import matplotlib.pyplot as plt
3  import numpy as np
4  import seaborn as sns
5
6  plt.rcParams["font.family"] = ["Microsoft JhengHei"]
7  plt.rcParams["axes.unicode_minus"] = False
8  np.random.seed(10)
9  mu = 0                                          # 均值
10 sigma = 1                                       # 标准差
11 s = np.random.randn(10000)                      # 随机数
12 bins = 30
13 count, bins, ignored = plt.hist(s, bins, density=True)  # 直方图
14 sns.kdeplot(s)                                  # 核密度估计图
15 plt.title('使用kdeplot()函数绘制常态分布 ' + r'$\mu=0, \sigma=1$',fontsize=16)
16 plt.show()
```

执行结果 可以参考下方左图。

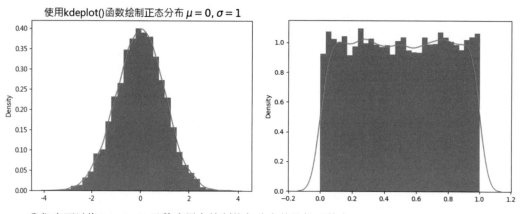

我们也可以将 kdeplot( ) 函数应用在绘制均匀分布的随机函数中。

程序实例 ch14_15.py：将 kdeplot( ) 函数应用在绘制均匀分布的随机函数中。

```
1  # ch14_15.py
2  import matplotlib.pyplot as plt
3  import numpy as np
4  import seaborn as sns
5
6  s = np.random.uniform(size=10000)    # 随机数
7  plt.hist(s, 30, density=True)        # 直方图
8  sns.kdeplot(s)                       # 核密度估计图
9  plt.show()
```

执行结果 可以参考上方右图。

14-8　多数据的直方图设计

前面章节所述的内容是一组数据，hist( ) 函数也允许有多组数据，假设有数据 x1 和 x2 数组，则可以使用下列方式调用 hist( ) 函数。

```
hist([x1,x2], …)
```

程序实例 ch14_16.py：数学与化学成绩，两组数据的直方图设计。

```
1  # ch14_16.py
2  import numpy as np
3  import matplotlib.pyplot as plt
4
5  math = [60,10,40,80,80,30,80,60,70,90,50,50,50,70,60,80,80,50,60,70,
6          70,40,30,70,60,80,20,80,70,50,90,80,40,40,70,60,80,30,20,70]
7  chem = [50,10,60,80,70,30,80,60,30,90,50,50,90,70,60,50,80,50,60,70,
8          60,50,30,70,70,80,10,80,70,50,90,80,40,50,70,60,80,40,20,70]
9
10 plt.rcParams['font.family'] = 'Microsoft JhengHei'
11 bins = 9
12 labels = ['数学','化学']
13 plt.hist([math,chem],bins,label=labels)
14 plt.ylabel('学生人数')
15 plt.xlabel('分数')
16 plt.title('成绩表',fontsize=16)
17 plt.legend()
18 plt.show()
```

执行结果　可以参考下方左图。

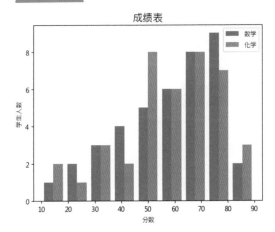

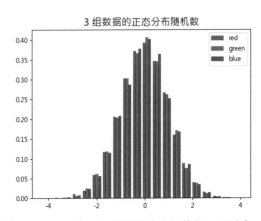

其实随机数也可以产生多组数据，假设使用的是 randn( ) 函数，如果要回传多组数据，可以在 randn( ) 函数内增加第二个参数 n，此 n 值代表 n 组数据。

程序实例 ch14_17.py：使用 randn( ) 函数绘制 3 组 10000 个随机数的数据。

```
1  # ch14_17.py
2  import numpy as np
3  import matplotlib.pyplot as plt
4
5  plt.rcParams["font.family"] = ["Microsoft JhengHei"]
6  plt.rcParams["axes.unicode_minus"] = False
7  np.random.seed(10)
8  bins = 20
9  x = np.random.randn(10000, 3)
10 colors = ['red', 'green', 'blue']
11 plt.hist(x,bins,density=True,color=colors,label=colors)
12 plt.legend()
13 plt.title('3 组数据的正态分布随机数',fontsize=16)
14 plt.show()
```

执行结果　可以参考上方右图。

14-9 应用直方图进行图像分析

直方图也常被应用于图像分析，对于一个灰阶图像，每像素点的值为 0～255，0 是黑色图像，255 是白色图像，如果一张图像的像素值集中在偏 255 处，则可知这张图像太亮 (曝光过度)；反之，如果一张图像的像素值集中在偏 0 处，则可知这张图像太暗 (曝光不足)。

程序实例 ch14_18.py：使用直方图分析图像，对于太亮图像的直方图分析。

```
1  # ch14_18.py
2  import cv2
3  import matplotlib.pyplot as plt
4
5  src = cv2.imread("snow.jpg",cv2.IMREAD_GRAYSCALE)
6  plt.subplot(121)                    # 建立子图 1
7  plt.imshow(src, 'gray')             # 灰度显示第1张图
8  plt.subplot(122)                    # 建立子图 2
9  plt.hist(src.ravel(),256)           # 降维再绘制直方图
10 plt.tight_layout()
11 plt.show()
```

执行结果

上述程序第 5 行使用灰阶方式读取图像 snow.jpg，第 9 行的 ravel( ) 函数将二维数组图像降维成一维数组，可以参考下列实例。

程序实例 ch14_18_1.py：认识 ravel( ) 函数。

```
1  # ch14_18_1.py
2  import numpy as np
3
4  arr = np.arange(6).reshape(2,3)     # 数组转成 2 × 3
5  print(arr)
6  print(arr.ravel())
```

执行结果

```
================= RESTART: D:/matplotlib/ch14/ch14_18_1.py
[[0 1 2]
 [3 4 5]]
[0 1 2 3 4 5]
```

程序实例 ch14_19.py：使用直方图分析图像，对于太暗图像的直方图分析。

```
1  # ch14_19.py
2  import cv2
3  import matplotlib.pyplot as plt
4
5  src = cv2.imread("springfield.jpg",cv2.IMREAD_GRAYSCALE)
6  plt.subplot(121)                    # 建立子图 1
7  plt.imshow(src, 'gray')             # 灰阶显示第1张图
8  plt.subplot(122)                    # 建立子图 2
9  plt.hist(src.ravel(),256)           # 降维再绘制直方图
10 plt.tight_layout()
11 plt.show()
```

执行结果

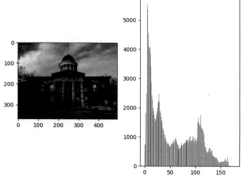

注 更多图像知识请参考笔者所著的《OpenCV 计算机视觉项目实战（Python 版）》。

14-10　直方图 histtype 参数解说

直方图的 histtype 参数可以设定直方图的格式，下面将以一个实例进行解说。

程序实例 ch14_20.py：使用不同的 histtype 参数绘制 4 个直方图，所有数据使用随机数函数 normal( ) 产生。x1 数据的均值是 0，标准差是 25。x2 数据的均值是 0，标准差是 10。

```
1   # ch14_20.py
2   import matplotlib.pyplot as plt
3   import numpy as np
4
5   plt.rcParams["font.family"] = ["Microsoft JhengHei"]
6   plt.rcParams["axes.unicode_minus"] = False
7   np.random.seed(10)
8   mu = 0                                      # 均值
9   sigma1 = 25                                 # x1 数据的标准差
10  x1 = np.random.normal(mu, sigma1, size=100) # 建立 x1 数据
11
12  sigma2 = 10                                 # x2 数据的标准差
13  x2 = np.random.normal(mu, sigma2, size=100) # 建立 x2 数据
14
15  fig, axs = plt.subplots(nrows=2, ncols=2)   # 建立 2 x 2 子图
16  # 建立 [0,0]子图
17  axs[0,0].hist(x1,15,density=True,histtype='step')
18  axs[0,0].set_title("histtype = 'step'")
19  # 建立 [0,1]子图
20  axs[0,1].hist(x1,15,density=True,histtype='stepfilled',
21              color='m',alpha=0.8)
22  axs[0,1].set_title("histtype = 'stepfilled'")
23  # 建立 [1,0]子图
24  axs[1,0].hist(x1,density=True,histtype='barstacked',rwidth=0.8)
25  axs[1,0].hist(x2,density=True,histtype='barstacked',rwidth=0.8)
26  axs[1,0].set_title("histtype = 'barstacked'")
27  # 建立 [1,1]子图，宽度不相等
28  bins = [-60, -50, -20, -10, 30, 50]
29  axs[1,1].hist(x1,bins,density=True,histtype='bar',rwidth=0.8,color='g')
30  axs[1,1].set_title("histtype = 'bar' 宽度不相等的 bins")
31  fig.tight_layout()
32  plt.show()
```

执行结果

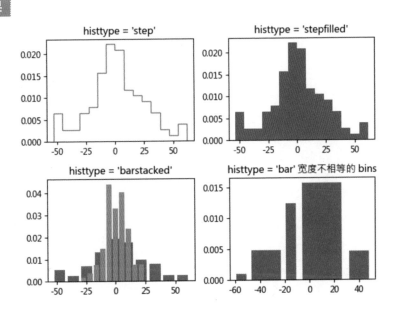

15

第 1 5 章

圆饼图

圆饼图是一种统计图表，pie( ) 函数的主要作用是绘制圆饼图。圆饼图可以使用百分比描述数据之间相对的关系，如商品销售的类型比例、个人消费的类型比例、消费族群分析的比例，本章将对其进行完整解说。

15-1　圆饼图的语法

圆饼图的函数是 pie( )，其语法如下：

```
plt.pie(x, explode=None, labels=None, colors=None, autopct=None,
pctdistance=0.6, shadow=False, labeldistance=1.1, startangle=0, radius=1,
counterclock=True, wedgeprops=None, textprops=None, center=(0, 0),
frame=False, rotationlabels=False)
```

上述各参数意义如下：

- ❑ x：圆饼图项目所组成的数据列表。
- ❑ explode：可设定是否从圆饼图分离的列表，0 表示不分离，一般可用 0.1 分离，数值越大，分离得越远，默认是 0。
- ❑ labels：圆饼图项目所组成的标签列表。
- ❑ colors：圆饼图项目颜色所组成的列表，如果省略，则使用默认颜色。
- ❑ autopct：表示项目的百分比格式，基本语法是 "% 格式 %%"，例如："%d%%" 表示整数，"%1.2f%%" 表示整数 1 位数、小数 2 位数，如果实际整数需要 2 位数，系统会自动增加。也有程序员省略 1，直接使用 "%.2f%%"，所获得的结果相同。
- ❑ pctdistance：默认是 0.6，图片中心与 autopact 之间距离的比率。
- ❑ shadow：True 表示圆饼图形有阴影，False 表示圆饼图形没有阴影，默认是 False。
- ❑ labeldistance：项目标题与圆饼图中心的距离是半径的多少倍，例如：1.2 代表是 1.2 倍，默认是 1.1。
- ❑ startangle：指定圆饼图配置方向，默认是 0°，然后逆时针旋转角度。
- ❑ radius：圆饼图的半径，默认是 1。
- ❑ counterclock：指定圆饼图方向，默认是 True，表示逆时针。
- ❑ wedgeprops：传递给圆饼图的参数字典，用于设定圆饼样式、边界线粗细或颜色，例如：若要设定圆饼图边界线是 3，可以使用 wedgeprops = {'linewidth':3}。
- ❑ textprops：传递给圆饼图的文字参数字典，用于设定标签的格式。
- ❑ center：圆中心坐标，默认是 0。
- ❑ frame：默认是 False，如果为 True，则图表会有轴框。
- ❑ rotationlabels：标签相对于圆饼区块的旋转角度。

15-2　圆饼图的基础实例

最基础的圆饼图建议要有数据 x 和标签 labels，如果缺少标签，虽然仍可以产生圆饼图，但是外人无法了解圆饼的意义。

15-2-1　旅游调查表

程序实例 ch15_1.py：旅游调查表。

```
1  # ch15_1.py
2  import matplotlib.pyplot as plt
3
4  plt.rcParams["font.family"] = ["Microsoft JhengHei"]
5  area = ['北京','上海','广州','深圳','重庆','成都']
6  people = [10000,12600,9600,7500,5100,4800]
7  plt.pie(people,labels=area)
8  plt.title('五月份旅游调查表',fontsize=16,color='b')
9  plt.show()
```

执行结果

从上述执行结果可以看到，旅游地点标签在圆饼图外，这是因为默认 labeldistance 是 1.1，如果要将旅游地点标签放在圆饼图内，需设定此值小于 1.0，后面会有实例进行解说。

15-2-2　增加百分比的旅游调查表

参数 autopct 可以增加百分比，一般百分比设定到小数点后 2 位。

程序实例 ch15_2.py：扩充设计程序实例 ch15_1.py，设定各旅游地点的整数百分比，读者可以留意第 7 行的参数 autopct 设定。

```
7  plt.pie(people,labels=area,autopct="%d%%")
```

执行结果　可以参考下方左图。

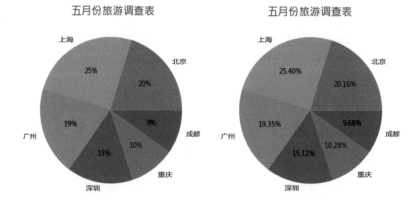

程序实例 ch15_3.py：使用含 2 位小数的百分比，重新设计程序实例 ch15_2.py。

```
7  plt.pie(people,labels=area,autopct="%1.2f%%")
```

执行结果　可以参考上方右图。

15-2-3　突出圆饼区块的数据分离

设计圆饼图时，可以将需要特别关注的圆饼区块分离，这时可以使用 explode 参数，不分离的区块设为 0.0，要分离的区块可以设定小数值，例如：可以设定 0.1，数值越大，分离得越远。

程序实例 ch15_4.py：设定成都圆饼区块分离 0.1。

```
1  # ch15_4.py
2  import matplotlib.pyplot as plt
3
4  plt.rcParams["font.family"] = ["Microsoft JhengHei"]
5  area = ['北京','上海','广州','深圳','重庆','成都']
6  people = [10000,12600,9600,7500,5100,4800]
7  exp = [0.0,0.0,0.0,0.0,0.0,0.1]
8  plt.pie(people,labels=area,explode=exp,autopct="%1.2f%%")
9  plt.title('五月份旅游调查表',fontsize=16,color='b')
10 plt.show()
```

执行结果　　可以参考下方左图。

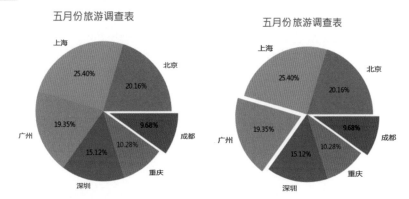

圆饼图也可以让多个圆饼区块分离，可以参考下列实例。

程序实例 ch15_5.py：增加广州区块分离，重新设计程序实例 ch15_4.py。

```
7  exp = [0.0,0.0,0.1,0.0,0.0,0.1]
```

执行结果　　可以参考上方右图。

15-2-4　起始角度

在程序实例 ch15_1.py 的执行结果中笔者说明了圆饼图起始角度，默认的起始角度是 0°，pie( ) 函数的 startangle 参数可以设定起始角度。

程序实例 ch15_5_1.py：将圆饼图的起始角度设为 90°，重新设计程序实例 ch15_4.py。

```
8  plt.pie(people,labels=area,explode=exp,autopct="%1.2f%%",
9          startangle=90)
```

执行结果　　可以参考下方左图。

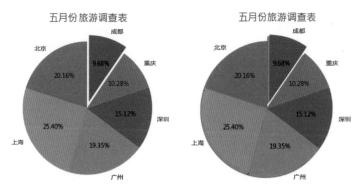

15-2-5 建立圆饼图阴影

pie( ) 函数内部的 shadow 参数若设为 True，可以为圆饼图建立阴影。

程序实例 ch15_5_2.py：为圆饼图建立阴影，扩充设计程序实例 ch15_5_1.py。

```
8  plt.pie(people,labels=area,explode=exp,autopct="%1.2f%%",
9         startangle=90,shadow=True)
```

执行结果 可以参考上方右图。

15-3 圆饼图标签色彩与文字大小的控制

15-3-1 圆饼色彩的控制

前面所设计的圆饼图色彩是默认值，我们可以参考 2-4-1 节和附录 B（请的前言下载）的色彩控制颜色。颜色可以放置在列表或元组内，未来可以使用 pie( ) 函数的 colors 参数设定。

程序实例 ch15_6.py：自行设计圆饼的色彩，重新设计程序实例 ch15_5.py。

```
1  # ch15_6.py
2  import matplotlib.pyplot as plt
3
4  plt.rcParams["font.family"] = ["Microsoft JhengHei"]
5  area = ['北京','上海','广州','深圳','重庆','成都']
6  people = [10000,12600,9600,7500,5100,4800]
7  exp = [0.0,0.0,0.1,0.0,0.0,0.1]
8  colors = ['aqua','g','pink','yellow','m','salmon']
9  plt.pie(people,labels=area,explode=exp,autopct="%1.2f%%",
10         colors=colors)
11 plt.title('五月份旅游调查表',fontsize=16,color='b')
12 plt.show()
```

执行结果

五月份旅游调查表

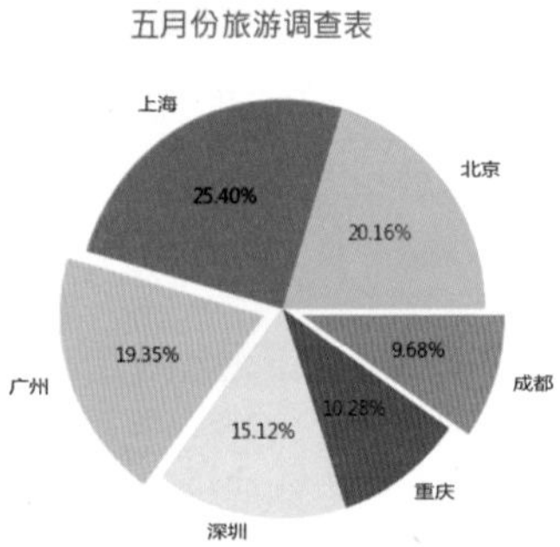

色彩的使用方式有很多，除了常用方式，也可以参考附录 B，使用十六进制方式，可以参考下列实例。

程序实例 ch15_7.py：使用十六进制色彩设定圆饼图。注：虽然程序内容与程序实例 ch15_6.py 相同，但是色彩不一样。

```
1  # ch15_7.py
2  import matplotlib.pyplot as plt
3
4  plt.rcParams["font.family"] = ["Microsoft JhengHei"]
5  area = ['北京','上海','广州','深圳','重庆','成都']
6  people = [10000,12600,9600,7500,5100,4800]
7  exp = [0.0,0.0,0.1,0.0,0.0,0.1]
8  colors = ['#ff9999','#66b4ff','#99ff88','#ffcc99','#00ffff','#ff00ff']
9  plt.pie(people,labels=area,explode=exp,autopct="%1.2f%%",
10         colors=colors)
11 plt.title('五月份旅游调查表',fontsize=16,color='b')
12 plt.show()
```

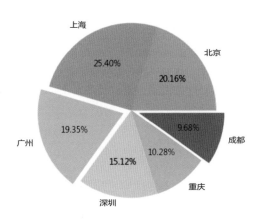

五月份旅游调查表

15-3-2　圆饼图标签色彩的控制

调用 pie( ) 函数时有 3 个回传值，其中第二个回传值可以设定标签色彩，默认标签使用黑色，整个调用函数回传方式如下：

patches, texts, autotexts = pie(…)

或使用下列方式：

patches = pie(…)

这时相当于产生下列结果。

patches[0] = patches

patches[1] = texts

patches[2] = autotexts

有了 texts 后，可以使用 set_color( ) 函数设定此标签颜色。

程序实例 ch15_8.py：设定标签颜色是 magenta 色彩，重新设计程序实例 ch15_6.py。

```
1  # ch15_8.py
2  import matplotlib.pyplot as plt
3
4  plt.rcParams["font.family"] = ["Microsoft JhengHei"]
5  area =['北京','上海','广州','深圳','重庆','成都']
6  people = [10000,12600,9600,7500,5100,4800]
7  exp = [0.0,0.0,0.1,0.0,0.0,0.1]
8  piecolors = ['aqua','g','pink','yellow','m','salmon']
9  patches, texts, autotexts = plt.pie(people,labels=area,
10      explode=exp,autopct="%1.2f%%",colors=piecolors)
11  for txt in texts:              # 设定标签颜色
12      txt.set_color('m')
13  plt.title('五月份旅游调查表',fontsize=16,color='b')
14  plt.show()
```

五月份旅游调查表

15-3-3　圆饼图内部百分比的色彩

调用 pie( ) 函数时有 3 个回传值，其中第三个回传值可以设定圆饼图内部百分比的色彩，默认百分比色彩使用黑色，整个调用函数回传方式如下：

```
patches, texts, autotexts = pie( … )
```

有了 autotexts 后，可以使用 set_color( ) 函数设定此百分比颜色。matplotlib 默认的圆饼图色彩颜色比较深，所以可以将百分比色彩设为浅色，让百分比数字显得清晰。

程序实例 ch15_9.py：设定标签颜色是 magenta，百分比颜色是 white，重新设计程序实例 ch15_5.py。

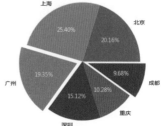

```python
1  # ch15_9.py
2  import matplotlib.pyplot as plt
3
4  plt.rcParams["font.family"] = ["Microsoft JhengHei"]
5  area = ['北京','上海','广州','深圳','重庆','成都']
6  people = [10000,12600,9600,7500,5100,4800]
7  exp = [0.0,0.0,0.1,0.0,0.0,0.1]
8  patches, texts, autotexts = plt.pie(people,labels=area,
9          explode=exp,autopct="%1.2f%%")
10 for txt in texts:              # 设定标签颜色
11     txt.set_color('m')
12 for txt in autotexts:         # 设定百分比颜色
13     txt.set_color('w')
14 plt.title('五月份旅游调查表',fontsize=16,color='b')
15 plt.show()
```

15-3-4　标签与百分比字号的控制

set_size( ) 函数可以设定标签与百分比字号。

程序实例 ch15_10.py：设定标签与百分比字号分别是 14 和 12，重新设计程序实例 ch15_9.py。

```python
1  # ch15_10.py
2  import matplotlib.pyplot as plt
3
4  plt.rcParams["font.family"] = ["Microsoft JhengHei"]
5  area = ['北京','上海','广州','深圳','重庆','成都']
6  people = [10000,12600,9600,7500,5100,4800]
7  exp = [0.0,0.0,0.1,0.0,0.0,0.1]
8  patches, texts, autotexts = plt.pie(people,labels=area,
9          explode=exp,autopct="%1.2f%%")
10 for txt in texts:              # 设定标签
11     txt.set_color('m')        # 色彩设定
12     txt.set_size(14)          # 字号
13 for txt in autotexts:         # 设定百分比
14     txt.set_color('w')        # 色彩设定
15     txt.set_size(12)          # 字号
16 plt.title('五月份旅游调查表',fontsize=16,color='b')
17 plt.show()
```

15-4 圆饼图边界线颜色与粗细

15-4-1 设定边界线颜色

先前我们使用 pie( ) 函数的回传值是回传 3 个元素，其实也可以使用一个 t 列表或元组当作回传变量，未来在使用索引取得元素时，可以参考下列语法。

```
patches = pie( … )
```

未来可以使用 patches 索引取得回传值，其中第 0 个元素与边界线颜色有关，可以使用 patches[0] 引用此对象，设定边界线颜色可以使用 set_edgecolor( ) 函数。

程序实例 ch15_11.py：重新设计程序实例 ch15_3.py，将圆饼图的边界线设为白色。

```python
1  # ch15_11.py
2  import matplotlib.pyplot as plt
3
4  plt.rcParams["font.family"] = ["Microsoft JhengHei"]
5  area = ['北京','上海','广州','深圳','重庆','成都']
6  people = [10000,12600,9600,7500,5100,4800]
7  patches = plt.pie(people,labels=area,autopct="%1.2f%%")
8  for edgecolor in patches[0]:
9      edgecolor.set_edgecolor('w')        # 设定圆饼图边界线是白色
10 plt.title('使用 set_edgecolor() 函数',fontsize=16,color='b')
11 plt.show()
```

执行结果　可以参考下方左图。

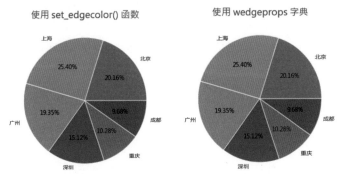

15-4-2 使用 wedgeprops 字典设定边界线颜色

pie( ) 函数的 wedgeprops 字典也可以用 edgecolor(或 ec) 元素设定边界线颜色。

程序实例 ch15_12.py：使用 wedgeprops 字典的 edgecolor 设定边界线颜色。

```python
1  # ch15_12.py
2  import matplotlib.pyplot as plt
3
4  plt.rcParams["font.family"] = ["Microsoft JhengHei"]
5  area = ['北京','上海','广州','深圳','重庆','成都']
6  people = [10000,12600,9600,7500,5100,4800]
7  plt.pie(people,labels=area,autopct="%1.2f%%",
8          wedgeprops={'edgecolor':'w'})
9  plt.title('使用 wedgeprops 字典',fontsize=16,color='b')
10 plt.show()
```

执行结果　可以参考上方右图。

15-4-3　使用 wedgeprops 字典设定边界线粗细

pie( ) 函数的 wedgeprops 字典也可以用 linewidth(或 lw) 元素设定边界线粗细。

程序实例 ch15_13.py：扩充设计程序实例 ch15_12.py，增加设定边界线粗细是 5。

```
1  # ch15_13.py
2  import matplotlib.pyplot as plt
3
4  plt.rcParams["font.family"] = ["Microsoft JhengHei"]
5  area = ['北京','上海','广州','深圳','重庆','成都']
6  people = [10000,12600,9600,7500,5100,4800]
7  plt.pie(people,labels=area,autopct="%1.2f%%",
8          wedgeprops={'ec':'w','lw':5})
9  plt.title('使用 wedgeprops ec 和 lw',fontsize=16,color='b')
10 plt.show()
```

执行结果

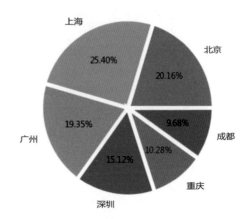

15-5　使用 wedgeprops 字典设定图表样式

pie( ) 函数的 wedgeprops 字典也可以用 patch 元素设定圆饼样式，可以参考的边界样式有 /、\、|、-、+、X、o、O、*。

程序实例 ch15_14.py：设定圆饼图表的样式。

```
1  # ch15_14.py
2  import matplotlib.pyplot as plt
3
4  plt.rcParams["font.family"] = ["Microsoft JhengHei"]
5  area = ['北京','上海','广州','深圳','重庆','成都']
6  people = [10000,12600,9600,7500,5100,4800]
7
8  fig, axs = plt.subplots(nrows=2, ncols=2)          # 建立 2 x 2 子图
9  # 建立 [0,0]子图
10 axs[0,0].pie(people,labels=area,autopct="%1.2f%%",
11         wedgeprops={'ec':'w','hatch':'-'})
12 axs[0,0].set_title("hatch = '-'",color='m')
13 # 建立 [0,1]子图
14 axs[0,1].pie(people,labels=area,autopct="%1.2f%%",
15         wedgeprops={'ec':'w','hatch':'+'})
16 axs[0,1].set_title("hatch = '+'",color='m')
17 # 建立 [1,0]子图
18 axs[1,0].pie(people,labels=area,autopct="%1.2f%%",
19         wedgeprops={'ec':'w','hatch':'o'})
20 axs[1,0].set_title("hatch = 'o'",color='m')
21 # 建立 [1,1]子图
22 axs[1,1].pie(people,labels=area,autopct="%1.2f%%",
23         wedgeprops={'ec':'w','hatch':'*'})
24 axs[1,1].set_title("hatch = '*'",color='m')
25 plt.suptitle('使用 wedgeprops 字典的 hatch 参数',fontsize=16,color='b')
26 fig.tight_layout()
27 plt.show()
```

执行结果

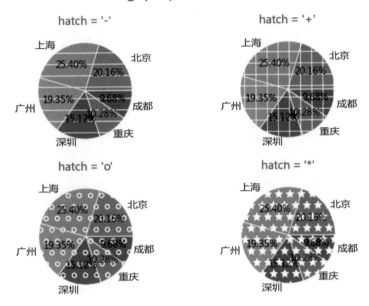

15-6　设定圆饼图保持圆形

我们所建立的圆饼图不一定保持圆形，可以使用下列两个方法让圆饼图保持圆形。

方法 1

直接调用 matplotlib.pyplot.axis( ) 函数，语法如下：

```
plt.axis('equal')
```

方法 2

使用对象调用，语法如下：

```
fig, ax = plt.subplots( )
...
ax.set(aspect='equal')
```

程序实例 ch15_15.py：使用方法 1，设定圆饼图保持圆形。

```
1  # ch15_15.py
2  import matplotlib.pyplot as plt
3
4  plt.rcParams["font.family"] = ["Microsoft JhengHei"]
5  area = ['北京','上海','广州','深圳','重庆','成都']
6  people = [10000,12600,9600,7500,5100,4800]
7  plt.pie(people,labels=area,autopct="%1.2f%%")
8  plt.title('使用 plt.axis() 函数',fontsize=16,color='b')
9  plt.axis('equal')                   # 圆饼图保持圆形
10 plt.show()
```

执行结果 可以参考下方左图。

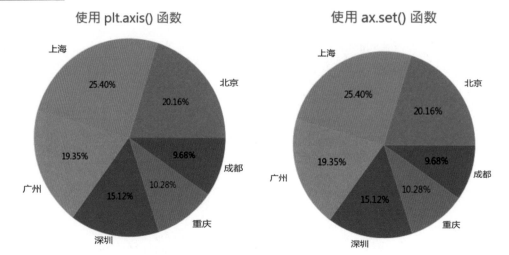

使用 plt.axis() 函数 　　　　　使用 ax.set() 函数

程序实例 ch15_16.py：使用方法 2，设定圆饼图保持圆形。

```
1  # ch15_16.py
2  import matplotlib.pyplot as plt
3
4  plt.rcParams["font.family"] = ["Microsoft JhengHei"]
5  area = ['北京','上海','广州','深圳','重庆','成都']
6  people = [10000,12600,9600,7500,5100,4800]
7  fig, ax = plt.subplots()
8  ax.pie(people,labels=area,autopct="%1.2f%%")
9  ax.set_title('使用 ax.set() 函数',fontsize=16,color='b')
10 ax.set(aspect='equal')              # 圆饼图保持圆形
11 plt.show()
```

执行结果 可以参考上方右图。

15-7 建立环形图

如果要建立环形图，相当于要多建立一个中空的圆环，这时可以使用下列方式建立数据。

data = [1,0, … ,0]

然后设定中空的半径，一般可以设定 0.6，同时设定颜色是白色，如下所示：

plt.pie(data, radius=0.6, colors='w')

至于圆饼图，则需要增加 pctdistance 参数设定，因为此参数的默认值是 0.6，将造成百分比数字在中空的圆环内，所以建议设定此参数为 0.8。

程序实例 ch15_17.py：统计个人花费的环形图设计。

```
1  # ch15_17.py
2  import matplotlib.pyplot as plt
3
4  plt.rcParams["font.family"] = ["Microsoft JhengHei"]
5  sorts = ["交通","娱乐","教育","住宿","餐费"]
6  fee = [8000,2000,3000,5000,6000]
7  fee_no = [1,0,0,0]
8  plt.pie(fee,pctdistance=0.8,labels=sorts,autopct="%1.2f%%")
9  plt.pie(fee_no,radius=0.6,colors='w')
10 plt.title("统计个人花费的环形图设计",fontsize=16,color='b')
11 plt.show()
```

执行结果

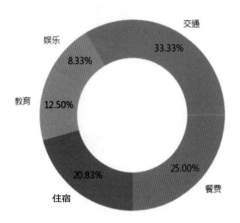

统计个人花费的环形图设计

15-8　多层圆饼图的设计

设计圆饼图时，可以在圆饼图内增加一层或多层圆饼图设计，应注意内层圆饼图的半径是否恰当，若要同时保证内层的标签位置必须在圆饼图内，我们可以设定 labeldistance 参数小于 1.0。

程序实例 ch15_18.py：调查 1220 位程序设计师，可以得到主要程序语言使用的人数如下：

Python：350 人

C：200 人

Java：250 人

C++：150 人

PHP：270 人

在上述数据中，男性有 720 人，女性有 500 人，此程序会设计两层圆饼图，外层是程序语言使用比例，内层是男女生比例。

```
1  # ch15_18.py
2  import matplotlib.pyplot as plt
3
4  plt.rcParams["font.family"] = ["Microsoft JhengHei"]
5  lang = ["Python","C","Java","C++","PHP"]      # 程序语言标签
6  people = [350,200,250,150,270]               # 人数
7  labelgender = ['男生','女生']                  # 性别标签
8  gender = [720,500]                           # 性别人数
9  colors = ['lightyellow','lightgreen']        # 自定性别色彩
10 # 建立外层程序语言圆饼图
11 plt.pie(people,pctdistance=0.8,labels=lang,autopct="%1.2f%%")
12 # 建立内层性别标签
13 plt.pie(gender,radius=0.6,labels=labelgender,colors=colors,
14        autopct="%1.2f%%",labeldistance=0.2)
15 plt.title("程序语言调查表",fontsize=16,color='b')
16 plt.show()
```

执行结果 可以参考下方左图。

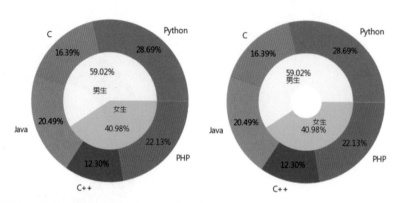

程序语言调查表 程序语言调查表

上述程序中，笔者设定内层半径是 0.6，内层的 labeldistance 为 0.2。

程序实例 ch15_19.py：扩充设计程序实例 ch15_18.py，内部增加设计空的圆饼。

```
1  # ch15_19.py
2  import matplotlib.pyplot as plt
3
4  plt.rcParams["font.family"] = ["Microsoft JhengHei"]
5  lang = ["Python","C","Java","C++","PHP"]          # 程序语言标签
6  people = [350,200,250,150,270]                     # 人数
7  labelgender = ['男生','女生']                       # 性别标签
8  gender = [720,500]                                 # 性别人数
9  colors = ['lightyellow','lightgreen']              # 自定性别色彩
10 data_no = [1,0,0,0]
11 # 建立外层程序语言圆饼图
12 plt.pie(people,pctdistance=0.8,labels=lang,autopct="%1.2f%%")
13 # 建立内层性别标签
14 plt.pie(gender,radius=0.6,labels=labelgender,colors=colors,
15         autopct="%1.2f%%",labeldistance=0.45)
16 plt.pie(data_no,radius=0.2,colors='w')             # 建立最内层空的圆饼
17 plt.title("程序语言调查表",fontsize=16,color='b')
18 plt.show()
```

执行结果 可以参考上方右图。

15-9 圆饼图的图例

15-9-1 默认圆饼图的图例

若用轴 (axes) 的模式看圆饼图，整个圆饼图就是一个图表的全部，因此我们使用默认的 legend( ) 函数，所获得的图例和圆饼图重叠。

程序实例 ch15_20.py：产品销售分析，同时绘制图例。

```
1  # ch15_20.py
2  import matplotlib.pyplot as plt
3
4  plt.rcParams["font.family"] = ["Microsoft JhengHei"]
5  product = ["家电","生活用品","图书","保健","彩妆"]  # 产品标签
6  revenue = [23000,18000,12000,15000,16000]           # 业绩
7  plt.pie(revenue,labels=product,autopct="%1.2f%%")
8  plt.legend()
9  plt.title("销售品项分析",fontsize=16,color='b')
10 plt.show()
```

执行结果　可以参考下方左图。

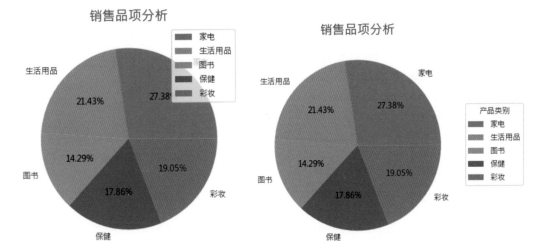

15-9-2　图例设计

如果不想图例与圆饼图重叠，在 legend( ) 函数内需使用 bbox_to_anchor( ) 函数。

程序实例 ch15_21.py：将图例安置在图表右边的中间位置。

```
1  # ch15_21.py
2  import matplotlib.pyplot as plt
3
4  plt.rcParams["font.family"] = ["Microsoft JhengHei"]
5  product = ["家电","生活用品","图书","保健","彩妆"]  # 产品标签
6  revenue = [23000,18000,12000,15000,16000]          # 业绩
7  patches = plt.pie(revenue,labels=product,autopct="%1.2f%%")
8  plt.legend(patches[0],product,loc='center left',
9              title="产品类别",
10             bbox_to_anchor=(1,0,0.5,1))
11 plt.title("销售品项分析",fontsize=16,color='b')
12 plt.show()
```

执行结果　可以参考上方右图。

上述 bbox_to_anchor(1,0,0.5,1) 是将图例的坐标轴定位在圆饼图外侧，同时坐标轴从 (1,0) 跨越到 (1.5,1)，然后 loc='center left' 是将图例放置在中间左边。

15-10　圆饼图的案例

15-10-1　建立烧仙草配料实例

程序实例 ch15_22.py：建立烧仙草的原料配制环形图。

```
1   # ch15_22.py
2   import matplotlib.pyplot as plt
3   import numpy as np
4
5   plt.rcParams["font.family"] = ["Microsoft JhengHei"]
6   fig, ax = plt.subplots(figsize=(6,3),subplot_kw=dict(aspect="equal"))
7   recipe = ["100 毫升纯水",                    # 原料成分
8             "90 克黑糖",
9             "120 毫升仙草",
10            "100 毫升牛奶",
11            "50 颗黑珍珠"]
12  data = [100, 90, 120, 100, 50]              # 原料份量
13  wedges, texts = ax.pie(data,wedgeprops=dict(width=0.5),startangle=15)
14  # 箭头格式
15  kw = dict(arrowprops=dict(arrowstyle="->",color='b'),
16           bbox=dict(boxstyle='square',
17                     ec='w',
18                     fc='yellow'),
19           va="center")
20  # 建立箭头和批注文字
21  for i, p in enumerate(wedges):
22      ang = (p.theta2 - p.theta1)/2. + p.theta1   # 箭头指向角度
23      x = np.cos(np.deg2rad(ang))                 # 箭头 x 位置
24      y = np.sin(np.deg2rad(ang))                 # 箭头 y 位置
25      horizontalalignment = {-1:"right",1:"left"}[int(np.sign(x))]
26      connectionstyle = "angle,angleA=0,angleB={}".format(ang)
27      kw["arrowprops"].update({"connectionstyle": connectionstyle})
28      ax.annotate(recipe[i],xy=(x,y),xytext=(1.35*np.sign(x),1.4*y),
29                  horizontalalignment=horizontalalignment,**kw)
30  ax.set_title("制作烧仙草环形图")
31  plt.show()
```

执行结果

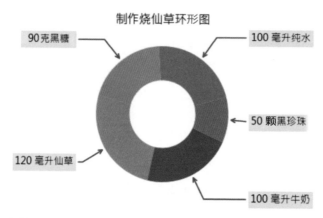

上述程序第 22 行的 theta1 是回传圆饼区块的第一角度，theta2 是回传圆饼区块的第二角度，所以第 22 行是计算箭头指向的角度。然后由箭头指向的角度可以计算箭头指向的位置，可以参考第 23 行和第 24 行。

15-10-2 程序语言使用调查表

我们也可以建立不同大小的圆饼图，建立小圆饼图只要将半径设为小于 1.0 即可。

程序实例 ch15_23.py：建立一大一小的圆饼图，大的圆饼图叙述各种程序语言使用人数，其半径是 1；小的圆饼图叙述男生与女生比例，其半径是 0.7。

```
1  # ch15_23.py
2  import matplotlib.pyplot as plt
3
4  plt.rcParams["font.family"] = ["Microsoft JhengHei"]
5  fig = plt.figure()
6  ax1 = fig.add_subplot(121)
7  ax2 = fig.add_subplot(122)
8  fig.subplots_adjust()
9  # 定义程序语言使用人数
10 lang = ['Python','C','Java', 'C++','PHP']
11 people = [350,200,250,150,270]
12 # 定义男女生人数
13 labelgender = ['男生', '女生']
14 gender = [720,500]
15 # 绘制程序语言使用人数圆饼图
16 ax1.pie(people,autopct='%1.1f%%',startangle=20,labels=lang)
17 ax1.set_title("程序语言使用调查表",color='b')
18 # 绘制男女生比例圆饼图
19 ax2.pie(gender,autopct='%1.1f%%',startangle=70,labels=labelgender,
20         radius=0.7,colors=['lightgreen','yellow'])
21 ax2.set_title("男女生比例调查表",color='b')
22 plt.show()
```

执行结果

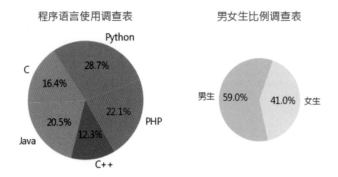

15-10-3　建立圆饼图的关联

在圆饼图的使用中，常会将大小圆饼图连接，这样就可以建立两个圆饼图的关联，两个圆饼图存在时，其实是在不同的轴 (axes) 上，圆饼图轴坐标模式如下：

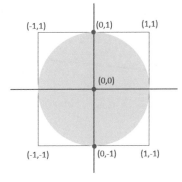

如果我们要建立两个圆饼图的关联，可以将程序语言使用调查表的圆饼图上方点与男女生比例调查表的上方点连接，同时可以将程序语言使用调查表的圆饼图下方点与男女生比例调查表的下方点连接。

程序实例 ch15_24.py：建立两个圆饼图的关联。

```
1   # ch15_24.py
2   import matplotlib.pyplot as plt
3   from matplotlib.patches import ConnectionPatch
4
5   plt.rcParams["font.family"] = ["Microsoft JhengHei"]
6   fig = plt.figure()
7   ax1 = fig.add_subplot(121)
8   ax2 = fig.add_subplot(122)
9   fig.subplots_adjust()
10  # 定义程序语言使用人数
11  lang = ['Python','C','Java', 'C++','PHP']
12  people = [350,200,250,150,270]
13  # 定义男女生人数
14  labelgender = ['男生', '女生']
15  gender = [720,500]
16  # 绘制程序语言使用人数圆饼图
17  ax1.pie(people,autopct='%1.1f%%',startangle=20,labels=lang)
18  ax1.set_title("程序语言使用调查表",color='b')
19  # 绘制男女生比例圆饼图
20  ax2.pie(gender,autopct='%1.1f%%',startangle=70,labels=labelgender,
21          radius=0.7,colors=['lightgreen','yellow'])
22  ax2.set_title("男女生比例调查表",color='b')
23  # 建立上方线条
24  con_a = ConnectionPatch(xyA=(0,1), xyB=(0,0.7),
25                          coordsA=ax1.transData,
26                          coordsB=ax2.transData,
27                          axesA=ax1, axesB=ax2
28                          )
29  # 建立下方线条
30  con_b = ConnectionPatch(xyA=(0,-1), xyB=(0,-0.7),
31                          coordsA=ax1.transData,
32                          coordsB=ax2.transData,
33                          axesA=ax1, axesB=ax2
34                          )
35  # 线条连接
36  for con in [con_a, con_b]:
37      ax2.add_artist(con)
38  plt.show()
```

执行结果

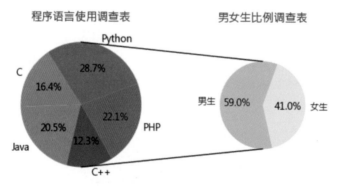

上述要执行两个圆饼对象的线条连接须使用 ConnectionPatch( ) 函数，此函数的参数意义如下：

❑ xyA：点 A 连接线的点。

❑ xyB：点 B 连接线的点。

❑ coordsA：A 点的坐标。

❑ coordsB：B 点的坐标。

❑ axesA：A 轴。

❑ axesB：B 轴。

上述程序设定 ax1 是程序语言使用调查表的圆饼图对象，ax2 是男女生比例调查表的圆饼图对象。因为 ax2 对象的半径是 0.7，所以上方顶端坐标点是 (0,0.7)，下方顶端坐标点是 (0,-0.7)。当建立好坐标连线后，需参考程序第 37 行，使用 add_artist( ) 函数将此连线加入绘图空间。

15-10-4　轴的转换

参见程序实例 ch15_24.py 第 24 ～ 28 行，以及第 30 ～ 34 行。下面以建立上方线条进行解说，第 24 ～ 28 行 ConnectionPatch( ) 函数的内容如下：

```
xyA = (0, 1), xyB = (0, 0.7)
coordsA = ax1.transData
coordsB = ax2.transData
axesA = ax1, axesB = ax2
```

其中，ax1.transData 和 ax2.transData 是设定所使用的轴，在此实例中可以使用下列方式解说所使用的轴。

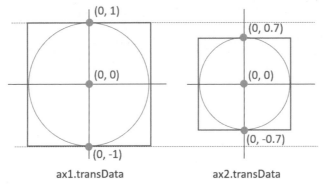

ax1.transData　　　　　　　　　　ax2.transData

下列是 matplotlib 模块所提供的相关轴转换说明。

轴系统	转换对象	说明
data	ax.transData	坐标系统由 xlim 和 ylim 控制
axes	ax.transAxes	坐标系统 (0,0) 是左下角，(1,1) 是右上角
subfigure	subfigure.transSubfigure	Subfigure 坐标系，(0,0) 是子图左下角，(1,1) 是子图右上角，如果没有子图，则和 transFigure 相同
figure	fig.transFigure	figure 坐标系，(0,0) 是左下角，(1,1) 是右上角
figure-inches	fig.dipi_scale_trans	以英寸为单位的坐标系统，(0,0) 是坐标左下角，(width,height) 是图的右上角
display	None 或 IdentityTransform	窗口的坐标系统，(0,0) 是窗口的左下角，(width,height) 是窗口的右上角
xaxis	ax.get_xaxis_transform( )	混合坐标，一个使用 data 坐标，一个使用 axes 坐标
yaxis	ax_get_yaxis_transform( )	

16

第 1 6 章

箱线图

箱线图 (boxplot) 是一个统计图表，主是可以了解数据分布、检查是否偏斜以及是否存在异常值。箱线图的应用非常广泛，例如：可以用于比较班级间的考试成绩，或用于比较产品测试前后的性能等。

16-1　箱线图的定义

16-1-1　基础定义

在箱线图中有 5 个关键数字会自动产生，如下所示：

（1）最小值，可用 Q1 − 1.5 * IQR 表示，IQR 英文是 Interquartile Range，下面会进行解释。

（2）第 1 个四分位数（25% 的数字），可用 Q1 表示，也可称为下四分位数。

（3）中位数，也是第 2 个四分位数（50% 的数字）。

（4）第 3 个四分位数（75% 的数字），可用 Q3 表示，也可称为上四分位数。

（5）最大值，可用 Q3 + 1.5 * IQR 表示。

注 最大值与最小值不是原始数据的最小值与最大值。

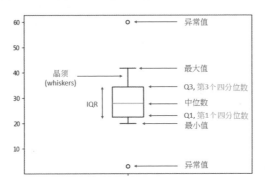

上述 Q1 和 Q3 之间形成一个盒子，这个盒子的范围称为四分位距 (Interquartile Range，IQR)，IQR = Q3 − Q1。从这个盒子上下延伸的线称为晶须 (whiskers，读者也可以想成是胡须)，小于最小值或大于最大值的点称为异常值 (outliers)，不过 matplotlib 模块使用英文 fliers 称呼此异常值。有了上述概念，我们可以使用箱线图了解下列概念：

❏ 辨识异常数据。

❏ 确定数据是否有偏差。

❏ 了解数据分布。

16-1-2　认识中位数

所谓中位数，是指一组数据的中间数字，即有一半的数据大于中位数，另一半的数据小于中位数。

在手动计算中位数的过程中，可以先将数据由小到大排列，如果数据是奇数个，则中位数是最中间的数字；如果数据是偶数个，则中位数是最中间两个数值的平均值。例如：下列左边有奇数个数据，右边有偶数个数据，中位数概念如下：

2 7 9 11 20　　　2 7 9 11 20 30

中位数　　　　中位数是加总平均值10

16-1-3　使用 NumPy 列出关键数字

NumPy 模块的 percentile( ) 函数可以回传任意百分比位数的值，其基本语法如下：

```
numpy.percentile(x, q)
```

上述 x 是数据序列，q 是要回传的百分比位数。

程序实例 ch16_0.py：为一个数据序列回传最小值、Q1、mean、Q3 和最大值。

```
1  # ch16_0.py
2  import numpy as np
3
4  x = [9, 12, 30, 31, 31, 32, 33, 33, 35, 35,
5       38, 38, 41, 42, 43, 46, 46, 48, 52, 70]
6  rtn = np.percentile(x,np.arange(0,100,25))
7  Q1 = rtn[1]
8  mean = rtn[2]
9  Q3 = rtn[3]
10 IQR = Q3 - Q1
11 print(f"回传值 = {rtn}")
12 print(f"最小值 = {Q1-1.5*IQR}")
13 print(f"  Q1   = {Q1}")
14 print(f" mean  = {mean}")
15 print(f"  Q3   = {Q3}")
16 print(f"最大值 = {Q3+1.5*IQR}")
```

执行结果

```
================== RESTART: D:\matplotlib\ch16\ch16_0.py
回传值 = [ 9.    31.75 36.5 43.75]
最小值 = 13.75
  Q1   = 31.75
 mean  = 36.5
  Q3   = 43.75
最大值 = 61.75
```

16-2　箱线图的语法

箱线图的函数是 boxplot( )，其语法如下：

```
plt.boxplot(x, notch=None, sym=None, vert=None, whis=None, position=None,
widths=None, patch_artist=None, bootstrap=None, usermedians=None,
conf_intervals=None, meanLine=None, showmeans=None, showcaps=None,
showbox=Nonw, showfliers=None, boxprops=None, labels=None,
filerprops=None, medianprops=None, meanprops=None, capprops=None,
whiskerprops=None, mange_ticks=True, autorange=False)
```

上述各参数意义如下：

- ❑　x：组成箱线图的数据。
- ❑　notch：可以决定绘制缺口箱线图还是绘制矩形箱线图，默认是 False，即绘制矩形箱线图。
- ❑　sym：异常点的表示方式，默认是 o，如果要隐藏异常点，可以设定空字符串。
- ❑　vert：默认是 True，表示绘制垂直箱线图。如果设为 False，表示绘制水平箱线图。
- ❑　whis：决定晶须位置，默认是 1.5。
- ❑　position：可设定箱线图的位置。
- ❑　widths：可设定箱线图的宽度，默认是 0.5。
- ❑　patch_artist：默认是 False，如果设为 True，可以设计填充箱线图的颜色。
- ❑　meanLine：默认是 False，表示不显示均值线。
- ❑　showmeans：是否显示均值，默认是 False。

❑ showcaps：是否显示箱线图顶端和末端的两条线，默认是 True。
❑ showbox：是否显示箱体，默认是 True。
❑ showfliers：是否显示异常值，默认是 True。
❑ boxprops：可用字典设定箱体的样式，默认是无。
❑ labels：为每个数据集设定标签。
❑ fliterprops：可用字典设定异常值的样式，默认是无。
❑ medianprops：可用字典设定中位数的属性，如线的样式和颜色。
❑ meanprops：可用字典设定均值的属性，如大小和颜色。
❑ whiskerprops：可用字典设定晶须。
❑ capprops：可用字典设定箱线图顶端和末端两条线的属性，如线的样式和颜色。
❑ manage_ticks：可调整刻度位置和标签。

16-3 箱线图的基础实例

16-3-1 简单的实例解说

程序实例 ch16_1.py：简单地设定一个数列，然后绘制此数列的箱线图。

```
1  # ch16_1.py
2  import matplotlib.pyplot as plt
3
4  plt.rcParams["font.family"] = ["Microsoft JhengHei"]
5  x = [9, 12, 30, 31, 31, 32, 33, 33, 35, 35,
6       38, 38, 41, 42, 43, 46, 46, 48, 52, 70]
7
8  plt.boxplot(x)
9  plt.title("使用Boxplot函数")
10 plt.show()
```

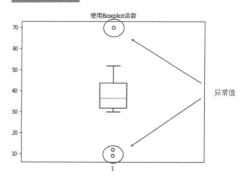

上述程序中我们建立了一个箱线图，同时异常值用小圈表示。

16-3-2 增加建立标签

如果没有特别说明，标签会依照阿拉伯数字 1, 2, …的方式编号，我们可以使用 labels 参数设定标签。

程序实例 ch16_2.py：将标签设为 x_value。

```
7  labels = ["x_label"]
8  plt.boxplot(x, labels=labels)
```

执行结果 可以参考下方左图。

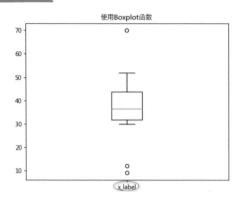 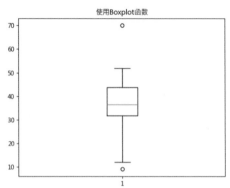

16-3-3 whis 值设定

在使用 boxplot( ) 函数绘制箱线图时，默认的 whis 值是 1.5，如果更改此值，将直接影响最小值与最大值，所以会直接影响晶须的长度。

程序实例 ch16_2_1.py：将 whis 设为 1.8，观察此值的影响。

```
1   # ch16_2_1.py
2   import matplotlib.pyplot as plt
3
4   plt.rcParams["font.family"] = ["Microsoft JhengHei"]
5   x = [9, 12, 30, 31, 31, 32, 33, 33, 35, 35,
6       38, 38, 41, 42, 43, 46, 46, 48, 52, 70]
7
8   plt.boxplot(x,whis=1.8)
9   plt.title("使用Boxplot函数")
10  plt.show()
```

执行结果 可以参考上方右图。

16-4 建立多组数据

16-4-1 基础实例

理论上，我们使用实验数据当作箱线图的数据来源。为了简化问题，本书使用随机数产生箱线图。

程序实例 ch16_3.py：使用随机数建立 5 组箱线图。

```
1   # ch16_3.py
2   import matplotlib.pyplot as plt
3   import numpy as np
4
5   plt.rcParams["font.family"] = ["Microsoft JhengHei"]
6   plt.rcParams["axes.unicode_minus"] = False
7   np.random.seed(10)
8   data1 = np.random.normal(80, 30, 250)
9   data2 = np.random.normal(90, 50, 250)
10  data3 = np.random.normal(100, 20, 250)
11  data4 = np.random.normal(75, 40, 250)
12  data5 = np.random.normal(60, 35, 250)
13  data = [data1, data2, data3, data4, data5]
14  labels = ['data1','data2','data3','data4','data5']
15  plt.boxplot(data,labels=labels)
16  plt.title("5 组数据的箱线图",fontsize=16,color='b')
17  plt.show()
```

> **执行结果**　可以参考下方左图。

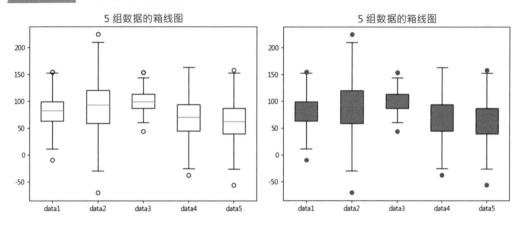

16-4-2　异常值标记与箱线图的设计

默认异常值使用 'o' 标记，箱线图是白色底，sym 可以更新异常值标记，flierprops 可以执行更多异常值的设计，patch_artist 可以设为 True 更改默认值。

程序实例 ch16_4.py：增加 sym 和 patch_artist 参数设定，重新设计程序实例 ch16_3.py。

```
15  plt.boxplot(data,labels=labels,sym='b',patch_artist=True)
```

> **执行结果**　可以参考上方右图。

16-5　使用 flierprops 参数设计异常值标记

异常值可以使用 flierprops 参数以字典方式设定，常用的元素如下：markerfacecolor 可以设定内部颜色，默认是白色；markeredgecolor 可以设定标记轮廓颜色，默认的 markeredgecolor 是蓝色；marker 可以设定标记（更多标记的用法可以参考 2-6 节）。下面将用实例进行解说。

程序实例 ch16_5.py：标记异常值的设计。

```
1   # ch16_5.py
2   import matplotlib.pyplot as plt
3   import numpy as np
4
5   plt.rcParams["font.family"] = ["Microsoft JhengHei"]
6   plt.rcParams["axes.unicode_minus"] = False
7   np.random.seed(10)
8   data1 = np.random.normal(80, 30, 250)
9   data2 = np.random.normal(90, 50, 250)
10  data3 = np.random.normal(100, 20, 250)
11  data4 = np.random.normal(75, 40, 250)
12  data5 = np.random.normal(60, 35, 250)
13  data = [data1, data2, data3, data4, data5]
14  labels = ['data1','data2','data3','data4','data5']
15  my_mark = dict(markerfacecolor='r',marker='o')
16  plt.boxplot(data,labels=labels,flierprops=my_mark)
17  plt.title("5 组数据的箱线图",fontsize=16,color='b')
18  plt.show()
```

执行结果　可以参考下方左图。

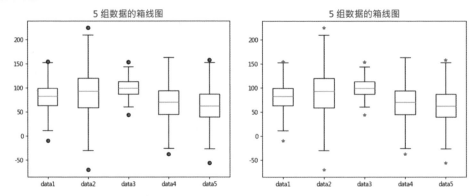

程序实例 ch16_6.py：使用绿色设计星状的异常值标记，重新设计程序实例 ch16_5.py。

```
15  my_mark = dict(markeredgecolor='g',markerfacecolor='g',marker='*')
```

执行结果　可以参考上方右图。

16-6　水平箱线图设计

　　要建立水平箱线图，只要将 boxplot( ) 函数的 vert 设为 False 就可以了。

程序实例 ch16_7.py：设计水平箱线图。

```
1   # ch16_7.py
2   import matplotlib.pyplot as plt
3   import numpy as np
4
5   plt.rcParams["font.family"] = ["Microsoft JhengHei"]
6   plt.rcParams["axes.unicode_minus"] = False
7   np.random.seed(10)
8   data = np.random.randn(500)
9   labels = ['data']
10  plt.boxplot(data,labels=labels,vert=False)
11  plt.title("随机数据的水平箱线图",fontsize=16,color='b')
12  plt.show()
```

执行结果

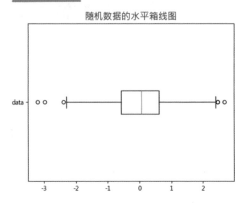

16-7　显示与设计均值

16-7-1　显示均值

　　showmeans 参数默认是 False，如果设为 True，可以显示均值。

程序实例 ch16_8.py：增加设定 showmeans=True，扩充设计程序实例 ch16_7.py。

```
10  plt.boxplot(data,labels=labels,vert=False,showmeans=True)
```

执行结果　可以参考下方左图。

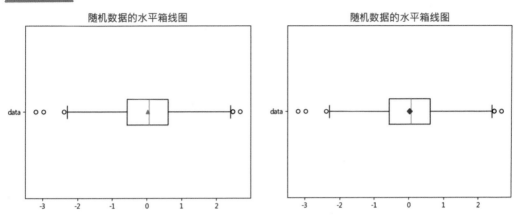

16-7-2　设计均值

将 meanprops 参数以字典方式设定，可以设计均值标记，均值标记默认是绿色，有关均值标记的外形与参数，与 16-5 节的异常值标记设定相同。

程序实例 ch16_9.py：使用钻石外形和蓝色设计均值标记，重新设计程序实例 ch16_8.py。

```
10  mean_mark = dict(markerfacecolor='b',
11                   markeredgecolor='b',
12                   marker='D')
13  plt.boxplot(data,labels=labels,vert=False,
14                   showmeans=True,meanprops=mean_mark)
```

执行结果　可以参考上方右图。

16-7-3　meanLine 参数

默认是 False，表示不显示均值线；如果设为 True，则可以显示均值线。

16-8　设计中位数线

设计中位数线可以使用 medianprops 参数，使用字典方式设计，常用的元素如下：linestyle 可以设计线条样式，linewidth 可以设计线条宽度，color 可以设计颜色。这些参数的用法与 plot( ) 函数的参数相同。

程序实例 ch16_10.py：设计宽度为 2.5 的绿色虚线当作中位数线。

```
1  # ch16_10.py
2  import matplotlib.pyplot as plt
3  import numpy as np
4
5  plt.rcParams["font.family"] = ["Microsoft JhengHei"]
6  plt.rcParams["axes.unicode_minus"] = False
7  np.random.seed(10)
8  data = np.random.randn(500)
9  labels = ['data']
10 median_line = dict(linestyle='--',
11                     linewidth=2.5,
12                     color='g')
13 plt.boxplot(data,labels=labels,vert=False,medianprops=median_line)
14 plt.title("设计水平箱线图的中位数线",fontsize=16,color='b')
15 plt.show()
```

执行结果

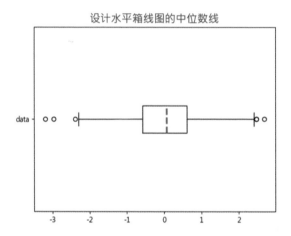

设计水平箱线图的中位数线

16-9　设计晶须 (whiskers)

设计晶须可以使用 whiskerprops 参数，使用字典方式设计，常用的元素如下：linestyle 可以设计线条样式，linewidth 可以设计线条宽度，color 可以设计颜色。这些参数的用法与 plot( ) 函数的参数相同。

程序实例 ch16_11.py：设计宽度为 2.5 的品红色虚线当作晶须。

```
1  # ch16_11.py
2  import matplotlib.pyplot as plt
3  import numpy as np
4
5  plt.rcParams["font.family"] = ["Microsoft JhengHei"]
6  plt.rcParams["axes.unicode_minus"] = False
7  np.random.seed(10)
8  data = np.random.randn(500)
9  labels = ['data']
10 whisker_line = dict(linestyle='--',
11                     linewidth=2.5,
12                     color='m')
13 plt.boxplot(data,labels=labels,vert=False,whiskerprops=whisker_line)
14 plt.title("设计水平箱线图的晶须",fontsize=16,color='b')
15 plt.show()
```

执行结果

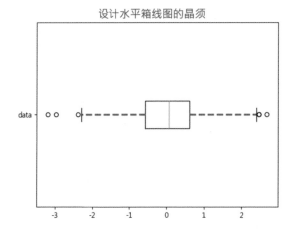

16-10 隐藏异常值

实际上，有时候异常值不是太重要，这时可以设定 showfliers 参数为 False，隐藏异常值。

程序实例 ch16_12.py：隐藏异常值。

```
1   # ch16_12.py
2   import matplotlib.pyplot as plt
3   import numpy as np
4
5   plt.rcParams["font.family"] = ["Microsoft JhengHei"]
6   plt.rcParams["axes.unicode_minus"] = False
7   np.random.seed(10)
8   data = np.random.randn(500)
9   labels = ['data']
10  plt.boxplot(data,labels=labels,showfliers=False)
11  plt.title("隐藏箱线图的异常值",fontsize=16,color='b')
12  plt.show()
```

执行结果

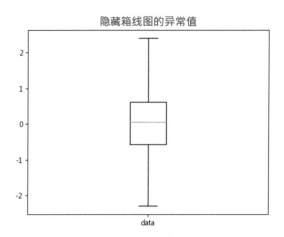

16-11　箱线图的 caps 设计

　　箱线图上下端的线条英文称为 caps，中文翻译是帽子。可以用 capprops 参数，使用字典方式设计，常用的元素如下：linestyle 可以设计线条样式，linewidth 可以设计线条宽度，color 可以设计颜色。这些参数的用法与 plot( ) 函数的参数相同。

程序实例 ch16_13.py：设计宽度为 2.5 的蓝色虚线当作 caps 线。

```
1  # ch16_13.py
2  import matplotlib.pyplot as plt
3  import numpy as np
4
5  plt.rcParams["font.family"] = ["Microsoft JhengHei"]
6  plt.rcParams["axes.unicode_minus"] = False
7  np.random.seed(10)
8  data = np.random.randn(500)
9  labels = ['data']
10 caps_line = dict(linestyle='--',
11                  linewidth=2.5,
12                  color='b')
13 plt.boxplot(data,labels=labels,vert=False,capprops=caps_line)
14 plt.title("设计水平箱线图的caps",fontsize=16,color='b')
15 plt.show()
```

执行结果

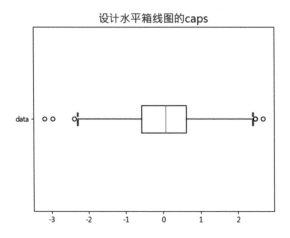

16-12　箱线图盒子设计

16-12-1　设计有缺口的箱线图盒子

　　设定 notch 参数为 True，可以建立有缺口的箱线图盒子。

程序实例 ch16_14.py：建立有缺口的箱线图盒子。

```
1  # ch16_14.py
2  import matplotlib.pyplot as plt
3  import numpy as np
4
5  plt.rcParams["font.family"] = ["Microsoft JhengHei"]
6  plt.rcParams["axes.unicode_minus"] = False
7  np.random.seed(10)
8  data1 = np.random.randn(1000)
9  data2 = np.random.randn(1000)
10 data3 = np.random.randn(1000)
11 data = [data1, data2, data3]
12 labels = ['data1','data2','data3']
13 plt.boxplot(data,labels=labels,notch=True)
14 plt.title("notch=True 的箱线图",fontsize=16,color='b')
15 plt.show()
```

执行结果

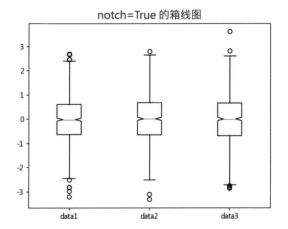

16-12-2　建立不同颜色的箱线图盒子

从程序实例 ch16_4.py 可以看到，将 patch_artist 参数设为 True 可以设定箱线图盒子显示默认的蓝色。如果设定 showbox 参数为 False，则可以不显示箱线图盒子。下面将以对象方式，配合使用 set_facecolor( ) 函数建立不同颜色的箱线图盒子。

程序实例 ch16_15.py：建立 2 个子视窗与 3 组数据，第 1 个子视窗显示正常的箱线图盒子，第 2 个子视窗显示有缺口的箱线图盒子，然后 3 组数据显示不同的盒子颜色。

```
1  # ch16_15.py
2  import matplotlib.pyplot as plt
3  import numpy as np
4
5  plt.rcParams["font.family"] = ["Microsoft JhengHei"]
6  plt.rcParams["axes.unicode_minus"] = False
7  np.random.seed(10)
8  # 建立 3 组数据
9  data = [np.random.randn(1000) for x in range(1,4)]
10 labels = ['x1','x2','x3']
11 # 建立子图
12 fig, ax = plt.subplots(nrows=1,ncols=2,figsize=(9,5))
13 # 建立正常的箱线图盒子
14 box1 = ax[0].boxplot(data,
15                      patch_artist=True, # 含颜色
16                      labels=labels)      # x 轴标记
```

```
17   ax[0].set_title('默认箱线图盒子')
18   # 建立缺口箱线图盒子
19   box2 = ax[1].boxplot(data,
20                        notch=True,          # 缺口
21                        patch_artist=True,   # 含颜色
22                        labels=labels)       # x 轴标记
23   ax[1].set_title('缺口箱线图盒子')
24   # 箱线盒填上颜色
25   colors = ['lightgreen', 'yellow', 'aqua']
26   for box in (box1,box2):
27       for patch, color in zip(box['boxes'], colors):
28           patch.set_facecolor(color)
29   # 建立水平轴线
30   for ax in [ax[0], ax[1]]:
31       ax.yaxis.grid(True)
32       ax.set_xlabel('3 组数据')
33       ax.set_ylabel('观察值')
34   plt.show()
```

执行结果

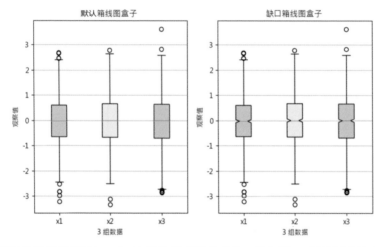

上述程序的关键在于调用 boxplot( ) 函数时有回传对象，例如第 14 行是回传给 box1，第 27 行引用 box['boxes'] 时，所回传的 patch 就是箱线图盒子，然后第 28 行指令可以设定箱线图颜色。

patch.set_facecolor(color)

此实例第 31 行同时加上水平轴线，因为有了水平轴线，就可以比较方便地观察最小值、Q1、mean、Q3 和最大值。

16-13　boxplot( ) 函数的回传值解析

在程序实例 ch16_15.py 中，我们第一次使用了回传值的概念，假设有一个建立箱线图的指令如下：

bp = plt.boxplot(x, showmeans=True)

上述 bp 就是回传值对象，在程序实例 ch16_15.py 中，我们使用此对象为箱线图盒子建立不同的颜色，也可以使用此对象取得建立箱线图的关键数据，如异常值、盒子、中位数、均值、晶须和帽子。虽然我们可以从图表中看到数据概况，但是这些数据却可以让我们获得更精确的结果。利用

回传对象的索引，我们可以使用下列方式取得精确的数值：

bp['fliers'] : 异常值。

bp['boxes'] : 盒子。

bp['median'] : 中位数。

bp['means'] : 均值。

bp['whiskers'] : 晶须。

bp['caps'] : 帽子值。

有了上述概念，我们可以使用 get_ydata( ) 函数获得数据。

程序实例 ch16_16.py：列出数据序列的分析结果。

```
1  # ch16_16.py
2  import matplotlib.pyplot as plt
3
4  x = [9, 12, 30, 31, 31, 32, 33, 33, 35, 35,
5       38, 38, 41, 42, 43, 46, 46, 48, 52, 70]
6
7  bp = plt.boxplot(x,showmeans=True)
8  outliers = [y.get_ydata() for y in bp["fliers"]]
9  boxes = [y.get_ydata() for y in bp["boxes"]]
10 medians = [y.get_ydata() for y in bp["medians"]]
11 means = [y.get_ydata() for y in bp["means"]]
12 whiskers = [y.get_ydata() for y in bp["whiskers"]]
13 caps = [y.get_ydata() for y in bp["caps"]]
14 print(f"异常值Outliers : {outliers}")
15 print(f"盒  子Boxes     : {boxes}")
16 print(f"中位数Medians   : {medians}")
17 print(f"均  值Means     : {means}")
18 print(f"晶  须Whiskers  : {whiskers}")
19 print(f"帽  子caps      : {caps}")
20 plt.show()
```

执行结果 这是程序实例 ch16_1.py 所使用的数据，再列出一次是为了方便读者比对数据。

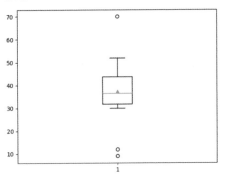

```
============= RESTART: D:\matplotlib\ch16\ch16_16.py =====
异常值Outliers : [array([ 9, 12, 70])]
盒  子Boxes    : [array([31.75, 31.75, 43.75, 43.75, 31.75])]
中位数Medians  : [array([36.5, 36.5])]
均  值Means    : [array([37.25])]
晶  须Whiskers : [array([31.75, 30.  ]), array([43.75, 52.  ])]
帽  子caps     : [array([30., 30.]), array([52., 52.])]
```

上述程序回传的是数组，由此数组我们已经了解了数据概况，也可以使用下列方式获得更精确的数值，如 Q1、Q3、极大值和极小值。

程序实例 ch16_17.py：扩充设计程序实例 ch16_16.py，解析 Q1、Q3、极大值和极小值。

```
1  # ch16_17.py
2  import matplotlib.pyplot as plt
3
4  x = [9, 12, 30, 31, 31, 32, 33, 33, 35, 35,
5       38, 38, 41, 42, 43, 46, 46, 48, 52, 70]
6
7  bp = plt.boxplot(x,showmeans=True)
8  outliers = [y.get_ydata() for y in bp["fliers"]]
9  Q1 = [min(y.get_ydata()) for y in bp["boxes"]]
10 Q3 = [max(y.get_ydata()) for y in bp["boxes"]]
11 medians = [y.get_ydata()[0] for y in bp["medians"]]
12 means = [y.get_ydata()[0] for y in bp["means"]]
13 whiskers = [y.get_ydata() for y in bp["whiskers"]]
14 minimum = [y.get_ydata()[0] for y in bp["caps"][::2]]
15 maximum = [y.get_ydata()[0] for y in bp["caps"][1::2]]
16 print(f"异常值Outliers : {outliers}")
17 print(f"      Q1        : {Q1[0]}")
18 print(f"      Q3        : {Q3[0]}")
19 print(f"中位数Medians   : {medians[0]}")
20 print(f"均  值Means     : {means[0]}")
21 print(f"晶  须Whiskers  : {whiskers}")
22 print(f"极小值mimimums  : {minimum[0]}")
23 print(f"极大值maximums  : {maximum[0]}")
24 plt.show()
```

执行结果

```
============= RESTART: D:\matplotlib\ch16\ch16_17.py =====
异常值Outliers : [array([ 9, 12, 70])]
      Q1       : 31.75
      Q3       : 43.75
中位数Medians  : 36.5
均  值Means    : 37.25
晶  须Whiskers : [array([31.75, 30.  ]), array([43.75, 52.  ])]
极小值mimimums : 30.0
极大值maximums : 52.0
```

16-14 使用回传对象重新编辑箱线图各元件样式

在前面各节中，更改箱线图各元件使用的是字典，我们也可以使用回传对象调用 set( ) 函数完成箱线图各元件的编辑，可以参考下列实例。

程序实例 ch16_18.py：建立 4 组数据，使用回传对象编辑各元件样式。

```python
1   # ch16_18.py
2   import matplotlib.pyplot as plt
3   import numpy as np
4
5   plt.rcParams["font.family"] = ["Microsoft JhengHei"]
6   plt.rcParams["axes.unicode_minus"] = False
7   np.random.seed(20)
8   x1 = np.random.randn(1000)
9   x2 = np.random.randn(1000)
10  x3 = np.random.randn(1000)
11  x4 = np.random.randn(1000)
12  x = [x1, x2, x3, x4]
13  # 建立箱线图
14  bp = plt.boxplot(x,patch_artist=True,notch ='True')
15  colors = ['green','m','yellow','b']
16  # 设定盒子
17  for patch, color in zip(bp['boxes'],colors):
18      patch.set_facecolor(color)
19  # 更改晶须样式
20  for whisker in bp['whiskers']:
21      whisker.set(color ='g',linewidth=2,linestyle =":")
22  # 更改帽子样式
23  for cap in bp['caps']:
24      cap.set(color ='b', linewidth = 2)
25  # 更改中位数样式
26  for median in bp['medians']:
27      median.set(color ='g', linewidth = 3)
28  # 更改异常值样式
29  for flier in bp['fliers']:
30      flier.set(marker='D',markerfacecolor='g',markeredgecolor='g')
31  plt.title("使用回传对象更新样式")
32  plt.show()
```

执行结果

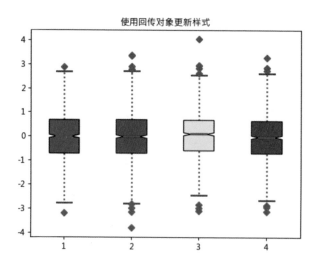

17

第 1 7 章

极坐标绘图

　　在 6-10 节笔者介绍了 plot( ) 绘图，然后投影到极坐标。在 13-9 节笔者介绍了 bar( ) 绘图，然后投影到极坐标。本章将解说 matplotlib 模块所提供的 polar( ) 函数，执行极坐标绘制极线图。

17-1 认识极坐标

有一个圆形图如下：

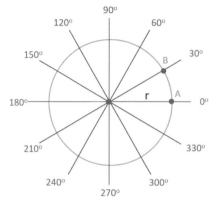

A 点和 B 点与原点的距离是 r，A 点位于水平轴角度为 0°的射线 (又称极轴) 上，我们可以用下列公式代表 A 点和 B 点。

A 点：$r\theta$，$\theta = 0°$。

B 点：$r\theta$，$\theta = 30°$。

17-2 极坐标绘图函数

此函数语法如下：

```
plt.polar(theta, r, **kwargs)
```

上述各参数意义如下：

❑ theta：每个标记依照逆时针方向与 0°射线 (极轴) 的角度。

❑ r：每个标记到原点的距离。

❑ **kwargs：2D 线条参数。

17-3 极坐标绘图的基础实例

程序实例 ch17_1.py：0°（含）~360°（不含）每隔 30°建立一个极坐标点，然后连线。

```
1  # ch17_1.py
2  import matplotlib.pyplot as plt
3  import numpy as np
4
5  pts = 12
6  theta = np.linspace(0,2*np.pi,pts,endpoint=False)
7  r = 50*np.random.rand(pts)
8  plt.polar(theta,r)
9  plt.show()
```

执行结果　可以参考下方左图。

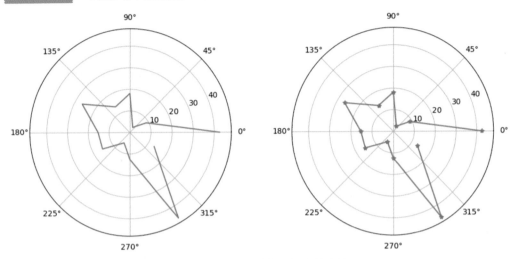

程序实例 ch17_2.py：将极坐标点改为星号，同时使用绿色线连接。

```
9  plt.polar(theta,r,'-',marker='*',color='g')
```

执行结果　可以参考上方右图。

程序实例 ch17_3.py：将极坐标点改为钻石符号，同时用虚线连接。

```
9  plt.polar(theta,r,'--',marker='D',color='m')
```

执行结果　可以参考下方左图。

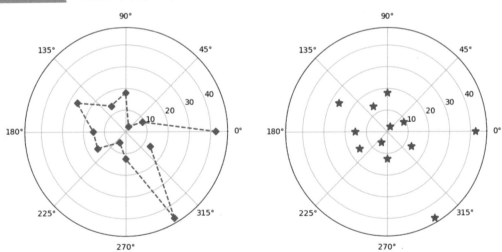

程序实例 ch17_4.py：绘制大小是 10 的星号。

```
9  plt.polar(theta,r,'*',color='b',markersize=10)
```

执行结果　可以参考上方右图。

17-4 几何图形的绘制

17-4-1 绘制圆形

程序实例 ch17_5.py：绘制半径为 1 和 2 的蓝色圆。

```
1  # ch17_5.py
2  import matplotlib.pyplot as plt
3  import numpy as np
4
5  radian = np.arange(0, (2 * np.pi), 0.01)
6  for r in range(1,3):
7      for rad in radian:
8          plt.polar(rad,r,'b.')
9  plt.show()
```

执行结果 可以参考下方左图。

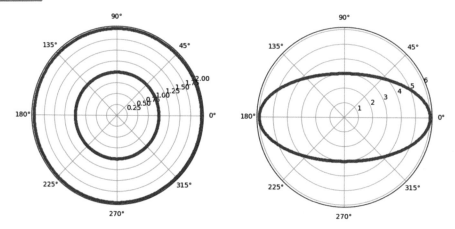

17-4-2 绘制椭圆

极坐标的椭圆形公式如下：

$$r = \frac{a \cdot b}{\sqrt{(a \cdot \sin\theta)^2 + (b \cdot \cos\theta)^2}}$$

上述 a 代表主轴 (major axis) 椭圆半径，b 代表次轴 (minor axis) 椭圆半径。

程序实例 ch17_6.py：绘制椭圆。

```
1  # ch17_6.py
2  import matplotlib.pyplot as plt
3  import numpy as np
4
5  a = 6              # 主轴半径
6  b = 3              # 次轴半径
7
8  radian = np.arange(0, (2 * np.pi), 0.01)
9  for rad in radian:
10     r = (a*b)/np.sqrt((a*np.sin(rad))**2 + (b*np.cos(rad))**2)
11     plt.polar(rad,r,'b.')
12 plt.show()
```

执行结果 可以参考上方右图。

17-4-3 阿基米德螺线

阿基米德螺线 (Archimedean spiral) 又称等速螺线，当一个点 P 沿着射线以等速运动时，此射线又以等角速度绕中心点旋转，点 P 的轨迹称为阿基米德螺线。

程序实例 ch17_7.py：设计转 3 圈的阿基米德螺线。

```
1  # ch17_7.py
2  import matplotlib.pyplot as plt
3  import numpy as np
4
5  radian = np.arange(0,(6 * np.pi),0.01)
6  for rad in radian:
7      r = rad
8      plt.polar(rad,r,'b.')
9  plt.show()
```

执行结果

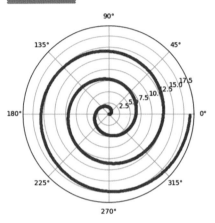

17-4-4 心脏线

心脏线 (Cardioid) 是只有一个尖点的外摆线，也可以说一个圆沿着另一个半径相同的圆滚动时，圆上一个点的轨迹。有 4 个数学公式可以绘制 4 种外形的心脏线图，如下所示：

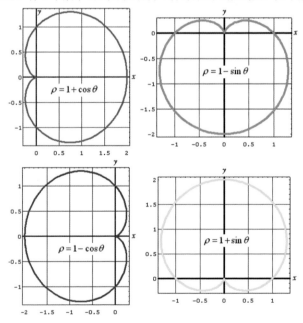

上述图片取材自下列网址

https://zh.wikipedia.org/wiki/%E5%BF%83%E8%84%8F%E7%BA%BF#/media/File:CardioidsLabeled.PNG

上述从左到右、从上到下可以看到，下列公式可以建立心脏线图。

$$r = 1 + \cos\theta$$

$$r = 1 - \sin\theta$$

$$r = 1 - \cos\theta$$

$$r = 1 + \sin\theta$$

程序实例 ch17_8.py：使用上述公式 $r = 1 + \cos\theta$ 绘制一种心脏线图。

```
1  # ch17_8.py
2  import matplotlib.pyplot as plt
3  import numpy as np
4
5  a = 1
6  radian = np.arange(0,(6 * np.pi),0.01)
7  for rad in radian:
8      r = a + (a*np.cos(rad))
9      plt.polar(rad,r,'r.')
10 plt.show()
```

执行结果 可以参考下方左图。

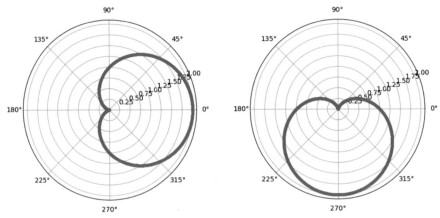

程序实例 ch17_9.py：使用上述公式 $r = 1 - \sin\theta$ 绘制一种心脏线图。

```
7  for rad in radian:
8      r = a - (a*np.sin(rad))
9      plt.polar(rad,r,'r.')
```

执行结果 可以参考上方右图。

第 18 章

堆叠折线图

堆叠折线图 (stackplot) 是统计图形的一种，它将每个部分的数据堆叠，我们可以从中看到完整数据和堆叠呈现的结果图形。

18-1 堆叠折线图的语法

堆叠折线图的函数是 stackplot( )，其语法如下：

```
plt.stackplot(x, *args, label=(), colors=None, baseline='zero', **kwargs)
```

上述各参数意义如下：

❑ x, y：x 是用在 x 轴的数组；y 是 y 轴的数据，可以使用下列方式建立堆叠折线图。

stackplot(x, y)

stackplot(x, y1, y2, y3)

❑ label：标签。

❑ baseline：可以有 zero、sym、wiggle、weighted_wiggle，这是设定基线，默认使用 zero，各选项意义如下：

zero：0 是基线。

sym：0 值上下对称，有时也称为主题河域图 (ThemeRiver)。

wiggle：所有序列的最小平方和。

weighted_wiggle：类似 wiggle，但是要考虑每一层的权重，所绘的图称为流图。

(streamgraph)，细节可以参考下列网址。

http://leebyron.com/streamgraph/

❑ colors：应用在堆叠折线图的色彩列表。

❑ **kwargs：其他可以应用的关键词。

18-2 堆叠折线图的基础实例

18-2-1 绘制一周工作和玩手机的时间分配图

程序实例 ch18_1.py：绘制一周工作和玩手机的时间分配图。

```
1   # ch18_1.py
2   import matplotlib.pyplot as plt
3
4   plt.rcParams["font.family"] = ["Microsoft JhengHei"]
5   days = [1,2,3,4,5,6,7]                       # 设定日期
6   working = [5,4,6,5,8,4,3]                     # 设定每天工作时间
7   playing = [2,5,3,4,5,8,6]                     # 设定每天玩手机的时间
8   labels = ['工作','玩手机']
9   xlabels = ['星期一','星期二','星期三','星期四',
10            '星期五','星期六','星期日']
11  # 绘制堆叠折线图
12  plt.stackplot(days,working,playing,labels=labels)
13  plt.xlabel('日期',fontsize=12,color='b')
14  plt.ylabel('时数',fontsize=12,color='b')
15  plt.title('绘制一周工作和玩手机的时间分配图',fontsize=16,color='b')
16  plt.xticks(days,xlabels)
17  plt.legend(loc='upper left')
18  plt.show()
```

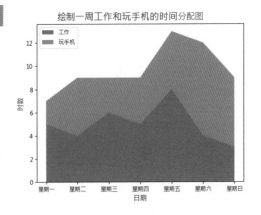

18-2-2　绘制一周时间分配图

程序实例 ch18_2.py：绘制一周时间分配图，此程序同时使用自定义的色彩。

```
1  # ch18_2.py
2  import matplotlib.pyplot as plt
3
4  plt.rcParams["font.family"] = ["Microsoft JhengHei"]
5  days = [1,2,3,4,5,6,7]                  # 设定日期
6  working = [8,8,9,8,8,2,2]               # 设定每天工作时间
7  playing = [4,5,3,8,6,12,10]            # 设定每天玩手机的时间
8  eating = [2,2,3,2,3,4,4]               # 设定每天吃饭时间
9  sleeping = [10,9,9,6,7,6,8]            # 设定每天睡眠时间
10 labels = ['工作','玩手机','吃饭','睡眠']
11 xlabels = ['星期一','星期二','星期三','星期四',
12            '星期五','星期六','星期日']
13 colors = ['orange','lightgreen','yellow','lightblue']
14 # 绘制堆叠折线图
15 plt.stackplot(days,working,playing,eating,sleeping,
16               labels=labels,colors=colors)
17 plt.xlabel('日期',fontsize=12,color='b')
18 plt.ylabel('时数',fontsize=12,color='b')
19 plt.title('绘制一周时间分配图',fontsize=16,color='b')
20 plt.xticks(days,xlabels)
21 plt.legend()
22 plt.show()
```

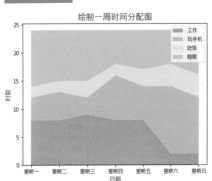

18-2-3　基础数学公式的堆叠

程序实例 ch18_3.py：建立 3 个数学公式，执行堆叠，然后输出。

```
1  # ch18_3.py
2  import matplotlib.pyplot as plt
3  import numpy as np
4
5  plt.rcParams["font.family"] = ["Microsoft JhengHei"]
6  x = np.linspace(0, 10, 10)
7  y1 = x
8  y2 = 1.5 * x + 1.5
9  y3 = 2.0 * x + 2
10 plt.stackplot(x, y1, y2, y3)
11 plt.xlim((0, 10))
12 plt.ylim((0, 60))
13 plt.title('基础数学公式的堆叠',fontsize=16,color='b')
14 plt.show()
```

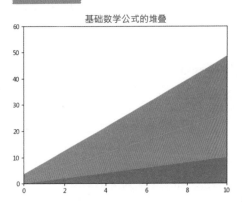

18-3　统计世界人口

本节将讲解世界人口统计，笔者所使用的数据是虚构的，详细的世界人口统计数据可以参考下列联合国网页。

https://population.un.org/wpp

本节的实例主要使用字典存储数据，读者可以学习不同的数据存储方式。

程序实例 ch18_4.py：使用字典存储世界人口数据，然后绘制堆叠折线图。

```
1  # ch18_4.py
2  import matplotlib.pyplot as plt
3  import numpy as np
4
5  plt.rcParams["font.family"] = ["Microsoft JhengHei"]
6  population = {
7      '非洲':[180, 200, 210, 230, 280],
8      '欧洲':[300, 310, 340, 370, 410],
9      '美洲':[290, 330, 350, 365, 380],
10     '亚洲':[1200, 1250, 1300, 1600, 1900],
11     '大洋洲':[88, 95, 110, 130, 150]
12 }
13 year = ['1980','1990','2000','2010','2020']
14 plt.stackplot(year,population.values(),labels=population.keys())
15 plt.legend(loc='upper left')
16 plt.xlabel('年度',color='b')
17 plt.ylabel('百万人',color='b')
18 plt.title('世界人口统计',fontsize=16,color='b')
19 plt.show()
```

执行结果

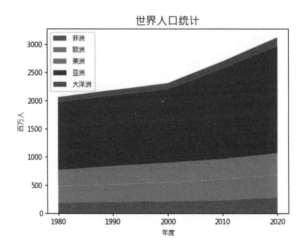

18-4　堆叠折线图 baseline 参数的应用

本节将使用传染病的病例数进行解说，此数据主要包含过去一周的数据，有 3 个重点：

（1）suspected：疑似病例数。

（2）cured：康复病例数。

（3）death：死亡病例数。

18-4-1　baseline 参数使用默认的 zero

程序实例 ch18_5.py：传染病的病例数据统计，使用 baseline='zero'。

```
1  # ch18_5.py
2  import matplotlib.pyplot as plt
3
4  plt.rcParams["font.family"] = ["Microsoft JhengHei"]
5  plt.rcParams["axes.unicode_minus"] = False
6  days = [x for x in range(0, 7)]            # 一周时间
7  suspected = [22, 25, 45, 58, 69, 82, 95]   # 疑似病例
8  cured = [8, 12, 16, 25, 43, 56, 68]        # 康复病例
9  deaths = [2, 2, 6, 7, 10, 12, 13]          # 死亡病例
10 colors = ['orange','green','red']
11 labels = ['疑似病例','康复病例','死亡病例']
12 xlabels = ['星期一','星期二','星期三','星期四',
13            '星期五','星期六','星期日']
14 # 建立堆叠折线图
15 plt.stackplot(days, suspected,cured,deaths,colors=colors,
16               labels=labels,baseline ='zero')
17 plt.legend(loc='upper left')
18 plt.title('病例数据统计',fontsize=16,color='b')
19 plt.xlabel('一周时间',fontsize=12,color='b')
20 plt.ylabel('全部病例数',fontsize=12,color='b')
21 plt.xticks(days,xlabels)
22 plt.show()
```

执行结果　可以参考下方左图。

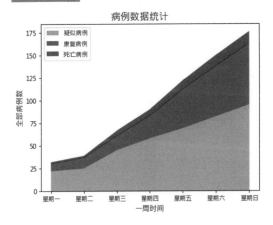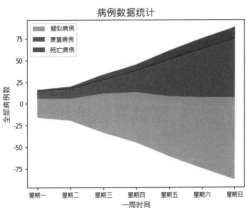

18-4-2　baseline 参数使用 sym

程序实例 ch18_6.py：传染病的病例数据统计，使用 baseline='sym'。

```
15 plt.stackplot(days, suspected,cured,deaths,colors=colors,
16               labels=labels,baseline ='sym')
```

执行结果　可以参考上方右图。

18-4-3　baseline 参数使用 wiggle

程序实例 ch18_7.py：传染病的病例数据统计，使用 baseline='wiggle'。

```
15 plt.stackplot(days, suspected,cured,deaths,colors=colors,
16               labels=labels,baseline ='wiggle')
```

执行结果　可以参考下方左图。

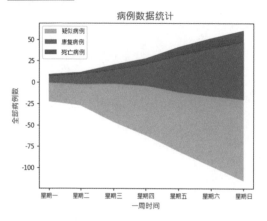

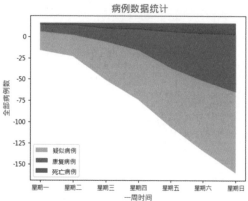

18-4-4　baseline 参数使用 weighted_wiggle

程序实例 ch18_8.py：传染病的病例数据统计，使用 baseline='weighted_wiggle'。

```
15  plt.stackplot(days, suspected,cured,deaths,colors=colors,
16                labels=labels,baseline ='weighted_wiggle')
17  plt.legend(loc='lower left')
```

执行结果　可以参考上方右图。

18-5　家庭开销的统计

　　家庭开销的统计也非常适合应用堆叠折线图，其实设计方式是一样的，本节将使用图表对象，调用 OO API 的方式进行设计，读者可以了解各种不同的设计方式。

程序实例 ch18_9.py：统计整年度的家庭开销。

```
1   # ch18_9.py
2   import matplotlib.pyplot as plt
3   import numpy as np
4
5   plt.rcParams["font.family"] = ["Microsoft JhengHei"]
6   months= ['1月','2月','3月','4月','5月','6月',
7           '7月','8月','9月','10月','11月','12月']
8
9   cost = {
10      '房屋贷款':[32000,31500,31000,30500,30000,29500,
11                 29000,28500,28000,27500,27000,26500],
12      '餐饮支出':[20000,18000,21000,23000,25000,30000,
13                 24000,25000,28000,26000,21000,22000],
14      '水电费用':[8500,8000,8500,9500,10000,11000,
15                 10500,10000,8800,8900,9300,9200],
16      '保险支出':[6000,6200,5500,5800,5900,6100,
17                 4800,5200,6100,5900,4800,7000]
18  }
19  fig, ax = plt.subplots()
20  ax.set_title("家庭开销统计",fontsize=16,color='b')
21  ax.set_xlabel("月份",fontsize=14,color='b')
22  ax.set_ylabel("费用",fontsize=14,color='b')
23  # 绘制家庭开销堆叠折线图
24  ax.stackplot(months,cost.values(),labels=cost.keys())
25  ax.legend()
26  plt.tight_layout()
27  plt.show()
```

执行结果

19

第 1 9 章

阶梯图

　　step( ) 函数可以使图形具有水平基线，数据点使用垂直方式连接到该基线，我们称此为阶梯图。此图对于分析 x 轴哪一个点发生 y 轴值变化非常有帮助，特别是在进行离散分析时。

19-1 阶梯图的语法

阶梯图的函数是 step( )，其语法如下：

```
plt.step(x, y, [fmt], *args, where='pre', **kwarg)
```

上述各参数意义如下：

- ❑ x：x 轴数组数据，一般假设是均匀递增。
- ❑ y：y 轴数组数据。
- ❑ where：决定垂直线的位置，可以有 pre、post、mid，默认是 pre，这几个参数意义如下：
  - pre：y 值从每个 x 位置一直向左延伸，即 (x[i-1],x[i]) 的值是 y[i]。
  - post：y 值从每个 x 位置一直向右延伸，即 (x[i],x[i+1]) 的值是 y[i]。
  - mid：步骤出现在 x 位置的中间。
- ❑ fmt：格式字符串，matplotlib 官方手册建立只设定颜色。
- ❑ **kwarg：参数与 plot( ) 函数相同，例如：g 表示绿色。

19-2 阶梯图的基础实例

19-2-1 plot( ) 函数和 step( ) 函数对相同数据的输出比较

从前一节的语法可以看到，step( ) 函数和 plot( ) 函数的用法类似，本节实例将从简单的 plot( ) 函数和 step( ) 函数比较说起。

程序实例 ch19_1.py：分别使用 plot( ) 函数和 step( ) 函数绘制简单的数据，然后比较其结果。

```
1  # ch19_1.py
2  import matplotlib.pyplot as plt
3
4  x = [1, 3, 5, 7, 9]
5  y = [1, 9, 25, 49, 81]
6  plt.plot(x,y,'o--',color='grey',alpha=0.4)
7  plt.step(x,y)
8  plt.show()
```

执行结果　可以参考下方左图。

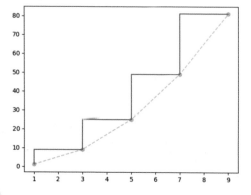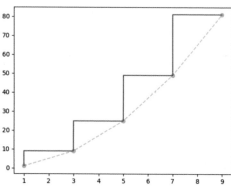

上述第 7 行语法如下：

```
plt.step(x, y)
```

当使用上述语法时，没有使用 where 参数，而是使用默认的 pre。

19-2-2　设定 where='pre' 参数

程序实例 ch19_2.py：使用 where='pre'，同时将线条改为绿色，重新设计程序实例 ch19_1.py。

```
7  plt.step(x,y,'g',where='pre')
```

执行结果　可以参考上方右图。

19-2-3　设定 where='post' 参数

程序实例 ch19_3.py：设定 where='post'，重新设计程序实例 ch19_2.py。

```
1  # ch19_3.py
2  import matplotlib.pyplot as plt
3
4  x = [1, 3, 5, 7, 9]
5  y = [1, 9, 25, 49, 81]
6  plt.plot(x,y,'o--',color='grey',alpha=0.4)
7  plt.step(x,y,'g',where='post')
8  plt.show()
```

执行结果　可以参考下方左图。

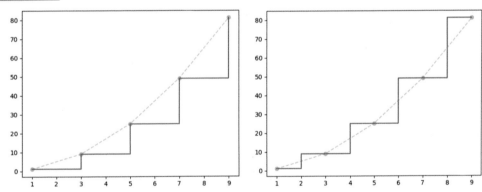

19-2-4　设定 where='mid' 参数

程序实例 ch19_4.py：设定 where='mid'，重新设计程序实例 ch19_3.py。

```
7  plt.step(x,y,'g',where='mid')
```

执行结果　可以参考上方右图。

19-3　阶梯图与长条图

前一节笔者将阶梯图与折线图结合使用，此外，阶梯图还可以和其他图表结合使用。

程序实例 ch19_5.py：将阶梯图与长条图结合使用。

```
1  # ch19_5.py
2  import matplotlib.pyplot as plt
3  import numpy as np
4
5  x = [1, 3, 5, 7, 9]
6  y = [1, 9, 25, 49, 81]
7  plt.bar(x,y,color='yellow')
8  plt.step(x,y,'*-',where='pre',color='g')
9  plt.xticks(np.arange(0,10,step=1))
10 plt.show()
```

执行结果

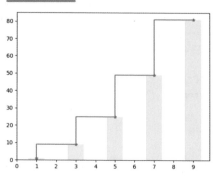

19-4 多组数据的混合使用

程序实例 ch19_6.py：建立 3 组数据，然后分别使用 where 等于 pre、mid、post，最后列出 plot( )
函数和 step( ) 函数的绘制结果。

```
1  # ch19_6.py
2  import matplotlib.pyplot as plt
3  import numpy as np
4
5  plt.rcParams["font.family"] = ["Microsoft JhengHei"]
6  plt.rcParams["axes.unicode_minus"] = False
7  x = np.arange(14)
8  y = np.sin(x/3)
9  fig, ax = plt.subplots()
10 ax.set_title('step() - pre,post,mid参数的使用')
11 # 绘制阶梯图
12 ax.step(x,y+2,where='pre')
13 ax.step(x,y+1,where='mid')
14 ax.step(x,y,where='post')
15 # 绘制折线图
16 ax.plot(x,y+2,'D--',color='m',alpha=0.3)
17 ax.plot(x,y+1,'D--',color='m',alpha=0.3)
18 ax.plot(x,y,'D--',color='m',alpha=0.3)
19 labels = ['pre','mid','post']
20 ax.legend(title='参数 where', labels=labels)
21 plt.show()
```

执行结果

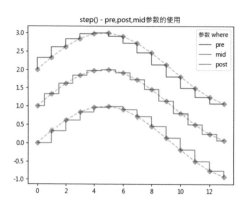

19-5 plot( ) 函数的 drawstyle 参数

使用 plot( ) 函数时，也可以使用 drawstyle 参数完成阶梯函数的设定，如下所示：

```
drawstyle='steps'                    # 类似 step() 函数的 where='pre'
drawstyle='steps-mid'                # 类似 step() 函数的 where='mid'
drawstyle='steps-post'               # 类似 step() 函数的 where='post'
```

程序实例 ch19_7.py：使用 plot( ) 函数取代 step( ) 函数，重新设计程序实例 ch19_6.py。

```
1   # ch19_7.py
2   import matplotlib.pyplot as plt
3   import numpy as np
4
5   plt.rcParams["font.family"] = ["Microsoft JhengHei"]
6   plt.rcParams["axes.unicode_minus"] = False
7   x = np.arange(14)
8   y = np.sin(x/3)
9   fig, ax = plt.subplots()
10  ax.set_title('plot() - drawstyle参数的使用')
11  # 绘制阶梯图
12  ax.plot(x,y+2,drawstyle='steps')
13  ax.plot(x,y+1,drawstyle='steps-mid')
14  ax.plot(x,y,drawstyle='steps-post')
15  # 绘制折线图
16  ax.plot(x,y+2,'D--',color='m',alpha=0.3)
17  ax.plot(x,y+1,'D--',color='m',alpha=0.3)
18  ax.plot(x,y,'D--',color='m',alpha=0.3)
19  labels = ['steps','steps-mid','steps-post']
20  ax.legend(title='参数 drawstyle', labels=labels)
21  plt.show()
```

执行结果

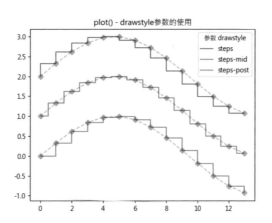

第 20 章

棉棒图

棉棒图 (stem) 是一个俗称,其正式名称是离散视图,它会从基线到头部 (y 值) 的每一个位置绘制纯值的线,然后可以放置标记。如果是垂直 (默认) 的棉棒图,位置是 x 轴位置,头部是 y 值;如果是水平的棉棒图,位置是 y 轴位置,头部是 x 值。

20-1　棉棒图的语法

棉棒图的函数是 stem( )，其语法如下 :

```
plt.stem([x,] y, linefmt=None, markerfmt=None, basefmt=None, bottom=0,
label=None, use_line_collection=True, orientation='vertical')
```

上述各参数意义如下 :

❑　x : 这是选项，棉棒图的 x 轴位置，默认是 (0, 1, …, len(y)−1)。
❑　y : 这是必要值，棉棒图的头部，头部的值是 y 值。
❑　linefmt : 定义棉棒线的属性，有关线条样式的字符串定义如下 :
 • '-' : 实线。
 • '--' : 虚线。
 • '-.' : 虚点线。
 • ':' : 点线。
　　默认是 C0-，C0 是色彩循环的第一种颜色，有 C0 ~ C9 等 10 种颜色，此外，也可以使用 2-4-1
节的 8 种基础颜色，这个模式可以应用在其他参数。
❑　markerfmt : 定义棉棒线的标记，可以参考 2-6 节。默认是 C0o，C0 是色彩循环的第一种颜
色，o 则是圆点。
❑　basefmt : 定义基线的属性，默认是 C3-。传统模式默认是 C2-。
❑　bottom : 定义基线的 y 位置，默认是 0。
❑　label : 棉棒线的标签。
❑　orientation : 默认是 vertical，即垂直线，如果改为 horizontal，则是水平线。
❑　use_line_collection : 默认是 True，将棉棒线存储和绘制为 Linecollection，而不是单独的
线，建议使用此默认值。如果是 False，则使用 Line2D 对象，不过未来可能会弃用此参数。

20-2　棉棒图的基础实例

20-2-1　只有 y 值的棉棒图

如果省略 x，stem( ) 函数会默认 x 是 (0, 1, …, len(y)−1)。
程序实例 ch20_1.py : 最基础的棉棒图绘制。

```
1  # ch20_1.py
2  import matplotlib.pyplot as plt
3
4  y = [1, 3, 5, 7, 6, 4, 2]
5  plt.stem(y)
6  plt.show()
```

可以参考下方左图。

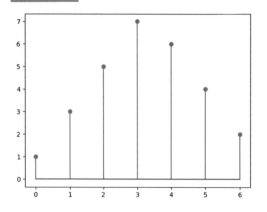 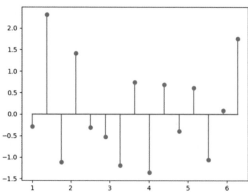

20-2-2 有 x 和 y 的棉棒图

程序实例 ch20_2.py：绘制有 x 和 y 的棉棒图。

```
1   # ch20_2.py
2   import matplotlib.pyplot as plt
3   import numpy as np
4
5   pts = 15
6   x = np.linspace(1, 2*np.pi, pts)
7   y = np.random.randn(pts)
8   plt.stem(x,y)
9   plt.show()
```

执行结果 可以参考上方右图。

20-3 棉棒图的线条样式

线条样式默认是蓝色实线，但是可以使用 linefmt 参数修改设定。

20-3-1 绘制虚线的棉棒图

程序实例 ch20_3.py：绘制虚线的棉棒图。

```
1    # ch20_3.py
2    import matplotlib.pyplot as plt
3    import numpy as np
4
5    np.random.seed(10)
6    pts = 30
7    x = np.linspace(1, 2*np.pi, pts)
8    y = np.exp(np.sin(x))
9    plt.stem(x,y,linefmt='--')
10   plt.show()
```

执行结果

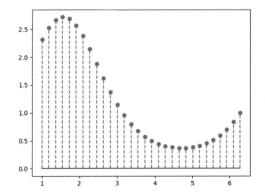

20-3-2　绘制虚点线的棉棒图

程序实例 ch20_4.py：绘制 'C2-.' 虚点线的棉棒图，重新设计程序实例 ch20_3.py。

```
9  plt.stem(x,y,linefmt='C2-.')
```

执行结果

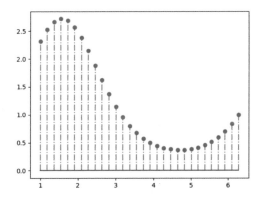

20-4　棉棒图的标记

　　棉棒图的标记默认是蓝色圆点，但是可以使用 markerfmt 参数更改，此外，也可以舍弃 C0 的色彩循环，直接定义颜色。

程序实例 ch20_5.py：绘制绿色钻石形的棉棒图标记。

```
1  # ch20_5.py
2  import matplotlib.pyplot as plt
3  import numpy as np
4
5  np.random.seed(10)
6  pts = 30
7  x = np.linspace(1, 2*np.pi, pts)
8  y = np.exp(np.sin(x))
9  plt.stem(x,y,linefmt='m',markerfmt='gD')
10 plt.show()
```

执行结果

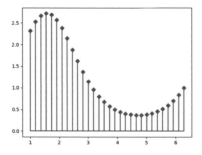

20-5 定义基线

棉棒图的基线默认是红色，但是可以使用 basefmt 参数更改，此外，也可以舍弃 'C0' 的色彩循环，直接定义颜色。

程序实例 ch20_6.py：将基线设为蓝色，重新设计程序实例 ch20_5.py。
```
9  plt.stem(x,y,linefmt='m',markerfmt='gD', basefmt='b-')
```

执行结果

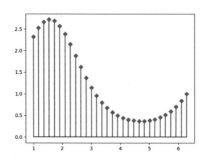

20-6 标签的使用

在 stem( ) 函数内设定标签后，就可以使用 legend( ) 函数建立图例。

程序实例 ch20_7.py：使用标签并建立图例。
```
1  # ch20_7.py
2  import matplotlib.pyplot as plt
3  import numpy as np
4
5  np.random.seed(10)
6  pts = 30
7  x = np.linspace(1, 2*np.pi, pts)
8  y = np.exp(np.sin(x))
9  plt.stem(x,y,linefmt='m',markerfmt='gD',basefmt='b-',label='stem()')
10 plt.legend()
11 plt.show()
```

执行结果

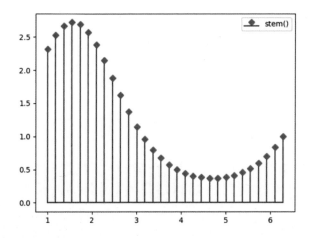

20-7 定义基线 y 的位置

　　基线 y 的默认位置是 0，可以使用 bottom 参数更改位置。

程序实例 ch20_8.py：将基线改为 1.2。

```
1  # ch20_8.py
2  import matplotlib.pyplot as plt
3  import numpy as np
4
5  np.random.seed(10)
6  pts = 30
7  x = np.linspace(1, 2*np.pi, pts)
8  y = np.exp(np.sin(x))
9  plt.stem(x,y,markerfmt='g*',basefmt='b-',label='stem()',bottom=1.2)
10 plt.legend()
11 plt.show()
```

执行结果

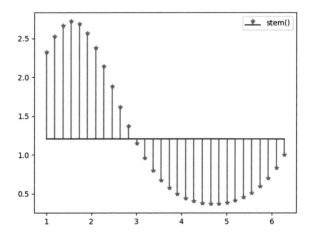

第 2 1 章

间断长条图

间断长条图 (broken_barh) 是以长条图为基础的图表，表面上是指绘制水平序列的矩形 (rectangles)。假设 x 轴是时间，可以从间断长条图中了解不同时间点的数据变化。

21-1　间断长条图的语法

间断长条图的函数是 broken_barh( )，其语法如下：

```
plt.broken_barh(xrange, yrange, *, **kwarg)
```

上述各参数意义如下：

❏ xrange：这是元组序列，数据是 (xmin, xwidth)，对于每个元组 (xmin, xwidth)，从 xmin 到 xmin+xwidth 绘制一个矩形。

❏ yrange：这是元组序列，数据是 (ymin, yheight)，会扩展到所有矩形。

21-2　间断长条图的基础实例

21-2-1　单一间断长条图的实例

最简单的间断长条图就是设定 x 区间和 y 区间，其他使用默认值。

程序实例 ch21_1.py：单一间断长条图的实例。

```
 1  # ch21_1.py
 2  import matplotlib.pyplot as plt
 3
 4  fig, ax = plt.subplots()
 5  ax.broken_barh([(50, 30), (100, 20)],
 6                 (10, 5))
 7  ax.set_xlabel('x-value')
 8  ax.set_ylabel('y-value')
 9  ax.grid(True)
10  ax.set_title('Broken_barh()',fontsize=16,color='b')
11  plt.show()
```

执行结果

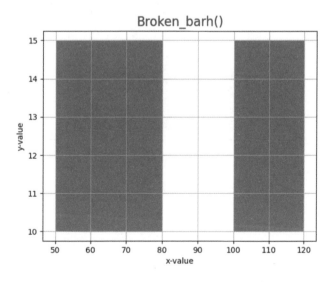

上述程序第 5 行 xrange 第一个元组是 (50, 30)，表示第一个矩形长条图的左下角 x 轴是 50，宽度是 30，所以第一个矩形宽是 x 轴从 50 到 80。yrange 内容是 (10,5)，表示 y 轴长度是从 10 开始，长度为 5，所以长度是从 10 到 15。

第 5 行 xrange 第二个元组是 (100, 20)，表示第二个矩形长条图的左下角 x 轴是 100，宽度是 20，所以第二个矩形宽是 x 轴从 100 到 120。

21-2-2 多个间断长条图的实例

程序实例 ch21_2.py：绘制两组间断长条图，同时使用 facecolors 参数更改默认颜色。

```
1  # ch21_2.py
2  import matplotlib.pyplot as plt
3
4  # 事先定义间断长条图数据 1
5  x_1 = [(2, 4), (9, 6)]
6  y_1 = (2, 3)
7  # 绘制间断长条图 1
8  plt.broken_barh(x_1, y_1, facecolors ='m')
9  # 事先定义间断长条图数据 2
10 x_2 = [(5, 1), (8, 3), (12, 6)]
11 y_2 = (6, 3)
12 # 绘制间断长条图 2
13 plt.broken_barh(x_2, y_2, facecolors ='g')
14 plt.xlabel('x-label')
15 plt.ylabel('y-label')
16 plt.title('Broken_barh()',fontsize=16,color='b')
17 plt.show()
```

执行结果

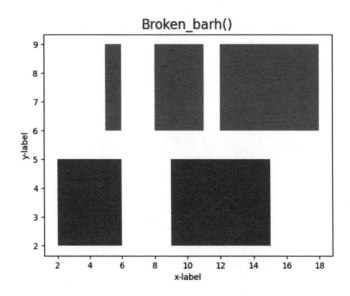

21-3 绘制每天不同时段行车速度表

我们可以使用间断长条图纪录每天不同时间点的行车速度，这时可以将 x 轴视为时间 (单位是小时)，将 y 轴视为行车速度。

程序实例 ch21_3.py : 绘制每天不同时段的行车速度。

```
1  # ch21_3.py
2  import matplotlib.pyplot as plt
3  import numpy as np
4
5  plt.rcParams["font.family"] = ["Microsoft JhengHei"]
6  # 定义间断长条图数据 1
7  x_1 = [(0, 7), (20, 4)]          # 定义时间
8  y_1 = (90, 30)                   # 定义车速
9  plt.broken_barh(x_1, y_1, facecolors ='g')
10 # 定义间断长条图数据 2
11 x_2 = [(7, 3), (17, 3)]          # 定义时间
12 y_2 = (40, 20)                   # 定义车速
13 plt.broken_barh(x_2, y_2, facecolors ='r')
14 # 定义间断长条图数据 3
15 x_3 = [(10, 7)]                  # 定义时间
16 y_3 = (60, 30)                   # 定义车速
17 plt.broken_barh(x_3, y_3, facecolors ='b')
18 plt.xlabel('时间',fontsize=14,color='b')
19 plt.xticks(np.arange(0,25,step=4))
20 plt.ylabel('车速',fontsize=14,color='b')
21 plt.title('每天不同时段行车速度表',fontsize=16,color='b')
22 plt.show()
```

执行结果

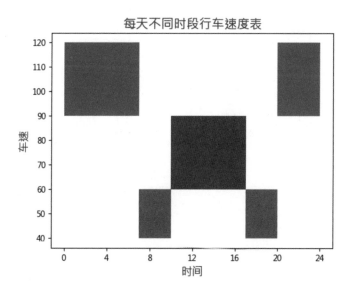

21-4　绘制学习观察表

程序实例 ch21_4.py：绘制两个人的学习观察表。

```
1   # ch21_4.py
2   import matplotlib.pyplot as plt
3   import numpy as np
4
5   plt.rcParams["font.family"] = ["Microsoft JhengHei"]
6   fig, ax = plt.subplots()
7   ax.broken_barh([(60, 40), (130, 20)],
8                   (7, 10),
9                   facecolors='cyan')
10  ax.broken_barh([(10, 40), (90, 20), (120, 20)],
11                  (20, 10),
12                  facecolors=('m','g','b'))
13  ax.annotate('学习中断', (50, 25),
14              xytext=(0.6, 0.92), textcoords='axes fraction',
15              arrowprops=dict(fc='r', ec='r', shrink=0.05),
16              fontsize=14, color='r',
17              horizontalalignment='right', verticalalignment='top')
18  ax.set_ylim(5, 35)
19  ax.set_xlim(0, 160)
20  ax.set_xlabel('时间：单位秒',color='b')
21  ax.set_yticks([12, 25])
22  ax.set_yticklabels(labels=['雨星', '冰雨'],color='b')
23  ax.grid(True)
24  ax.set_title('学习观察表',fontsize=16,color='b')
25  plt.show()
```

執行結果

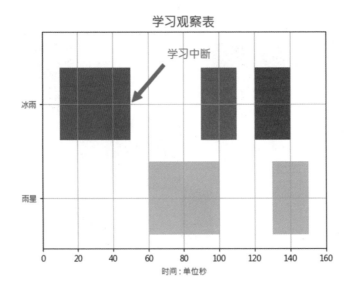

第 2 2 章

小提琴图

　　小提琴图 (violin Plots) 是一种绘制数据的方法，它的功能与箱线图类似，不过小提琴图可以显示数据在不同值的概率密度，同时没有异常值。

22-1　小提琴图的定义

小提琴图与箱线图类似，下列是小提琴图的定义。

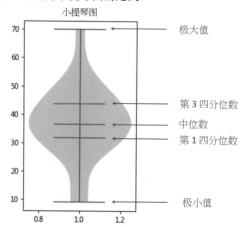

小提琴图因为不处理异常值，所以最上端的线是极大值，最下端的线是极小值。

22-2　小提琴图的语法

小提琴图的函数是 violinplot( )，其语法如下：

```
axes.violinplot(dataset, positions=None, vert=True, widths=0.5,
showmeans=False, showextrema=True, showmedian=False, quantiles=None,
points=100, bw_method=None, *)
```

上述各参数意义如下：

☐ dataset：数据集，数组数据序列。
☐ positions：这是数组数据，可以设定小提琴的位置，刻度和极值会自动匹配，默认值是 range(1, N+1)。
☐ vert：默认是 True，表示绘制垂直的小提琴。若设为 False，则绘制水平的小提琴。
☐ widths：可以是纯量或向量，指小提琴的宽度，默认是 0.5，表示使用约一半的水平空间。
☐ showmeans：是否显示均值，默认是 False，表示不显示。
☐ showextrema：是否显示极值，默认是 True，表示显示。
☐ showmedian：是否显示中位数，默认是 False，表示不显示。
☐ quantiles：指定分位数的位置，数据类型是字典，元素要求值是 [0,1]，默认是 False。
☐ points：估计高斯概率密度点的数量，默认是 100。
☐ bw_method：用于估算带宽 (bandwidth) 的方法，可以是 scott、silverman。默认是 scott。
上述函数的回传值是字典，此字典内有下列数据。
● bodies：包含每个小提琴的填充区域。
● cmeans：每个小提琴的均值。

- cmins：每个小提琴的最小值 (底部)。
- cmaxes：每个小提琴的最大值 (顶部)。
- cbars：每个小提琴的分布中心。
- cmedians：每个小提琴分布的平均值。

22-3 小提琴图的基础实例

22-3-1 小提琴图和箱线图的比较

程序实例 ch22_1.py：使用默认环境绘制小提琴图和箱线图，然后进行比较。

```
1  # ch22_1.py
2  import matplotlib.pyplot as plt
3
4  plt.rcParams["font.family"] = ["Microsoft JhengHei"]
5  x = [9, 12, 30, 31, 31, 32, 33, 33, 35, 35,
6       38, 38, 41, 42, 43, 46, 46, 48, 52, 70]
7  fig, ax = plt.subplots(nrows=1, ncols=2)
8  ax[0].set_title("小提琴图")
9  ax[0].violinplot(x)
10 ax[1].set_title("箱线图")
11 ax[1].boxplot(x)
12 plt.show()
```

执行结果

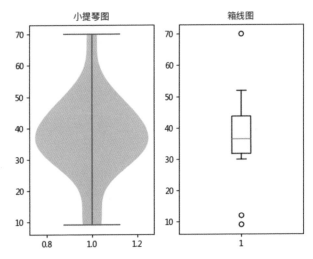

上述小提琴图的宽度使用默认的 0.5，所以最左边宽度位置约为 0.75，最右边宽度位置约为 1.25，1.25 – 0.75 = 0.5。

程序实例 ch22_2.py：显示小提琴图的中位数，同时两个图表共享 y 轴，重新设计程序实例 ch22_1.py。

```
1   # ch22_2.py
2   import matplotlib.pyplot as plt
3
4   plt.rcParams["font.family"] = ["Microsoft JhengHei"]
5   x = [9, 12, 30, 31, 31, 32, 33, 33, 35, 35,
6        38, 38, 41, 42, 43, 46, 46, 48, 52, 70]
7   fig, ax = plt.subplots(nrows=1, ncols=2, sharey=True)
8   ax[0].set_title("小提琴图")
9   ax[0].violinplot(x, showmedians=True)
10  ax[1].set_title("箱线图")
11  ax[1].boxplot(x)
12  plt.show()
```

执行结果

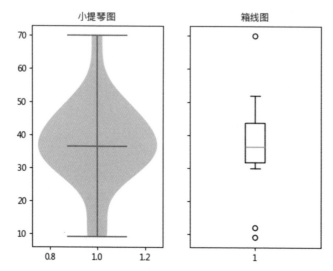

从上图可以看到，小提琴图也有中位数线了。

22-3-2　正态分布与均匀分布小提琴的比较

对于箱线图而言，正态分布与均匀分布感觉不出差异，但是对于小提琴图而言，则可以看到明显的差异。

程序实例 ch22_3.py：正态分布与均匀分布小提琴的比较。

```
1   # ch22_3.py
2   import matplotlib.pyplot as plt
3   import numpy as np
4
5   plt.rcParams["font.family"] = ["Microsoft JhengHei"]
6   plt.rcParams["axes.unicode_minus"] = False
7   np.random.seed(10)
8   # 建立 200 个均匀分布的随机数
9   uniform = np.arange(-100, 100)
10  fig, ax = plt.subplots(nrows=1,ncols=2,figsize =(8,4),sharey=True)
11  ax[0].set_title('均匀分布')
12  ax[0].set_ylabel('观察值')
13  ax[0].violinplot(uniform,showmedians=True)
14  # 建立 200 个正态分布的随机数
15  normal = np.random.normal(size = 200)*35
16  ax[1].set_title('正态分布')
17  ax[1].violinplot(normal,showmedians=True)
18
19  plt.show()
```

执行结果

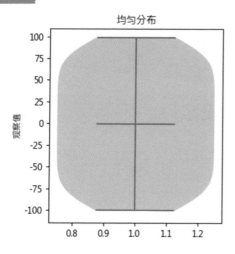
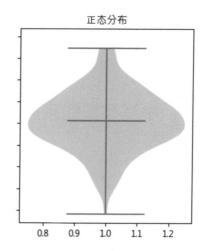

22-4 绘制多组数据

一个图表内可以有多组数据，这时可以将数据用列表打包方式组织起来。假设有 data1、data2 和 data3 数据，可以将列表打包成 data，这个 data 就可以当作 dataset 处理。

```
data = [data1, data2, data3]
```

程序实例 ch22_4.py：在图表内使用 np.random.randint( ) 函数建立 3 组均匀分布的数据，将这 3 组数据用小提琴图表达，同时将小提琴内部颜色改为 cyan，将小提琴的边线颜色改为 magenta。

```python
1  # ch22_4.py
2  import matplotlib.pyplot as plt
3  import numpy as np
4
5  plt.rcParams["font.family"] = ["Microsoft JhengHei"]
6  np.random.seed(10)
7  # 建立 3 组随机数
8  data1 = np.random.randint(1, 100, size=100)
9  data2 = np.random.randint(1, 100, size=100)
10 data3 = np.random.randint(1, 100, size=100)
11 dataset = [data1, data2, data3]        # 3 组数据组成 dataset
12 # 建立图表对象
13 fig = plt.figure()
14 ax = fig.gca()                          # 获得目前图表对象
15 vio = plt.violinplot(dataset)           # 建立小提琴图
16 for body in vio['bodies']:              # 小提琴图区块
17     body.set_facecolor('cyan')          # 内部颜色是 cyan
18     body.set_edgecolor('m')             # 边线颜色是 magenta
19     body.set_alpha(0.8)                 # 透明度 0.8
20 ax.set_title('3 组均匀分布的小提琴图',fontsize=16,color='b')
21 plt.show()
```

执行结果

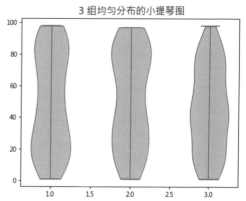

上述程序的关键是第 13 ~ 19 行，这些行的意义如下：

第 13 行：建立 Figure 对象或启动现存的 Figure 对象。

第 14 行：fig.gca( ) 可以取得当前的图表对象。

第 15 行：使用默认值建立小提琴图，回传 vio 对象。

第 16 行：回传的 vio['bodies'] 代表所有小提琴图填充区块，所以这是遍历所有小提琴图填充区块。

第 17 行：设定小提琴图填充区块的颜色是 cyan。

第 18 行：设定小提琴图的边线颜色是 magenta。

第 19 行：设定颜色透明度是 0.8。

22-5 小提琴图的系列参数设定

程序实例 ch22_5.py：系列参数设定，此实例将设定下列参数：

（1）ax[0,0]：使用默认值。

（2）ax[0,1]：重新定义宽度，widths=[0.2]。

（3）ax[0,2]：设计水平小提琴图，vert=False。

（4）ax[0,3]：重新定义位置，positions=[3]。

（5）ax[1,0]：隐藏极值，showextrema=False。

（6）ax[1,1]：显示均值，showmeans=True。

（7）ax[1,2]：显示中位数，showmedians=True。

（8）ax[1,3]：显示四分位数，quantiles=[0.25,0.5,0.75]。

```
1  # ch22_5.py
2  import matplotlib.pyplot as plt
3  import numpy as np
4
5  plt.rcParams["font.family"] = ["Microsoft JhengHei"]
6  plt.rcParams["axes.unicode_minus"] = False
7  np.random.seed(10)
8  # 建立 1 组随机数
9  data = np.random.normal(size=1000)
10 fig, ax = plt.subplots(nrows=2, ncols=4)
11 # 建立小提琴图
12 ax[0,0].violinplot(data)
13 ax[0,0].set_title('默认小提琴图',color='m')
14 ax[0,1].violinplot(data, widths=[0.2])
15 ax[0,1].set_title('重新定义宽度',color='m')
16 ax[0,2].violinplot(data, vert=False)
17 ax[0,2].set_title('水平小提琴图',color='m')
18 ax[0,3].violinplot(data, positions=[3])
19 ax[0,3].set_title('重新定义位置',color='m')
20 ax[1,0].violinplot(data,showextrema=False)
21 ax[1,0].set_title('隐藏极值',color='m')
22 ax[1,1].violinplot(data,showmeans=True)
23 ax[1,1].set_title('显示均值',color='m')
24 ax[1,2].violinplot(data,showmedians=True)
25 ax[1,2].set_title('显示中位数',color='m')
26 ax[1,3].violinplot(data,quantiles=[0.25,0.5,0.75])
27 ax[1,3].set_title('显示四分位数',color='m')
28 plt.suptitle('8 组均匀分布的小提琴图',fontsize=16,color='b')
29 plt.tight_layout()
30 plt.show()
```

执行结果

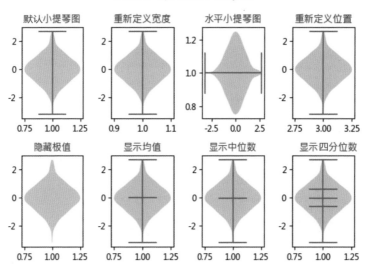

8 组均匀分布的小提琴图

22-6 综合实例

本节主要使用小提琴图对象的 cmaxes 和 cmin 索引取得小提琴图的最大值 y 坐标和最小值 y 坐标，所搭配使用的函数是 get_segments( )，然后自行设计连线。此外，在中位数位置绘制白色星号，在第 1 四分位数 (Q1) 和第 3 四分位数 (Q3) 的位置也执行宽度是 5 的连线。

下列程序会使用 vlines( ) 函数绘制垂直线，此函数语法如下：

```
plt.vlines(x, ymin, ymax, color=None, linestyle='solid', lw=1)
```

上述各参数意义如下：

❏ x：绘制垂直线的 x 坐标。

❏ ymin：y 轴的最小值。

❏ ymax：y 轴的最大值。

❏ color：线条颜色。

❏ linestyle：线条样式。

❏ lw：线条宽度。

程序实例 ch22_6.py：小提琴图的设计。

```
1  # ch22_6.py
2  import matplotlib.pyplot as plt
3  import numpy as np
4  plt.rcParams["font.family"] = ["Microsoft JhengHei"]
5  plt.rcParams["axes.unicode_minus"] = False
6  # 建立测试数据
7  np.random.seed(10)
8  data = [sorted(np.random.normal(0, std, 100)) for std in range(1, 5)]
9  # 建立子图
10 fig, axes = plt.subplots()
```

```
11  axes.set_title('设计小提琴图',fontsize=16,color='b')
12  parts = axes.violinplot(
13          data, showmeans=False, showmedians=False)
14  # 建立小提琴图
15  for p in parts['bodies']:
16      p.set_facecolor('red')
17      p.set_edgecolor('black')
18      p.set_alpha(1)
19  # 获得小提琴图最大值
20  wseg = parts['cmaxes'].get_segments()        # 小提琴图最大值线段
21  w_max = []                                   # 设定最大值列表
22  for i in range(len(wseg)):
23      upper_array = wseg[i]
24      for j in range(0,len(upper_array),2):
25          w_max.append(upper_array[j][1])      # 取得最大值的 y 轴值
26  # 获得小提琴图最小值
27  wseg = parts['cmins'].get_segments()         # 小提琴图最小值线段
28  c_min = []                                   # 设定最小值列表
29  for i in range(len(wseg)):
30      lower_array = wseg[i]
31      for j in range(0,len(lower_array),2):
32          c_min.append(lower_array[j][1])      # 取得最小值的 y 轴值
33  # 绘制小提琴内部
34  quartile1,medians,quartile3=np.percentile(data,[25,50,75],axis=1)
35  inds = np.arange(1, len(medians) + 1)
36  axes.scatter(inds,medians,marker='*',color='white',s=30,zorder=3)
37  axes.vlines(inds,quartile1,quartile3,color='b', linestyle='-',lw=5)
38  axes.vlines(inds,c_min,w_max,color='b',linestyle='-',lw=1)
39  # 设定 x 轴
40  labels = ['A', 'B', 'C', 'D']
41  axes.set_xticks(np.arange(1, len(labels) + 1))
42  axes.set_xticklabels(labels=labels)
43  axes.set_xlim(0.25, len(labels) + 0.75)
44  axes.set_xlabel('数据样本',fontsize=12,color='b')
45  plt.show()
```

执行结果

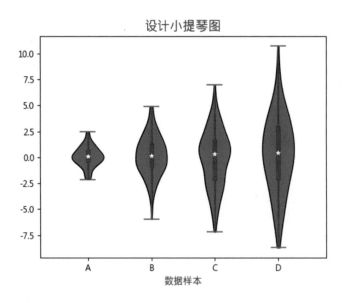

288

第 2 3 章

误差条

所谓误差条 (errorbar)，是指将 y 和 x 绘制带有误差的条和标记。

23-1　误差条的语法

误差条的函数是 errorbar( )，其语法如下：

```
plt.errorbar(x, y, yerr=None, xerr=None, fmt=' ', ecolor=None, elinewidth=None,
capsize=None, barsabove=False, lolims=False, uplims=False, xlolims=False,
xuplims=False, errorevery=1, capthick=None)
```

上述各参数意义如下：

- ❑ x, y：数据点的坐标。
- ❑ xerr, yerr：数据点的误差范围，也可以使用列表，这时可以设定上下有不一样的误差。
- ❑ fmt：数据点的标记样式和连线的样式。
- ❑ ecolor：误差条的颜色。
- ❑ elinewidth：误差条的线条宽度，默认是 None。
- ❑ capsize：误差条边界横条的长度，默认是 0.0。
- ❑ capthick：误差条边界横条的厚度，默认是 None。
- ❑ barsabove：是否在绘图符号上方绘制误差条，默认是 False。
- ❑ lolims, uplims, xlolims, xuplims：这些参数是布尔值，指定上限与下限。
- ❑ errorevery：在数据子集上绘制误差条。

23-2　误差条的基础实例

23-2-1　使用默认的误差条

程序实例 ch23_1.py：使用默认环境在 x 轴 0 ~ 10 之间绘制 sin( ) 函数线条，误差条的基础是 dy = 0.5。

```
1  # ch23_1.py
2  import matplotlib.pyplot as plt
3  import numpy as np
4
5  x = np.linspace(0, 10, 20)
6  y = np.sin(x) * 2
7  dy = 0.5
8  plt.errorbar(x, y, yerr=dy)
9  plt.show()
```

执行结果

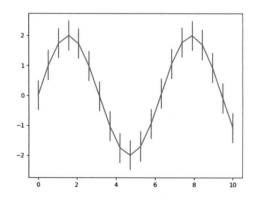

23-2-2　误差条的设定

　　ecolor 参数可以设定误差条的颜色，capsize 参数可以设定误差条的长度，elinewidth 参数可以设定误差条的宽度。

程序实例 ch23_2.py：扩充设计程序实例 ch23_1.py，将误差条改为红色，误差条的长度改为 3。

```
8  plt.errorbar(x,y,yerr=dy,ecolor='r',capsize=3)
```

执行结果　可以参考下方左图。

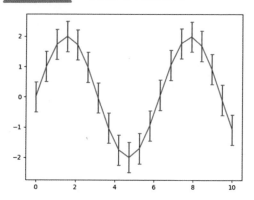 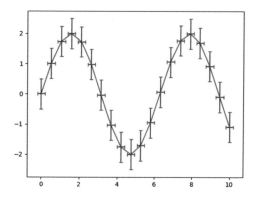

23-2-3　横向的误差条设定

　　yerr 参数可以设定竖向的误差，xerr 参数则可以设定横向的误差。

程序实例 ch23_3.py：扩充设计程序实例 ch23_2.py，增加横向误差，此误差值是 0.2。

```
1  # ch23_3.py
2  import matplotlib.pyplot as plt
3  import numpy as np
4
5  x = np.linspace(0, 10, 20)
6  y = np.sin(x) * 2
7  dy = 0.5
8  dx = 0.2
9  plt.errorbar(x,y,xerr=dx,yerr=dy,ecolor='r',capsize=3)
10 plt.show()
```

执行结果　可以参考上方右图。

23-3　线条样式

　　fmt 参数可以设定线条样式，读者可以参考 2-5 节；使用 color 参数可以设定线条色彩，参考 2-4 节。

程序实例 ch23_4.py：设定线条样式。

```
1  # ch23_4.py
2  import matplotlib.pyplot as plt
3  import numpy as np
4
5  x = np.linspace(0, 10, 20)
6  y = np.sin(x) * 2
7  dy = 0.5
8  plt.errorbar(x,y,fmt='o',yerr=dy,ecolor='r',color='b',capsize=3)
9  plt.show()
```

执行结果　可以参考下方左图。

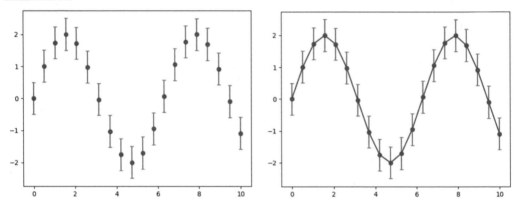

程序实例 ch23_5.py：扩充设计程序实例 ch23_4.py，让数据增加线条。

```
8   plt.errorbar(x,y,fmt='o-',yerr=dy,ecolor='r',color='b',capsize=3)
```

执行结果　可以参考上方右图，

23-4　指定上限与下限

23-4-1　基础实例

uplims 参数和 lolims 参数可以设定上限与下限，默认是 False。其中，xlolims 参数和 xuplims 参数用于水平误差条。

程序实例 ch23_6.py：设定 uplims = True，并观察执行结果。

```
 1  # ch23_6.py
 2  import matplotlib.pyplot as plt
 3  import numpy as np
 4
 5  x = np.linspace(0, 10, 20)
 6  y = np.sin(x) * 2
 7  dy = 0.5
 8  plt.errorbar(x,y,fmt='o-',yerr=dy,ecolor='r',color='b',
 9               uplims=True,capsize=3)
10  plt.title('uplims = True',color='b')
11  plt.show()
```

可以参考下方左图。

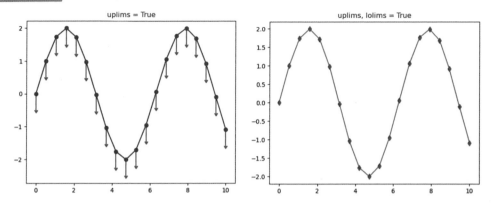

程序实例 ch23_7.py：重新设计程序实例 ch23_6.py，增加 lolims = True，为了方便读者了解此参数，将原来线条的原点取消。

```
8  plt.errorbar(x,y,yerr=dy,ecolor='r',uplims=True,lolims=True)
9  plt.title('uplims, lolims = True',color='b')
```

可以参考上方右图。

23-4-2　将列表应用于上限与下限

uplims 参数和 lolims 参数也可以使用列表表示，这时可以设计具有穿插效果的误差条。

程序实例 ch23_8.py：建立上下限穿插的误差条。

```
1  # ch23_8.py
2  import matplotlib.pyplot as plt
3  import numpy as np
4
5  x = np.linspace(0, 10, 20)
6  y = np.sin(x) * 2
7  dy = 0.5
8  up = [True,False] * 10      # 上限列表
9  lo = [False,True] * 10      # 下限列表
10 plt.errorbar(x,y,yerr=dy,uplims=up,lolims=lo,ecolor='r')
11 plt.show()
```

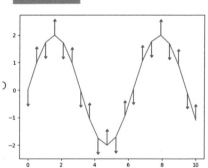

23-5　上方与下方误差不一致

前面所有实例的上下误差皆一致，如果想要误差不一致，可以设定 yerr 的值是列表，此列表第一个元素设定下方误差，第二个元素设定上方误差。

程序实例 ch23_9.py：设计上方与下方误差不一致。

```
1   # ch23_9.py
2   import matplotlib.pyplot as plt
3   import numpy as np
4
5   x = np.linspace(0, 10, 20)
6   y = np.sin(x) * 2
7   dy = 0.2 + 0.01 * x
8   dy_range = [dy*0.5,dy]        # (下方误差，上方误差)
9   plt.errorbar(x,y,fmt='o-',yerr=dy_range,ecolor='r',color='b',capsize=3)
10  plt.show()
```

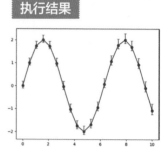

执行结果

23-6 综合实例

一张图表可以有多个含误差条的线。

程序实例 ch23_10.py：绘制多个含误差条的线。

```
1   # ch23_10.py
2   import matplotlib.pyplot as plt
3   import numpy as np
4
5   plt.rcParams["font.family"] = ["Microsoft JhengHei"]
6   plt.rcParams["axes.unicode_minus"] = False
7   fig = plt.figure()
8   x = np.arange(10)
9   y = 3 * np.cos(x / 20 * np.pi)
10  yerr = np.linspace(0.05, 0.2, 10)
11
12  plt.errorbar(x,y + 3,yerr=yerr,label='误差条使用默认值')
13  plt.errorbar(x,y + 2,yerr=yerr,uplims=True,label='uplims=True')
14  plt.errorbar(x,y + 1,yerr=yerr,uplims=True,lolims=True,
15              label='uplims, lolims = True')
16  upperlimits = [True, False] * 5
17  lowerlimits = [False, True] * 5
18  plt.errorbar(x,y,yerr=yerr,uplims=upperlimits,lolims=lowerlimits,
19              label='同时有uplims和lolims = True')
20  plt.legend(loc='lower left')
21  plt.xticks(np.arange(0,10))
22  plt.title('误差条的综合应用',fontsize=16,color='b')
23  plt.show()
```

执行结果

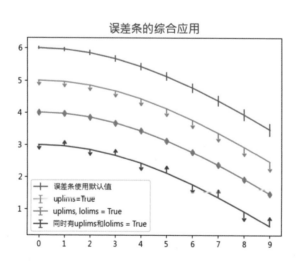

第 2 4 章

轮廓图

轮廓图 (Contour) 又称水平图，这是一种在 2D 平面上显示 3D 曲面的方法，有 x、y 和 z 三个值，x 和 y 是坐标，z 是高度。这类图常用于气象部门、高山地图、显示密度等。

注 许多文章也将轮廓图称为等高图。

24-1 轮廓图的语法

轮廓图函数有两个，两个函数的语法相同：

plt.contour()：可以绘制轮廓线。

plt.contourf()：可以填充轮廓。

contour() 函数语法如下：

plt.contour([X, Y,], Z, [levels], **kwargs)

上述各参数意义如下：

- ❑ X, Y：如果 X 和 Y 皆是 2D 数据，则与 Z 有相同的外形；如果 X 和 Y 皆是 1D 数据，则 len(X) 是 Z 的行数，len(Y) 是 Z 的列数。
- ❑ Z：绘制轮廓的高度。
- ❑ levels：用于确认轮廓线 / 区域的数量和位置。
- ❑ linewidths：可以设定轮廓线的宽度，默认是 1.5。
- ❑ linestyles：可以设定轮廓线的样式，默认是 solid，可以选择 dashed、dashdot、dotted 等。

24-2 轮廓图的基础实例

实际上，我们常常使用 x 和 y 两个 1D 数据，然后使用 NumPy 的 meshgrid() 函数产生 X 和 Y 数据。有关 meshgrid() 函数的用法，读者可以参考 12-7-1 节。

24-2-1 从简单的实例说起

程序实例 ch24_1.py：绘制简单的轮廓图，然后了解 contour() 函数和 contourf() 函数。

```
1  # ch24_1.py
2  import matplotlib.pyplot as plt
3  import numpy as np
4
5  plt.rcParams["font.family"] = ["Microsoft JhengHei"]
6  x = range(5)
7  y = range(5)
8  X, Y = np.meshgrid(x, y)
9  Z = [[0,0,0,0,0],
10     [0,1,1,1,0],
11     [0,1,2,2,0],
12     [0,1,1,1,0],
13     [0,0,0,0,0]]
14 fig = plt.figure(figsize=(10,4.5))
15 fig.add_subplot(121)
16 plt.contour(X, Y, Z)
17 plt.title('使用contour()函数',fontsize=16,color='b')
18
19 fig.add_subplot(122)
20 plt.contourf(X, Y, Z)
21 plt.title('使用contourf()函数',fontsize=16,color='b')
22 plt.show()
```

执行结果

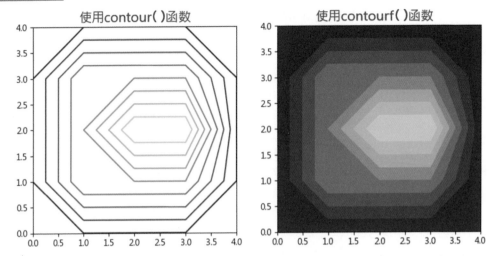

上述程序中，绘制轮廓线与填充轮廓图使用默认色彩，色彩的应用与前面章节相同，未来程序实例将以 confourf( ) 函数为主。

24-2-2　色彩映射

色彩映射可提供很多色彩，可以让整个轮廓图看起来更精彩。

程序实例 ch24_2.py：使用 cmap 参数设定不同的色彩，此程序分别使用 PuRd 和 YlOrBr 色彩映射。

```python
1  # ch24_2.py
2  import matplotlib.pyplot as plt
3  import numpy as np
4
5  plt.rcParams["font.family"] = ["Microsoft JhengHei"]
6  x = range(5)
7  y = range(5)
8  X, Y = np.meshgrid(x, y)
9  Z = [[0,0,0,0,0],
10     [0,1,1,1,0],
11     [0,1,2,2,0],
12     [0,1,1,1,0],
13     [0,0,0,0,0]]
14 fig = plt.figure(figsize=(10,4.5))
15 fig.add_subplot(121)
16 plt.contourf(X, Y, Z, cmap='PuRd')
17 plt.title('contourf()函数, cmap=PuRd',fontsize=16,color='b')
18
19 fig.add_subplot(122)
20 plt.contourf(X, Y, Z, cmap='YlOrBr')
21 plt.title('contourf()函数, cmap=YlOrBr',fontsize=16,color='b')
22 plt.show()
```

执行结果

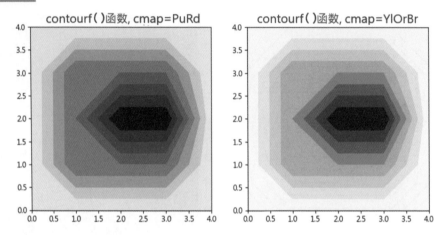

24-3 定义高度函数

如果将 X 和 Y 当作代表两个维度的数据，则 Z 代表高度，如下所示：

```
Z = f(X, Y)
```

上述 Z 函数又称高度函数，其实轮廓图的高度函数需要三角函数、指数函数等公式，建议读者复习这些数学知识。

程序实例 ch24_3.py：假设 x 和 y 数据如下：

```
x = range(5)
y = range(5)
X, Y = np.meshgrid(x, y)
```

Z = f(X, Y)，此函数内容如下：

```
Z = np.sin(X)**5 +np.cos(5 + y)*np.cos(x)
```

请分别绘制轮廓线和填充轮廓。

```
1  # ch24_3.py
2  import matplotlib.pyplot as plt
3  import numpy as np
4
5  def f(x, y):
6      return np.sin(x)**5 + np.cos(5 + y) * np.cos(x)
7
8  plt.rcParams["font.family"] = ["Microsoft JhengHei"]
9  x = np.linspace(0, 5, 30)
10 y = np.linspace(0, 5, 20)
11 X, Y = np.meshgrid(x, y)
12 Z = f(X, Y)
13 fig = plt.figure(figsize=(10,4.5))
14 fig.add_subplot(121)
15 plt.contour(X, Y, Z)
16 plt.title('contour()函数',fontsize=16,color='b')
17
18 fig.add_subplot(122)
19 plt.contourf(X, Y, Z, cmap='Oranges')
20 plt.title('contourf()函数, cmap=Oranges',fontsize=16,color='b')
21 plt.show()
```

执行结果

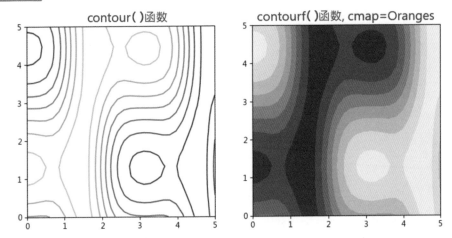

上述程序的重点是第 5～6 行的 f(x, y) 函数，不同的函数将有完全不一样的结果。

24-4 色彩条与轮廓图

上一节的高度函数是笔者随意使用的一个函数，在实际应用中，一个有意义的函数轮廓图将显得更有价值。本节将使用椭圆公式建立高度函数，假设椭圆平面公式如下：

```
Z = (X**2)/4 + (Y**2)/8
```

此外，也可以在轮廓图右边增加色彩条，这对于标记高度会有帮助。

程序实例 ch24_4.py：建立椭圆高度的轮廓图。

```
1   # ch24_4.py
2   import matplotlib.pyplot as plt
3   import numpy as np
4
5   def f(x, y):
6       return (x**2)/10 + (y**2)/4
7
8   plt.rcParams["font.family"] = ["Microsoft JhengHei"]
9   plt.rcParams["axes.unicode_minus"] = False
10  x = np.linspace(-10, 10, 100)
11  y = np.linspace(-10, 10, 100)
12  X, Y = np.meshgrid(x, y)
13  Z = f(X, Y)
14  fig = plt.figure(figsize=(10,4.5))
15  fig.add_subplot(121)
16  plt.contour(X, Y, Z)
17  plt.title('contour() 椭圆轮廓平面',fontsize=16,color='b')
18
19  fig.add_subplot(122)
20  plt.contourf(X, Y, Z, cmap='GnBu')
21  plt.title('contourf() 填充椭圆轮廓平面',fontsize=16,color='b')
22  plt.colorbar()                      # 色彩条
23  plt.show()
```

执行结果

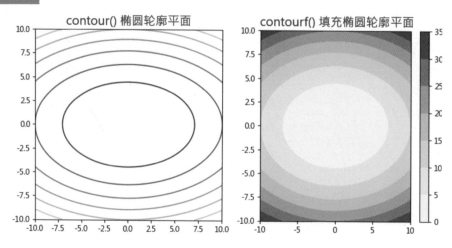

24-5　在轮廓图上标记高度值

contour( ) 函数可以增加绘制轮廓线，前面已经介绍过 Z 数组其实就是高度数组，我们可以使用 clabel( ) 函数进行标记，此函数语法如下：

```
plt.clabel(CS, colors=None)
```

上述 CS 是轮廓图对象，colors 可以设定颜色。

程序实例 ch24_5.py：绘制圆形轮廓图的数字标记，此程序第 6 行回传负号，主要目的是让中间数值比较高。

```
1  # ch24_5.py
2  import matplotlib.pyplot as plt
3  import numpy as np
4
5  def f(x, y):
6      return -(x**2 + y**2)
7
8  plt.rcParams["font.family"] = ["Microsoft JhengHei"]
9  plt.rcParams["axes.unicode_minus"] = False
10 x = np.linspace(-10, 10, 100)
11 y = np.linspace(-10, 10, 100)
12 X, Y = np.meshgrid(x, y)
13 Z = f(X, Y)
14 plt.contourf(X, Y, Z)              # 填充轮廓图
15 plt.colorbar()                     # 色彩条
16 oval = plt.contour(X, Y, Z)        # 轮廓图
17 plt.clabel(oval,colors='b')        # 增加高度标记
18 plt.title('有高度标记的轮廓图',fontsize=16,color='b')
19 plt.show()
```

执行结果

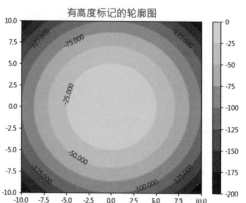

24-6　指数函数在轮廓图中的应用

适当应用指数函数可以建立一些实质有意义的轮廓图。

程序实例 ch24_6.py：指数函数在轮廓图中的应用，此程序将同时标注高度。

```python
1  # ch24_6.py
2  import matplotlib.pyplot as plt
3  import numpy as np
4
5  def f(x, y):
6      return (1.2-x**2+y**5)*np.exp(-x**2-y**2)
7
8  plt.rcParams["font.family"] = ["Microsoft JhengHei"]
9  plt.rcParams["axes.unicode_minus"] = False
10 x = np.linspace(-2.5, 2.5, 100)
11 y = np.linspace(-2.5, 2.5, 100)
12 X, Y = np.meshgrid(x, y)
13 Z = f(X, Y)
14 plt.contourf(X,Y,Z,cmap='Greens')      # 填充轮廓图
15 plt.colorbar()                          # 色彩条
16 oval = plt.contour(X,Y,Z,colors='b')    # 轮廓图
17 plt.clabel(oval,colors='b')             # 增加高度标记
18 plt.title('指数函数的轮廓图',fontsize=16,color='b')
19 plt.show()
```

执行结果

从上述执行结果可以看到，色彩层次有 8 层，contour( ) 函数和 contourf( ) 函数内有 levels 参数，此参数可以设定轮廓和色彩层次。

程序实例 ch24_7.py：设定色彩层次为 12 层，重新设计程序实例 ch24_6.py。

```python
1  # ch24_7.py
2  import matplotlib.pyplot as plt
3  import numpy as np
4
5  def f(x, y):
6      return (1.2-x**2+y**5)*np.exp(-x**2-y**2)
7
8  plt.rcParams["font.family"] = ["Microsoft JhengHei"]
9  plt.rcParams["axes.unicode_minus"] = False
10 x = np.linspace(-2.5, 2.5, 100)
11 y = np.linspace(-2.5, 2.5, 100)
12 X, Y = np.meshgrid(x, y)
13 Z = f(X, Y)
14 plt.contourf(X,Y,Z,12,cmap='Greens')    # 填充轮廓图
15 plt.colorbar()                          # 色彩条
16 oval = plt.contour(X,Y,Z,12,colors='b') # 轮廓图
17 plt.clabel(oval,colors='b')             # 增加高度标记
18 plt.title('指数函数的轮廓图,levels=12',fontsize=16,color='b')
19 plt.show()
```

执行结果

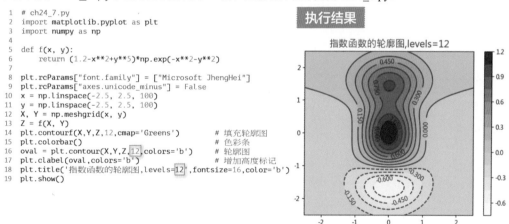

第 25 章

箭头图

　　在学习线性代数时，向量扮演着重要的角色，本章所介绍的 quiver( ) 函数可以绘制箭头图，绘制箭头图时要知道箭头的位置 (X, Y)，此外，还要知道箭头的方向 (U, V)，箭头的分量就是向量。

25-1　箭头图的语法

箭头图的函数是 quiver( )，其语法如下：

```
plt.quiver([X, Y], U, V, [C], **kw)
```

上述各参数意义如下：

❏ X, Y：定义箭头 x、y 的坐标位置。
❏ U, V：定义箭头 x、y 的方向分量，必须有相同数量的元素。
❏ C：C 的大小必须与箭头数量相同，此数值会被转换成色彩，有了 C 就可以使用自定义的
　　 norm 和 cmap 设定颜色。
❏ color：显性直接定义箭头色彩。
❏ units：单位，可以是 width、height、dots、inches、x、y、xy，默认是 width。其中，
　　 width 和 height 代表轴的宽度与高度，dot 和 inches 代表像素与英寸。x、y 和 xy($\sqrt{X^2+Y^2}$)
　　 是依据此轴的图表单位。
❏ scale_units：可以设定箭头向量的长度，可以是 width、height、dots、inches、x、y、
　　 xy，如果要与 X 轴和 Y 轴有相同的单位，可以使用下列语法：
　　 angles = 'xy'
　　 scale_units = 'xy'
　　 scale = 1
❏ width：箭头轴的宽度。
❏ headwidth：箭头的宽度，是轴宽的倍数，默认是 3。
❏ headlength：箭头交界处的长度，是轴宽的倍数，默认是 5。
❏ headaxislength：轴交叉处的头长，默认是 4.5。
❏ minshaft：低于箭头刻度的长度，以头长为单位，默认是 1。
❏ minlength：最小长度，是轴宽的倍数，如果箭头宽度小于此值，则改为绘制此直径的点 (六边形)。
❏ pivot：锚碇到 X、Y 网格的点，箭头围绕该点旋转。

25-2　箭头图的基础实例

25-2-1　绘制单一箭头

程序实例 ch25_1.py：绘制单一箭头。

```
1  # ch25_1.py
2  import matplotlib.pyplot as plt
3
4  plt.rcParams["font.family"] = ["Microsoft JhengHei"]
5  plt.rcParams["axes.unicode_minus"] = False
6  x_pos = 0
7  y_pos = 0
8  x_direct = 1
9  y_direct = 1
10 plt.quiver(x_pos, y_pos, x_direct, y_direct)
11 plt.title('quiver()函数绘制单一箭头')
12 plt.show()
```

执行结果 可以参考下方左图。

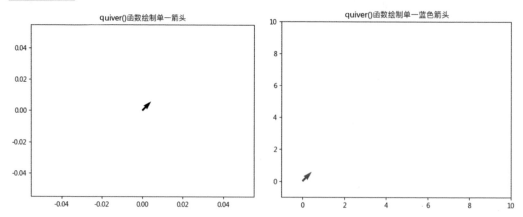

在绘制箭头时，原点 (0, 0) 在图表中央。也可以使用 xlim( ) 函数和 ylim( ) 函数调整箭头的位置。

程序实例 ch25_2.py：将箭头改为蓝色，同时将箭头的位置调整到左下方。

```
1  # ch25_2.py
2  import matplotlib.pyplot as plt
3
4  plt.rcParams["font.family"] = ["Microsoft JhengHei"]
5  plt.rcParams["axes.unicode_minus"] = False
6  x_pos = 0
7  y_pos = 0
8  x_direct = 1
9  y_direct = 1
10 plt.quiver(x_pos,y_pos,x_direct,y_direct,color='b')
11 plt.title('quiver()函数绘制单一蓝色箭头')
12 plt.xlim([-1,10])
13 plt.ylim([-1,10])
14 plt.show()
```

执行结果 可以参考上方右图。

25-2-2 使用不同颜色绘制两个箭头

上述程序使用了 xlim( ) 函数和 ylim( ) 函数设定图表大小，也可以使用 axis( ) 函数设定图表大小。此外，还可以使用颜色列表将箭头设定成不一样的颜色。

程序实例 ch25_3.py：建立不同颜色的箭头，此程序使用列表存储多个箭头的起点、方向和颜色。

```
1  # ch25_3.py
2  import matplotlib.pyplot as plt
3
4  plt.rcParams["font.family"] = ["Microsoft JhengHei"]
5  plt.rcParams["axes.unicode_minus"] = False
6  x_pos = [0,0]
7  y_pos = [0,0]
8  x_direct = [1,1]
9  y_direct = [1,-1]
10 plt.quiver(x_pos,y_pos,x_direct,y_direct,color=['b','g'])
11 plt.title('quiver()函数绘制蓝色和绿色箭头')
12 plt.axis([-2,2,-2,2])
13 plt.show()
```

执行结果　可以参考下方左图。

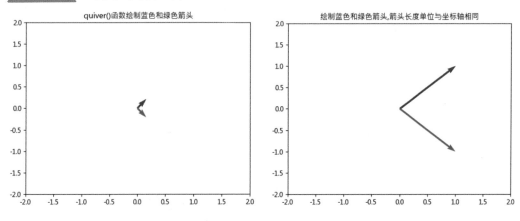

25-2-3　设计箭头长度单位与 X 轴和 Y 轴单位相同

程序实例 ch25_4.py：设计箭头长度单位与 X 轴和 Y 轴单位相同。

```
1  # ch25_4.py
2  import matplotlib.pyplot as plt
3
4  plt.rcParams["font.family"] = ["Microsoft JhengHei"]
5  plt.rcParams["axes.unicode_minus"] = False
6  x_pos = [0,0]
7  y_pos = [0,0]
8  x_direct = [1,1]
9  y_direct = [1,-1]
10 plt.quiver(x_pos,y_pos,x_direct,y_direct,color=['b','g'],
11            angles='xy',scale_units='xy', scale=1)
12 plt.title('绘制蓝色和绿色箭头,箭头长度单位与坐标轴相同')
13 plt.axis([-2,2,-2,2])
14 plt.show()
```

执行结果　可以参考上方右图。

25-3　使用网格绘制箭头图

25-3-1　箭头图的基础实例

　　前面两节使用简单的 x_pos、y_pos、x_direct、y_direct 建立箭头，虽然可行，但是速度太慢。要建立完整的 2D 箭头图，需要使用 NumPy 的 meshgrid( ) 函数。使用网格时，我们可以用 X、Y 定义箭头起始位置，用 U、V 定义箭头的方向分量，整个 U、V 的方向分量定义则是绘制箭头图的重点。
程序实例 ch25_5.py：使用网格绘制箭头图，下列 X 和 Y 是 1D 数组，U 和 V 是 2D 数组，X 和 Y 会被自动扩展为 2D 的维度。

```
1   # ch25_5.py
2   import matplotlib.pyplot as plt
3   import numpy as np
4
5   plt.rcParams["font.family"] = ["Microsoft JhengHei"]
6   plt.rcParams["axes.unicode_minus"] = False
7   x = np.arange(-10, 11)
8   y = np.arange(-10, 11)
9   X, Y = np.meshgrid(x, y)
10  U, V = X, Y
11  plt.quiver(X, Y, U, V)
12  plt.title('箭头 quiver',fontsize=14,color='b')
13  plt.show()
```

执行结果　可以参考下方左图。

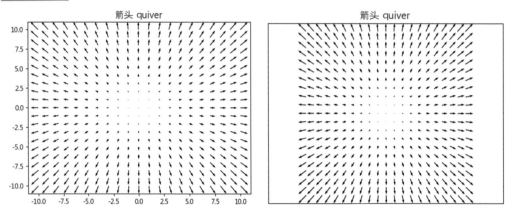

设计上述箭头向量图时，可以让 x 轴和 y 轴刻度单位长度相同，这时可以使用下列指令。

```
plt.axis('equal')
```

如果想要隐藏刻度，可以使用下列指令。

```
plt.xticks([ ])
plt.yticks([ ])
```

程序实例 ch25_6.py：让 x 轴和 y 轴刻度单位长度相同，重新设计程序实例 ch25_5.py。

```
1   # ch25_6.py
2   import matplotlib.pyplot as plt
3   import numpy as np
4
5   plt.rcParams["font.family"] = ["Microsoft JhengHei"]
6   plt.rcParams["axes.unicode_minus"] = False
7   x = np.arange(-10, 11)
8   y = np.arange(-10, 11)
9   X, Y = np.meshgrid(x, y)
10  U, V = X, Y
11  plt.quiver(X, Y, U, V)
12  plt.title('箭头 quiver',fontsize=14,color='b')
13  plt.axis('equal')
14  plt.xticks([])
15  plt.yticks([])
16  plt.show()
```

执行结果　可以参考上方右图。

25-3-2　使用 OO API 重新设计程序实例 ch25_6.py

许多人也喜欢使用 OO API 方式设计箭头图，下列是几个关键函数的用法。

```
ax.xaxis.set_ticks([ ])        # 假设 ax 是轴对象，隐藏 x 轴刻度
ax.yaxis.set_ticks([ ])        # 假设 ax 是轴对象，隐藏 y 轴刻度
ax.set_aspect('equal')         # 假设 ax 是轴对象，x 轴和 y 轴单位长度相同
```

程序实例 ch25_7.py：使用 OO API 方式重新设计程序实例 ch25_6.py。

```
1  # ch25_7.py
2  import matplotlib.pyplot as plt
3  import numpy as np
4
5  plt.rcParams["font.family"] = ["Microsoft JhengHei"]
6  plt.rcParams["axes.unicode_minus"] = False
7  x = np.arange(-10, 11)
8  y = np.arange(-10, 11)
9  X, Y = np.meshgrid(x, y)
10 U, V = X, Y
11 fig, ax = plt.subplots()
12 ax.quiver(X, Y, U, V)
13 ax.set_title('箭头 quiver',fontsize=14,color='b')
14 ax.set_aspect('equal')
15 ax.xaxis.set_ticks([])
16 ax.yaxis.set_ticks([])
17 plt.show()
```

执行结果

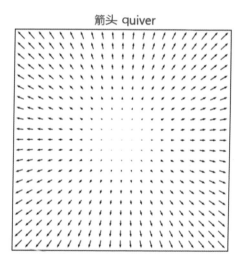

箭头 quiver

25-4　设计箭头图的箭头方向

设计箭头图最关键的是箭头方向，即 U 和 V，本节笔者将使用三角函数和梯度函数进行解说，未来读者可以依照自己的专业设计相关的应用。

25-4-1 使用三角函数

程序实例 ch25_8.py：使用三角函数设计箭头图的箭头方向，读者可以参考第 10 行和第 11 行的设计。

```
1  # ch25_8.py
2  import matplotlib.pyplot as plt
3  import numpy as np
4
5  plt.rcParams["font.family"] = ["Microsoft JhengHei"]
6  plt.rcParams["axes.unicode_minus"] = False
7  x = np.arange(-3, 3.5, 0.5)
8  y = np.arange(-3, 3.5, 0.5)
9  X, Y = np.meshgrid(x, y)
10 U = np.sin(X) * Y
11 V = np.cos(X) * X
12 fig, ax = plt.subplots()
13 ax.quiver(X, Y, U, V)
14 ax.set_title('箭头 quiver',fontsize=14,color='b')
15 ax.set_aspect('equal')
16 plt.show()
```

执行结果

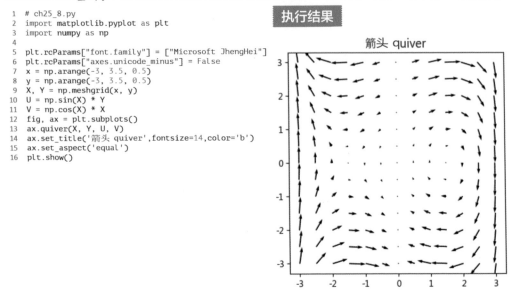

25-4-2 使用梯度函数

NumPy 的梯度函数 gradient( ) 也可以用于绘制箭头图。

程序实例 ch25_9.py：使用梯度函数 gradient( ) 绘制箭头图。

```
1  # ch25_9.py
2  import matplotlib.pyplot as plt
3  import numpy as np
4
5  plt.rcParams["font.family"] = ["Microsoft JhengHei"]
6  plt.rcParams["axes.unicode_minus"] = False
7  x = np.arange(-2, 2.2, 0.2)
8  y = np.arange(-2, 2.2, 0.2)
9  X, Y = np.meshgrid(x, y)
10 Z = X**2 + Y**2
11 U, V = np.gradient(Z)
12 fig, ax = plt.subplots()
13 ax.quiver(X, Y, U, V)
14 ax.set_title('箭头 quiver',fontsize=14,color='b')
15 ax.set_aspect('equal')
16 plt.show()
```

执行结果

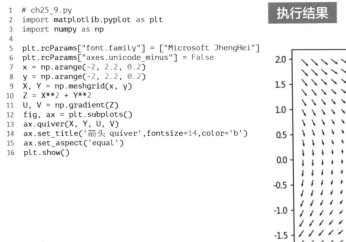
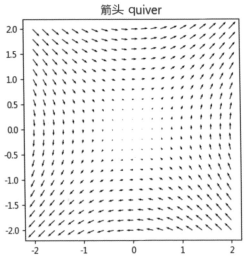

25-5　设计彩色的箭头图

如果要使箭头图的箭头是单一颜色，可以直接使用 color 参数，例如：设定箭头是蓝色，可以使用下列指令。

```
ax.quiver(X, Y, U, V, color='b')
```

如果要定义每个箭头色彩，所定义的色彩数量必须与箭头数量相同，当定义 C 参数后，就可以使用 cmap 参数定义色彩映射。

程序实例 ch25_10.py：绘制默认的彩色箭头图，下列第 12 行可以定义色彩的走向。

```
1  # ch25_10.py
2  import matplotlib.pyplot as plt
3  import numpy as np
4
5  plt.rcParams["font.family"] = ["Microsoft JhengHei"]
6  plt.rcParams["axes.unicode_minus"] = False
7  x = np.arange(-2, 2.2, 0.2)
8  y = np.arange(-2, 2.2, 0.2)
9  X, Y = np.meshgrid(x, y)                    # 建立 X, Y
10 Z = X**2 + Y**2
11 U, V = np.gradient(Z)                       # 建立 U, V
12 C = U + V                                   # 定义箭头颜色的数据
13 fig, ax = plt.subplots()
14 ax.quiver(X, Y, U, V, C)                    # 绘制默认的彩色箭头图
15 ax.set_title('箭头 quiver',fontsize=14,color='b')
16 ax.set_aspect('equal')
17 plt.show()
```

执行结果　可以参考下方左图。

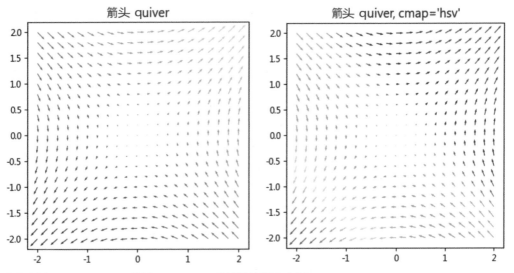

程序实例 ch25_11.py：使用 cmap='hsv' 重新设计程序实例 ch25_10.py。

```
15  ax.set_title("箭头 quiver, cmap='hsv'",fontsize=14,color='b')
```

执行结果　可以参考上方右图。

第 2 6 章

流线图

流线图 (streamplot) 是一种 2D 图，主要显示流体流动和 2D 向量场。

26-1　流线图的语法

流线图的函数是 streamplot( )，其语法如下：

```
plt.streamplot(X, Y, U, V, density=1, linewidth=None, color=None, cmap=None,
norm=None, arrowsize=1, arrowstyle='-1')
```

上述各参数意义如下：

- ❑ X, Y：定义均匀间隔的网格。
- ❑ U, V：定义 x、y 的方向分量，分量一般是指速度，必须与网格有相同数量的元素。
- ❑ density：控制流线的密度，默认是 1，也可以使用列表控制不同方向的密度。
- ❑ linewidth：线条宽度。
- ❑ color：color 的大小必须与数量相同，此数值会被转换成色彩，有了 color 就可以使用自定义的 norm 和 cmap 设定颜色。
- ❑ cmap：设定色彩映射图。
- ❑ norm：标准化色彩数据，将数据缩放到 0~1。
- ❑ arrowsize：箭头大小。
- ❑ arrowstyle：箭头外形。

26-2　流线图的基础实例

程序实例 ch26_1.py：在 5×5 的网格上绘制往右的流线图。

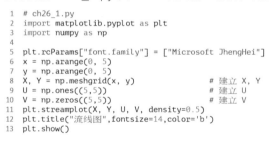

```
1  # ch26_1.py
2  import matplotlib.pyplot as plt
3  import numpy as np
4
5  plt.rcParams["font.family"] = ["Microsoft JhengHei"]
6  x = np.arange(0, 5)
7  y = np.arange(0, 5)
8  X, Y = np.meshgrid(x, y)        # 建立 X, Y
9  U = np.ones((5,5))              # 建立 U
10 V = np.zeros((5,5))             # 建立 V
11 plt.streamplot(X, Y, U, V, density=0.5)
12 plt.title("流线图",fontsize=14,color='b')
13 plt.show()
```

执行结果

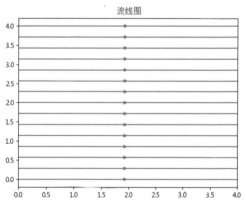

26-3　自定义流线图的速度

流线图的走向取决于 U 和 V 的速度定义，下列是 U 和 V 的示范公式，未来读者可以依照自己的需要自定义公式。

$$U = -1 + X**2 - Y$$
$$V = 1 - X + Y**2$$

程序实例 ch26_2.py：自定义流线图的速度，然后绘制流线图。

```
1   # ch26_2.py
2   import matplotlib.pyplot as plt
3   import numpy as np
4
5   plt.rcParams["font.family"] = ["Microsoft JhengHei"]
6   plt.rcParams["axes.unicode_minus"] = False
7   x = np.arange(-3, 3)
8   y = np.arange(-3, 3)
9   X, Y = np.meshgrid(x, y)              # 建立 X, Y
10  U = -1 + X**2 - Y                     # 定义速度 U
11  V = 1 - X + Y**2                      # 定义速度 V
12  plt.streamplot(X, Y, U, V, density = 1)
13  plt.title("流线图",fontsize=14,color='b')
14  plt.show()
```

执行结果

流线图

26-4 综合实例

本节的综合实例讲解了下列内容：

（1）使用 linewidth 参数绘制固定宽度的流线图。

（2）依据速度绘制不同宽度的流线图。

（3）使用 color 参数绘制固定颜色的流线图。

（4）使用 color 参数和 cmap 参数绘制 cmap 色彩映射的流线图。

（5）使用 density 参数绘制 x 轴和 y 轴密度不同的流线图。

程序实例 ch26_3.py：使用不同的参数绘制流线图。

```
1   # ch26_3.py
2   import numpy as np
3   import matplotlib.pyplot as plt
4   import matplotlib.gridspec as gridspec
5
6   plt.rcParams["font.family"] = ["Microsoft JhengHei"]
7   plt.rcParams["axes.unicode_minus"] = False
8   x = np.arange(-3, 3)
9   y = np.arange(-3, 3)
10  X, Y = np.meshgrid(x, y)              # 建立 X, Y
11  U = -1 + X**2 - Y                     # 定义速度 U
12  V = 1 - X + Y**2                      # 定义速度 V
13  speed = np.sqrt(U**2 + V**2)
14  # 建立图表网格对象
15  fig = plt.figure()
16  gs = gridspec.GridSpec(nrows=2, ncols=2)
17  # 使用默认环境绘制流线图
18  ax0 = fig.add_subplot(gs[0, 0])
19  ax0.streamplot(X, Y, U, V)
20  ax0.set_title('使用默认环境绘制流线图')
21  # 流线图 1, 使用 cmap='spring' 色彩映射
22  ax1 = fig.add_subplot(gs[0, 1])
23  strobj = ax1.streamplot(X,Y,U,V,color=U,linewidth=2,cmap='spring')
```

```
24   fig.colorbar(strobj.lines)                    # 建立色彩条
25   ax1.set_title("使用 cmap='spring' 色彩映射")
26   # 流线图 2, x 轴和 y 轴密度不同, 使用黑色流线
27   ax2 = fig.add_subplot(gs[1, 0])
28   ax2.streamplot(X, Y, U, V, color='k', density=[0.5, 1])
29   ax2.set_title('使用黑色流线, x 轴和 y 轴密度不同')
30   # 流线图 3, 沿着速度线变更线条宽度, 同时更改密度为 0.6
31   ax3 = fig.add_subplot(gs[1, 1])
32   lw = 5*speed / speed.max()
33   strobj = ax3.streamplot(X,Y,U,V,density=0.6,color=U,
34                          cmap='summer',linewidth=lw)
35   fig.colorbar(strobj.lines)                      # 建立数据条
36   ax3.set_title('沿着速度线变更线条宽度')
37   plt.tight_layout()
38   plt.show()
```

执行结果

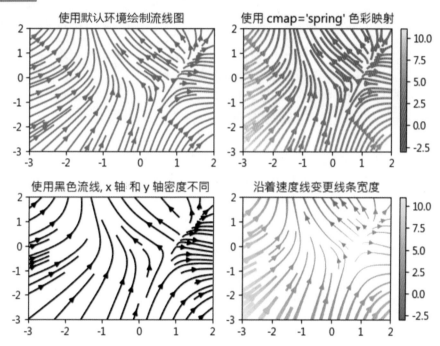

上述程序需要注意的是第 23 行和第 24 行，第 23 行设定 streamplot( ) 函数的回传对象 strobj，第 24 行使用下列方式加上色彩条。

```
fig.colorbar(strobj.lines)
```

colorbar( ) 函数也是 OO API，须使用 fig 调用，然后参数指定 strobj.lines，即 strobj 需要增加 lines 属性才可以调用此对象的色彩条。

27

第 2 7 章

绘制几何图形

几何图形的模块是 patches，在此模块下可以绘制许多图形，可以参考下列官方网站的图示。

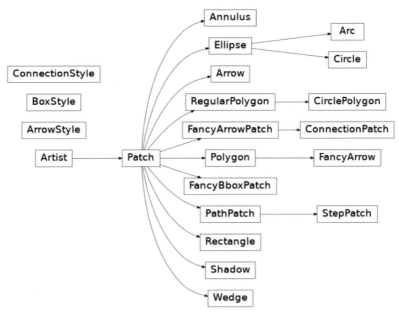

上述 ConnectionPatch 已在 15-10-3 节以实例解说，下面将针对常用的图形进行解说，当读者了解建立几何图形对象的方法后，未来可以搭配 add_artist( ) 函数，将所建立的几何图形对象加入图表对象。

注 上述图表对象中，除了 Circle、Rectangle 和 Polygon 这三个类别可以使用 plt(pyplot) 或 patches 模块调用，其他皆需要使用 patches 模块调用。

27-1 使用 Circle( ) 函数绘制圆形

27-1-1 Circle( ) 函数语法解说

这是绘制圆形的函数，其语法如下：

```
matplotlib.patches.Circle(xy, radius=5, **kwargs)
```

上述各参数与常用的参数意义如下：

❑ xy：相当于 (x, y)，代表圆的中心。

❑ radius：默认半径是 5。

❑ fill：填满，默认是 True，若设为 False，则绘制圆框。

❑ facecolor 或 fc：圆形内部颜色，如果是无色，则设定 None。

❑ edgecolor 或 ec：圆形的边缘颜色。

❑ color：内部和边框颜色。

- ❑ linewidth：圆的线条宽度。
- ❑ linestyle：圆的线条样式。
- ❑ alpha：透明度。

27-1-2 简单圆形实例

程序实例 ch27_1.py：绘制中心点是 (0.5,0.5)、半径是 0.4 的圆。

```
1  # ch27_1.py
2  import matplotlib.pyplot as plt
3
4  figure, axes = plt.subplots()          # 建立子图对象
5  circle = plt.Circle((0.5,0.5), 0.4)    # 绘制圆
6  axes.set_aspect('equal')               # 设定坐标单位长度相同
7  axes.add_artist(circle)                # 将对象加入图表对象
8  plt.show()
```

执行结果 可以参考下方左图。

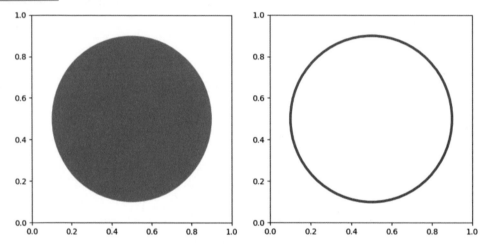

上述实例中，笔者使用了前面介绍的 add_artist( ) 函数将圆对象插入子图表，有的程序设计师也会使用 gcf( ).gca( ) 函数将圆对象插入子图表，如下所示：

```
plt.gcf().gca().add_artist()
```

上述 gcf( ) 函数的 gcf 英文全名是 get current figure，表示取得目前图表 (Figure) 对象；gca( ) 函数的 gca 英文全名是 get current axes，表示得到当前的子图表 (axes)。

程序实例 ch27_2.py：绘制宽度是 3、颜色是品红色 (m) 的空心圆。

```
1  # ch27_2.py
2  import matplotlib.pyplot as plt
3
4  figure, axes = plt.subplots()                    # 建立子图对象
5  circle = plt.Circle((0.5,0.5), 0.4, fill=False,
6                      linewidth=3, edgecolor='m')  # 绘制圆
7  axes.set_aspect('equal')                         # 设定坐标单位长度相同
8  plt.gcf().gca().add_artist(circle)               # 将对象加入图表对象
9  plt.show()
```

执行结果 可以参考上方右图。

因为上述程序只有一个 Figure 对象，所以第 8 行也可以省略 gcf( )。

程序实例 ch27_3.py：省略 gcf( )，重新设计程序实例 ch27_2.py。

```
8  plt.gca().add_artist(circle)              # 将对象加入图表对象
```

执行结果　可以参考程序实例 ch27_2.py。

27-1-3　将圆绘制在轴对象内

本章一开始就用使用手册的类别图介绍了 patch 对象，建立几何对象的方法有很多，本节将用实例介绍先建立 patch 对象，再将对象加入 axex 轴对象 (子图表) 的方法。建立 patch 对象的方法如下：

```
ax[0,0].patch(xx)                        # 在 axes 内建立 patch 对象
```

上述方法使用 ax[0,0].add_patch(xx) 将 xx 对象加入 axex 轴对象 (子图表)。

程序实例 ch27_4.py：建立 4 个轴对象 (子图表)，然后在每个轴对象内绘制圆。

```
1  # ch27_4.py
2  import matplotlib.pyplot as plt
3  from matplotlib.patches import Circle
4  import numpy as np
5
6  plt.rcParams["font.family"] = ["Microsoft JhengHei"]
7  fig,ax = plt.subplots(2,2)
8  # 建立 ax[0,0] 内容
9  circle = Circle((2.5,2.5),radius=2,facecolor="w",edgecolor="r")
10 ax[0,0].add_patch(circle)                 # 将circle对象加入ax[0,1]轴对象
11 ax[0,0].set_xlim(0,5)
12 ax[0,0].set_ylim(0,5)
13 ax[0,0].set_title('绘制圆')
14 # 建立 ax[0,1] 内容
15 rect = ax[0,1].patch                      # 建立patch对象
16 rect.set_facecolor("m")                   # 设定patch对象内部颜色是品红色
17 circle = Circle((2.5,2.5),radius=2,facecolor="lightyellow",edgecolor="r")
18 ax[0,1].add_patch(circle)                 # 将circle对象加入ax[0,1]轴对象
19 ax[0,1].set_xlim(0,5)
20 ax[0,1].set_ylim(0,5)
21 ax[0,1].set_aspect("equal")
22 ax[0,1].set_title('绘制圆 + 矩形框，轴长度单位相同\n自定义轴长度')
23 # 建立 ax[1,0] 内容
24 rect = ax[1,0].patch                      # 建立patch对象
25 rect.set_facecolor("g")                   # 设定patch对象内部颜色是绿色
26 circle = Circle((2.5,2.5),radius=2,facecolor="lightyellow",edgecolor="r")
27 ax[1,0].add_patch(circle)                 # 将circle对象加入ax[0,1]轴对象
28 ax[1,0].axis("equal")
29 ax[1,0].set_title('绘制圆 + 矩形框，轴长度单位相同\n矩形框内部是绿色')
30 # 建立 ax[1,1] 内容
31 rect = ax[1,1].patch                      # 建立patch对象
32 rect.set_facecolor("b")                   # 设定patch对象内部颜色是蓝色
33 circle = Circle((2.5,2.5),radius=2,facecolor="lightyellow",edgecolor="r")
34 ax[1,1].add_patch(circle)                 # 将circle对象加入ax[0,1]轴对象
35 ax[1,1].axis("equal")
36 ax[1,1].set_title('绘制圆 + 矩形框，轴长度单位相同\n矩形框内部是蓝色')
37 plt.tight_layout()
38 plt.show()
```

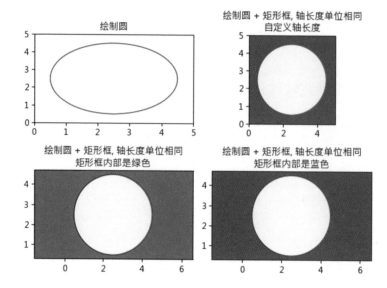

27-1-4 使用 Circle( ) 函数剪辑图像

我们也可以使用 Circle( ) 函数定义圆形的剪辑模式，然后搭配 set_clip_path( ) 函数进行图片剪辑。
程序实例 ch27_5.py：将图像 jk.jpg 裁剪成圆形，只显示头部。

```python
1  # ch27_5.py
2  import matplotlib.pyplot as plt
3  from matplotlib.patches import Circle
4  import matplotlib.image as img
5
6  jk = img.imread('jk.jpg')                          # 读取原始图像
7  fig, ax = plt.subplots()                           # 建立 axes 轴对象
8  im = ax.imshow(jk)                                 # 显示 jk 图像对象
9  # 建立裁剪模式
10 patch = Circle((160,160),radius=150,transform=ax.transData)
11 im.set_clip_path(patch)                            # 建立裁剪结果
12 ax.axis('off')                                     # 关闭轴标记与刻度
13 plt.show()
```

原始图像   裁剪结果图像

27-2　使用 Ellipse( ) 函数绘制椭圆形

27-2-1　Ellipse( ) 函数语法解说

这是绘制椭圆形的函数，其语法如下：

```
matplotlib.patches.Ellipse(xy, width, height, angle=0, **kwargs)
```

上述各参数与常用的参数意义如下：

❑ xy：相当于 (x, y)，代表椭圆的中心。
❑ width：水平轴的直径。
❑ height：垂直轴的直径。
❑ angle：逆时针旋转角度，默认是 0°。
❑ fill：填满，默认是 True，若设为 False，则绘制圆框。
❑ facecolor 或 fc：椭圆内部颜色，如果是无色，则设定 None。
❑ edgecolor 或 ec：椭圆形的边缘颜色。
❑ color：内部和边框颜色。
❑ linewidth：椭圆的线条宽度。
❑ linestyle：椭圆的线条样式。
❑ alpha：透明度。

27-2-2　简单椭圆实例

程序实例 ch27_6.py：绘制中心点是 (0.5,0.5)、水平轴直径是 4、垂直轴直径是 2 的椭圆。

```
1  # ch27_6.py
2  import matplotlib.pyplot as plt
3  from matplotlib.patches import Ellipse
4
5  # 建立轴单位长度相同的 axes 轴对象
6  figure, axes = plt.subplots(subplot_kw={'aspect':'equal'})
7  center = (0,0)                      # 椭圆中心
8  width = 4                           # 椭圆水平轴直径
9  height = 2                          # 椭圆垂直轴直径
10 ellip = Ellipse(xy=center,
11                 width=width,
12                 height=height)       # 绘制椭圆
13 axes.add_artist(ellip)              # 将对象加入轴对象
14 axes.set_xlim(-3,3)
15 axes.set_ylim(-2,2)
16 plt.show()
```

上述程序第 6 行，在建立轴对象时，也可以使用 subplot_kw 参数直接定义轴单位长度相同。

27-2-3　绘制系列椭圆形的实例

程序实例 ch27_7.py：使用连续旋转 30° 的方式绘制系列椭圆形，此程序也使用了与前一个程序不同的方法，主要是让读者了解参数应用的多样性，方便未来读者阅读他人所写的程序。

```
1   # ch27_7.py
2   import matplotlib.pyplot as plt
3   from matplotlib.patches import Ellipse
4   import numpy as np
5
6   angle = 30                              # 旋转角度
7   angles = np.arange(0, 180, angle)       # 建立角度数组
8   # 建立轴单位长度相同的 axes 轴对象
9   fig, axes = plt.subplots(subplot_kw={'aspect': 'equal'})
10  center = (0,0)                          # 椭圆中心
11  width = 4                               # 椭圆水平轴直径
12  height = 2                              # 椭圆垂直轴直径
13  for angle in angles:                    # 绘制系列椭圆
14      ellip = Ellipse(center,width,height,angle,
15                      facecolor='g',alpha=0.2)
16      axes.add_artist(ellip)              # 加入ellip对象
17  axes.set_xlim(-2.2, 2.2)
18  axes.set_ylim(-2.2, 2.2)
19  plt.show()
```

执行结果

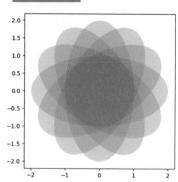

上述程序是在绘制椭圆的同时随即加入子图表，我们也可以先绘制椭圆，然后使用循环分别编辑与加入子图表。

27-2-4　建立与编辑椭圆对象

程序实例 ch27_8.py：先绘制系列椭圆，然后加入子图表。

```
1   # ch27_8.py
2   import matplotlib.pyplot as plt
3   from matplotlib.patches import Ellipse
4   import numpy as np
5
6   np.random.seed(10)                          # 随机数种子
7   num = 100                                   # 绘制 100 个椭圆
8   ells = [Ellipse(xy=np.random.rand(2) * 10,  # 随机数产生椭圆中心xy
9                   width=np.random.rand(),     # 随机数产生水平轴直径
10                  height=np.random.rand(),    # 随机数产生垂直轴直径
11                  angle=np.random.rand()*360) # 随机数产生旋转角度
12          for i in range(num)]                # 执行 num 次
13
14  fig, axes = plt.subplots(subplot_kw={'aspect':'equal'})
15  # 将椭圆对象加入轴对象，同时格式化所有椭圆对象
16  for e in ells:
17      axes.add_artist(e)                      # 将椭圆对象加入轴对象
18      e.set_clip_box(axes.bbox)               # 撷取椭圆
19      e.set_alpha(np.random.rand())           # 随机数产生透明度
20      e.set_facecolor(np.random.rand(3))      # 建立随机数颜色
21  # 设定显示空间
22  axes.set_xlim(0, 10)
23  axes.set_ylim(0, 10)
24  plt.show()
```

执行结果

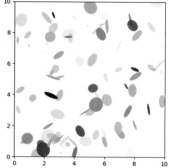

上述程序第 8 ~ 12 行是绘制 100 个椭圆，第 16 ~ 20 行是将图表加入子图表 (轴对象)。第 18 行的 set_clip_box( ) 函数设定剪辑，内部参数一定是对象的属性 bbox，也可称只取此椭圆对象；第 19 行的 set_alpha( ) 函数使用随机数设定透明度；第 20 行的 set_facecolor( ) 函数使用随机数设定椭圆内部颜色。

27-3　使用 Rectangle( ) 函数绘制矩形

27-3-1　Rectangle( ) 函数语法解说

这是绘制矩形的函数，其语法如下：

```
matplotlib.patches.Rectangle(xy, width, height, angle=0, **kwargs)
```

下列是矩形函数中几个参数的图示。

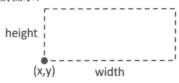

上述各参数与常用的参数意义如下：

- ❑　xy：相当于 (x, y)，代表矩形的左下角。
- ❑　width：矩形的宽。
- ❑　height：矩形的高。
- ❑　angle：以 (xy) 为中心逆时针旋转角度，默认是 0° 。
- ❑　fill：填满，默认是 True，若设为 False，则绘制矩形框。
- ❑　facecolor 或 fc：矩形内部颜色，如果是无色，则设定 None。
- ❑　edgecolor 或 ec：矩形的边缘颜色。
- ❑　color：内部和边框颜色。
- ❑　linewidth：矩形的线条宽度。
- ❑　linestyle：矩形的线条样式。
- ❑　alpha：透明度。

27-3-2　简单矩形实例

程序实例 ch27_9.py：绘制 xy 点是 (1,1)、width 是 4、height 是 2 的矩形。

```
1  # ch27_9.py
2  import matplotlib.pyplot as plt
3  from matplotlib.patches import Rectangle
4
5  # 建立轴单位长度相同的 ax 轴对象
6  figure, ax = plt.subplots(subplot_kw={'aspect':'equal'})
7  center = (1,1)                          # 椭圆中心
8  width = 4                               # 椭圆水平轴直径
9  height = 2                              # 椭圆垂直轴直径
10 rect = Rectangle(xy=center,
11                  width=width,
12                  height=height,
13                  facecolor='lightyellow',
14                  edgecolor='b')         # 绘制矩形
15 ax.add_artist(rect)                     # 将对象加入轴对象
16 ax.set_xlim(0,6)
17 ax.set_ylim(0,4)
18 plt.show()
```

matplotlib 数据可视化实战

执行结果

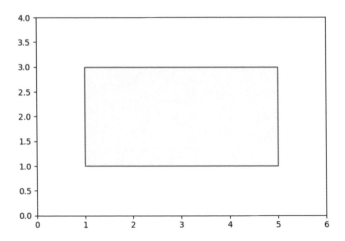

27-3-3 在图像内绘制矩形

程序实例 ch27_10.py：在图像内绘制矩形，此图像自行建立，可以参考程序第 8 行。

```
1  # ch27_10.py
2  import matplotlib.pyplot as plt
3  from matplotlib.patches import Rectangle
4  import numpy as np
5
6  fig = plt.figure()
7  ax = fig.add_subplot(111)
8  img = np.arange(25).reshape(5, 5)        # 建立图像
9  ax.imshow(img, cmap='Blues')
10 ax.add_patch(Rectangle((0.5,0.5),        # 矩形 xy
11                         3, 3,             # 宽与高
12                         fc ='none',       # 内部颜色
13                         ec = 'g',         # 矩形框的颜色
14                         linestyle='--',   # 线条样式
15                         lw = 8) )         # 矩形线宽
16 plt.show()
```

执行结果　可以参考下方左图。

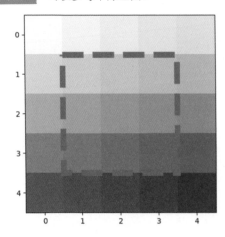

程序实例 ch27_11.py：读取 jk.jpg 图像，然后使用 Rectangle( ) 函数将大头照框起来。

```
1  # ch27_11.py
2  import matplotlib.pyplot as plt
3  from matplotlib.patches import Rectangle
4  import matplotlib.image as img
5
6  jk = img.imread('jk.jpg')                # 读取原始图像
7  fig, ax = plt.subplots()                 # 建立 axes 轴对象
8  im = ax.imshow(jk)                       # 显示 jk 图像对象
9  ax.add_patch(Rectangle((60,30),          # 矩形 xy
10                         200, 200,          # 宽与高
11                         fc ='none',        # 内部颜色
12                         ec = 'g',          # 矩形框的颜色
13                         lw = 5) )          # 矩形线宽
14 ax.axis('off')                           # 关闭轴标记与刻度
15 plt.show()
```

执行结果　可以参考上方右图。

27-3-4　绘制多个矩形的实例

如果要在一个轴对象 (子图表) 内绘制多个几何图形，可以先绘制这些几何图形，然后使用 add_patch( ) 函数将这些图形对象加入子图内。

程序实例 ch27_12.py：绘制多个矩形，此程序使用 color 参数设定颜色，相当于设定内部和框的颜色。

```
1  # ch27_12.py
2  import matplotlib.pyplot as plt
3  import matplotlib.patches as patch
4
5  fig = plt.figure()
6  ax = fig.add_subplot(111)
7
8  rect1 = patch.Rectangle((-150, -200),   # 矩形 xy
9                          400, 150,        # width, height
10                         color ='g')      # 矩形是绿色
11 rect2 = patch.Rectangle((-100, 10),     # 矩形 xy
12                         400, 200,        # width, height
13                         color ='m')      # 矩形是品红色
14 rect3 = patch.Rectangle((-300, -50),    # 矩形 xy
15                         100, 200,        # width, height
16                         color ='y')      # 矩形是浅黄色
17 ax.add_patch(rect1)                     # 将 rect1 加入轴对象
18 ax.add_patch(rect2)                     # 将 rect2 加入轴对象
19 ax.add_patch(rect3)                     # 将 rect3 加入轴对象
20 plt.xlim([-400, 400])
21 plt.ylim([-300, 300])
22 plt.show()
```

执行结果

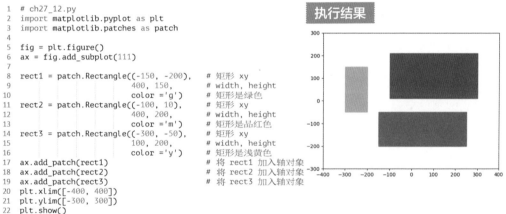

27-4　使用 Arc( ) 函数绘制圆弧

27-4-1　Arc( ) 函数语法解说

这是以椭圆为基础绘制圆弧的函数，其语法如下：

```
matplotlib.patches.Arc(xy,width,height,angle=0,theta1=0.0,theta2=0.0,**kwargs)
```

建立 Arc 对象时需要注意下列事项：

（1）圆弧没有填满功能。

（2）绘制圆弧必须使用轴对象 (axes) 方式处理。

上述各参数与常用的参数意义如下：

❑ xy：相当于 (x, y)，代表椭圆的中心。

❑ width：水平轴的直径。

❑ height：垂直轴的直径。

❑ angle：逆时针旋转角度，默认是 0°。

❑ theta1, theta2：theta1 是圆弧的起始角度，theta2 是圆弧的结束角度。如果起始角度是
   45°，旋转角度是 90°，则绝对的起始角度是 135°。默认起始角度是 0°，结束角度是
   360°，会产生椭圆。

❑ color：圆弧的边缘颜色。

❑ linewidth：圆弧的线条宽度。

❑ linestyle：圆弧的线条样式。

❑ alpha：透明度。

27-4-2 简单圆弧实例

程序实例 ch27_13.py：此程序是一个综合圆弧的实例，除了有使用默认值以 Arc 绘制的椭圆外，
还有以不同角度、不同线条样式、不同颜色与宽度绘制的圆弧。

```python
1  # ch27_13.py
2  import matplotlib.pyplot as plt
3  import matplotlib.patches as patch
4
5  fig = plt.figure()
6  ax = fig.subplots()
7  # 绘制椭圆
8  xy = (2, 1.5)                    # 定义 xy
9  arc0 = patch.Arc(xy,2,1)         # 使用 Arc 绘制椭圆
10 # 绘制圆弧
11 arc1 = patch.Arc(xy,3,1.5,       # xy, width, height
12                  theta1=0,       # 圆弧起始角度
13                  theta2=120,     # 圆弧结束角度
14                  ec='g',         # 绿色线
15                  lw=10)          # 线宽是 10
16 arc2 = patch.Arc(xy,3,1.5,       # xy, width, height
17                  theta1=120,     # 圆弧起始角度
18                  theta2=180,     # 圆弧结束角度
19                  ec='r',         # 红色线
20                  linestyle = '--', # 虚线
21                  lw=5)           # 线宽是 5
22 arc3 = patch.Arc(xy,3,1.5,       # xy, width, height
23                  theta1=180,     # 圆弧起始角度
24                  theta2=300,     # 圆弧结束角度
25                  color='b',      # 蓝色线
26                  lw=10)          # 线宽是 10
27 arc4 = patch.Arc(xy,3,1.5,       # xy, width, height
28                  theta1=300,     # 圆弧起始角度
29                  theta2=360,     # 圆弧结束角度
30                  ec='m',         # 品红色
31                  linestyle = '-.', # 虚点线
32                  lw=5)           # 线宽是 5
33 for arc in (arc0, arc1, arc2, arc3, arc4):
34     ax.add_patch(arc)
35 ax.axis([0,4,0,3])
36 ax.set_aspect(1)                 # 1与'equal'效果相同
37 plt.show()
```

执行结果

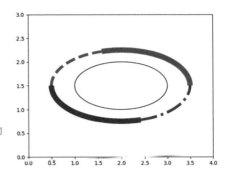

27-5　使用 Wedge( ) 函数绘制楔形

27-5-1　Wedge( ) 函数语法解说

这是绘制楔形的函数，其语法如下：

```
matplotlib.patches.Wedge(center, r, theta1=0.0, theta2=0.0, width=None,**kwargs)
```

上述各参数与常用的参数意义如下：

❑　center：相当于 (x, y)，代表楔形的中心。

❑　r：楔形的半径。

❑　theta1, theta2：theta1 是第一扫描角，theta2 是第二扫描角，单位是角度。

❑　color：楔形的颜色。

❑　facecolor 或 fc：楔形内部颜色，如果是无色，则设定 None。

❑　edgecolor 或 ec：楔形的边缘颜色。

❑　linewidth：楔形的线条宽度。

❑　linestyle：楔形的线条样式。

❑　alpha：透明度。

27-5-2　简单楔形实例

程序实例 ch27_14.py：在不同的中心点绘制不同角度与颜色的楔形。

```
1  # ch27_14.py
2  import matplotlib.pyplot as plt
3  import matplotlib.patches as patch
4
5  fig = plt.figure()
6  ax = fig.subplots()
7  # 绘制楔形，wedge1 使用默认颜色
8  wedge1 = patch.Wedge((1,3),0.6,       # center, r
9                       theta1=0,        # 楔形第一扫描角
10                      theta2=270)      # 楔形第二扫描角
11
12 wedge2 = patch.Wedge((1,1),0.6,       # center, r
13                      theta1=90,       # 楔形第一扫描角
14                      theta2=360,      # 楔形第二扫描角
15                      color='r')       # 红色
16
17
18 wedge3 = patch.Wedge((3,1),0.6,       # center, r
19                      theta1=180,      # 楔形第一扫描角
20                      theta2=90,       # 楔形第二扫描角
21                      color='g')       # 蓝色
22
23 wedge4 = patch.Wedge((3,3),0.6,       # center, r
24                      theta1=270,      # 楔形第一扫描角
25                      theta2=180,      # 楔形第二扫描角
26                      color='m')       # 品红色
27 ax.add_patch(wedge1)
28 ax.add_patch(wedge2)
29 ax.add_patch(wedge3)
30 ax.add_patch(wedge4)
31 ax.axis([0,4,0,4])
32 ax.set_aspect('equal')
33 plt.show()
```

执行结果

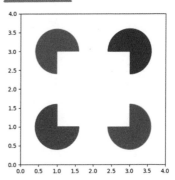

27-6 使用 Arrow( ) 函数绘制箭头

27-6-1 Arrow( ) 函数语法解说

这是绘制箭头的函数，其语法如下：

```
matplotlib.patches.Arrow(x, y, dx, dy, width=1.0, **kwargs)
```

上述各参数与常用的参数意义如下：

- ❏ x：箭头尾部 x 坐标。
- ❏ y：箭头尾部 y 坐标。
- ❏ dx：箭头 x 方向的长度。
- ❏ dy：箭头 y 方向的长度。
- ❏ width：箭头宽度比例因子，默认尾部宽度是 0.2，头部宽度是 0.6。
- ❏ color：箭头的颜色。
- ❏ facecolor 或 fc：箭头内部颜色，如果是无色，则设定 None。
- ❏ edgecolor 或 ec：箭头的边缘颜色。
- ❏ alpha：透明度。

27-6-2 简单箭头实例

程序实例 ch27_15.py：绘制 4 个箭头。

```
1  # ch27_15.py
2  from matplotlib import pyplot as plt
3  from matplotlib.patches import Arrow
4
5  fig = plt.figure()
6  ax = fig.subplots()
7
8  arr1 = Arrow(3, 3, 2, 0)
9  arr2 = Arrow(3, 3, 0, 1.75, color='g', width=0.6)
10 arr3 = Arrow(3, 3, -1.5,0, color ='m', width=0.4)
11 arr4 = Arrow(3, 3, 0,-1, color ='r', width=0.2)
12 ax.add_patch(arr1)
13 ax.add_patch(arr2)
14 ax.add_patch(arr3)
15 ax.add_patch(arr4)
16 ax.set_xlim(0,6)
17 ax.set_ylim(0,6)
18 ax.set_aspect('equal')
19 ax.grid(True)
20 plt.show()
```

执行结果

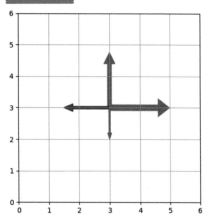

使用 Polygon( ) 函数绘制多边形

27-7-1 Polygon( ) 函数语法解说

这是绘制多边形的函数，其语法如下：

```
matplotlib.patches.Polygon(xy, colsed=True, **kwargs)
```

上述各参数与常用的参数意义如下：

- ☐ xx：多边形的坐标点数组。
- ☐ closed：如果 closed 设为 True，多边形将关闭，起点和终点相同。
- ☐ color：多边形的颜色。
- ☐ facecolor 或 fc：多边形内部颜色，如果是无色，则设定 None。
- ☐ edgecolor 或 ec：多边形的边缘颜色。
- ☐ alpha：透明度。

27-7-2 简单多边形实例

程序实例 ch27_16.py：绘制简单多边形。

```
1  # ch27_16.py
2  import matplotlib.pyplot as plt
3  import  matplotlib.patches as patch
4  import numpy as np
5
6  ax = plt.subplot()
7  xy = np.array([[5,5],[8,3],[8,1],[2,1],[2,3]])
8  poly = patch.Polygon(xy, closed=True, fc='g')
9  ax.add_patch(poly)
10 ax.set_xlim(0,10)
11 ax.set_ylim(0,6)
12 ax.set_aspect('equal')
13 plt.show()
```

执行结果

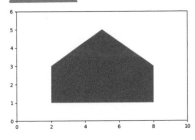

27-7-3 将多个几何图形对象加入轴对象

程序实例 ch27_17.py：设计 4 个几何图形，然后将这些几何图形加入轴对象 (子图表)。读者可以留意程序第 18 行，笔者使用单一列取代过去使用两列来设定轴对象的显示空间。

```
1  # ch27_17.py
2  import numpy as np
3  import matplotlib.pyplot as plt
4  import matplotlib.patches as patch
5
6  circle = patch.Circle((2, 8), 1.5, fc='r')
7  square = patch.Rectangle((7, 6.5), 2.5, 3, fc='b')
8  triangle = patch.Polygon(((0.5,1),(4,1),(2.2, 3.8)),fc='m')
9  diamond = patch.Polygon(((5,2),(7,5.3),(5,8.5),(3,5.3)),fc='g')
10
11 fig = plt.figure()
12 ax = fig.add_subplot(fc='lightyellow', aspect='equal')
13 # for 循环加入外形对象
14 for shape in (square, circle, triangle, diamond):
15     ax.add_artist(shape)              # 加入对象
16 ax.xaxis.set_visible(False)
17 ax.yaxis.set_visible(False)
18 ax.set(xlim=(0,10),ylim=(0,10))        # 设定显示区间
19 plt.show()
```

执行结果

第 2 8 章

表格制作

使用 matplotlib 模块也可以建立表格，本章将讲解这方面的知识。

28-1 表格的语法

表格的函数是 table( )，其语法如下：

```
plt.table(cellText=None, cellColours=None, cellLoc='right', cellWidths=None,
rowLabels=None, rowColours=None, rowLoc='Left', colLabels=None,
colColours=one, colLoc='center, loc='bottom', bbox=None,edges='closed',**kwargs)
```

将表格加入轴对象至少需要有 cellText 或 cellColours，这些参数必须是 2D 列表，然后外部列表定义列 (rows)，内部列表定义每列的行数据，每一列必须有相同的元素数量。建立好数列数据后，可以使用 Axes.add_table 将所建的表格加入轴对象。上述各参数意义如下：

❑ cellText：单元格的数据。
❑ cellColours：单元格的背景颜色。
❑ cellLoc：单元格的对齐方式。
❑ colWidths：以轴为单位的字段宽度，如果没有写，则所有栏宽皆是 1/ncols。
❑ rowLabels：列的标题。
❑ rowColors：列的标题颜色。
❑ rowLoc：列标题的对齐方式，可以是 left、center、right，默认是 left。
❑ colLabels：字段标题。
❑ colColours：字段标题颜色。
❑ loc：单元格相对位置，可以使用 codes 字典的任意一种。

```
codes = {'best':0, 'bottom':17, 'bottom left':12, 'bottom right':13, 'center':9,
         'center left':5, 'center right':6, 'left':15, 'lower center':7, 'lower left':3,
         'lower right':4, 'right':14, 'top':16, 'top left':11, 'top right':10,
         'upper center':8, 'upper left':2, 'upper right':1}
```

上述 table( ) 函数回传表格对象。

28-2 表格的基础实例

程序实例 ch28_1.py：建立外销统计表的表格。
```
 1  # ch28_1.py
 2  import matplotlib.pyplot as plt
 3
 4  plt.rcParams["font.family"] = ["Microsoft JhengHei"]
 5  fig, ax =plt.subplots()
 6  data=[[100,300],                        # 定义单元格数据
 7       [400,600],
 8       [500,700]]
 9  column_labels=["2023年", "2024年"]       # 定义字段标题
10  c_colors = ['lightyellow'] * 2          # 定义字段标题颜色
11  row_labels=['亚洲','欧洲','美洲']         # 定义列标题
12  r_colors = ['lightgreen'] * 3           # 定义列标题颜色
13  ax.table(cellText=data,                 # 建立表格
14           colLabels=column_labels,
```

```
15  │         colColours=c_colors,
16  │         rowLabels=row_labels,
17  │         rowColours=r_colors,
18  │         loc="upper left")              # 从左边上方放置表格
19  ax.axis('off')
20  ax.set_title('深智软件销售表',fontsize=16,color='b')
21  plt.show()
```

执行结果

深智软件销售表

	2023年		2024年	
亚洲	100		300	
欧洲	400		600	
美洲	500		700	

28-3 柱形图与表格的实例

在使用 Excel 绘制柱形图时，我们可以很方便地绘制含有表格的柱形图，使用 matplotlib 模块也可以搭配 plt.bar( ) 函数和 plt.table( ) 函数建立这方面的应用。

程序实例 ch28_2.py：绘制柱形图与表格。

```
1   # ch28_2.py
2   import matplotlib.pyplot as plt
3   import numpy as np
4
5   plt.rcParams["font.family"] = ["Microsoft JhengHei"]
6   data = [[100,105,110,115],
7           [58,61,66,72],
8           [69,70,79,82],
9           [50,52,35,55],
10          [12,14,20,22]]
11  columns = ('2022年', '2023年', '2024年', '2025年')
12  rows = ("海外","联合发行", "博客来", "天珑", "Momo")
13  # 建立长条图的渐层色彩值
14  colors = plt.cm.Greens(np.linspace(0,0.6,len(data)))
15  n_rows = len(data)
16  # 最初化堆叠长条图数据的垂直位置, [0, 0, 0, 0]
17  y_bottom = np.zeros(len(columns))
18  # 绘制堆叠长条图
19  index = np.arange(len(columns)) + 0.3
20  cell_text = []
21  for row in range(n_rows):
22      plt.bar(index, data[row],width=0.5,bottom=y_bottom,
23          color=colors[row])
24      y_bottom = y_bottom + data[row]       # 计算堆叠位置
25      cell_text.append(['%1.1f' % (x) for x in y_bottom])
26  # 反转色彩和文字标签，下方数据在上方出现
27  colors = colors[::-1]
28  cell_text.reverse()
29  # 在长条图下方建立表格
30  the_table = plt.table(cellText=cell_text,
31                      rowLabels=rows,
32                      rowColours=colors,
33                      colLabels=columns,
34                      loc='bottom')
35  plt.ylabel("各通路业绩表")
36  plt.yticks(np.arange(0,500,step=100))
37  plt.xticks([])                            # 隐藏显示 x 轴刻度
38  plt.title('深智业绩表',fontsize=16,color='b')
39  plt.tight_layout()
40  plt.show()
```

执行结果

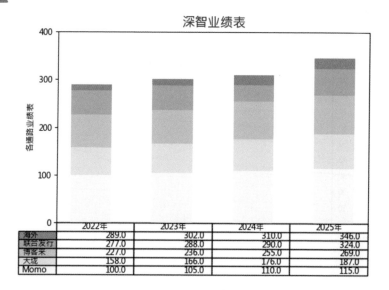

	2022年	2023年	2024年	2025年
海外	289.0	302.0	310.0	346.0
联合发行	277.0	288.0	290.0	324.0
博客来	227.0	236.0	255.0	269.0
天珑	158.0	166.0	176.0	187.0
Momo	100.0	105.0	110.0	115.0

28-4　折线图与表格的实例

程序实例 ch28_3.py：使用与程序实例 ch28_2.py 相同的营业数据，绘制组合的折线图与表格。

```python
1   # ch28_3.py
2   import numpy as np
3   import matplotlib.pyplot as plt
4
5   plt.rcParams["font.family"] = ["Microsoft JhengHei"]
6   data = [[100,105,110,115],
7           [58,61,66,72],
8           [69,70,79,82],
9           [50,52,35,55],
10          [12,14,20,22]]
11
12  columns = ('2022年', '2023年', '2024年', '2025年')
13  rows = ("Momo","天珑", "博客来", "联合发行", "海外")
14
15  colors = ['r', 'g', 'b', 'm', 'orange']      # 建立色彩
16  index = np.arange(len(columns)) + 0.3
17  n_rows = len(data)
18  # 绘制折线图
19  for row in range(n_rows):
20      plt.plot(index, data[row], color=colors[row])
21  # 在折线图下方建立表格
22  plt.table(cellText=data,
23            rowLabels=rows,
24            rowColours=colors,
25            colLabels=columns,
26            loc='bottom')
27  plt.ylabel("各通路业绩表")
28  plt.yticks(np.arange(0,130,step=10))
29  plt.xticks([])
30  plt.title('深智业绩表',fontsize=16,color='b')
31  plt.tight_layout()
32  plt.show()
```

执行结果

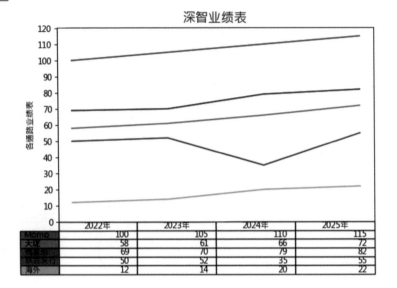

	2022年	2023年	2024年	2025年
Momo	100	105	110	115
天球	58	61	66	72
中茂矽崎	69	70	79	82
环宇发行	50	52	35	55
海外	12	14	20	22

第 2 9 章

基础 3D 绘图

本章将讲解 3D 绘图的基础知识。

29-1 启动 3D 绘图模式

使用 subplot( ) 函数建立轴对象时，设定参数 projection='3d'，可以建立 3D 绘图的轴对象。

程序实例 ch29_1.py：建立 3D 绘图的轴对象。

```
1  # ch29_1.py
2  import matplotlib.pyplot as plt
3
4  plt.rcParams["font.family"] = ["Microsoft JhengHei"]
5  fig = plt.figure()
6  ax = fig.add_subplot(projection='3d')
7  ax.set_title('3D图表',fontsize=16,color='b')
8  plt.show()
```

执行结果　可以参考下方左图。

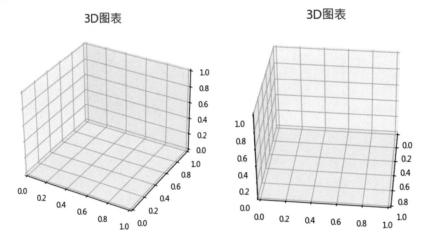

当进入 3D 图表后，将鼠标光标放在 3D 图表内，拖动可以旋转 3D 图表，上方右图是旋转结果。进入 3D 图表后，默认显示坐标轴的隔线，如果不想显示隔线，可以使用下列方式隐藏。

```
ax.grid(False)
```

29-2 在 3D 绘图环境使用 plot( ) 函数绘制折线图

既然要进行 3D 绘图，就必须提供 x、y、z 轴的数据，如果我们要绘制的是折线图，这时就必须要有 x、y、z 数据，所以最基础的 plot( ) 函数所需的数据如下所示：

```
ax.plot(x, y, z)
```

plot( ) 函数内部参数的使用与第 2 章所述相同，本节程序也可以改为 plot3D( ) 函数，所获得的结果相同。

程序实例 ch29_2.py：绘制 3D 折线图。注：程序实例 ch29_2_1.py 是用 plot3D( ) 函数取代 plot( )
函数的实例，读者可以自行打开此文件练习。

```
1  # ch29_2.py
2  import matplotlib.pyplot as plt
3  import numpy as np
4
5  z = np.linspace(0, 1, 300)
6  x = z * np.sin(30*z)
7  y = z * np.cos(30*z)
8
9  fig = plt.figure()
10 ax = fig.add_subplot(projection='3d')
11 ax.set_xlabel('x',fontsize=14,color='b')
12 ax.set_ylabel('y',fontsize=14,color='b')
13 ax.set_zlabel('z',fontsize=14,color='b')
14 ax.plot(x, y, z)
15 plt.show()
```

执行结果　可以参考下方左图。

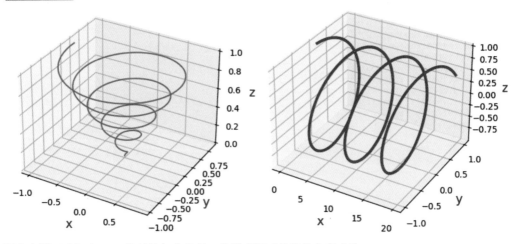

程序实例 ch29_3.py：绘制品红色线条，此程序同时将线条宽度改为 3。

```
1  # ch29_3.py
2  import matplotlib.pyplot as plt
3  import numpy as np
4
5  x = np.arange(0, 20, 0.1)
6  y = np.sin(x)
7  z = np.cos(x)
8
9  fig = plt.figure()
10 ax = fig.add_subplot(projection='3d')
11 ax.set_xlabel('x',fontsize=14,color='b')
12 ax.set_ylabel('y',fontsize=14,color='b')
13 ax.set_zlabel('z',fontsize=14,color='b')
14 ax.plot(x, y, z, color='m', lw=3)
15 plt.show()
```

执行结果　可以参考上方右图。

29-3　在 3D 绘图环境使用 scatter( ) 函数绘制散点图

本节使用 scatter( ) 函数绘制 3D 散点图，读者也可以使用 scatter3D( ) 函数取代 scatter( ) 函数，获得的结果相同。

29-3-1　基础实例

绘制 3D 散点图时，除了须提供 x、y、z 轴的点数据外，其他内容皆与第 9 章相同。

程序实例 ch29_4.py：绘制散点图。注：程序实例 ch29_4_1.py 是用 scatter3D( ) 函数取代 scatter( ) 函数的实例，读者可以自行打开此文件练习。

```
1  # ch29_4.py
2  import matplotlib.pyplot as plt
3  import numpy as np
4
5  np.random.seed(10)
6  x = np.random.random(150)*10       # 建立150个0 ~ 10的随机数
7  y = np.random.random(150)*15       # 建立150个0 ~ 15的随机数
8  z = np.random.random(150)*20       # 建立150个0 ~ 20的随机数
9  fig = plt.figure()
10 ax = fig.add_subplot(projection='3d')
11 ax.set_xlabel('x',fontsize=14,color='b')
12 ax.set_ylabel('y',fontsize=14,color='b')
13 ax.set_zlabel('z',fontsize=14,color='b')
14 ax.scatter(x, y, z)
15 plt.show()
```

执行结果　可以参考下方左图。

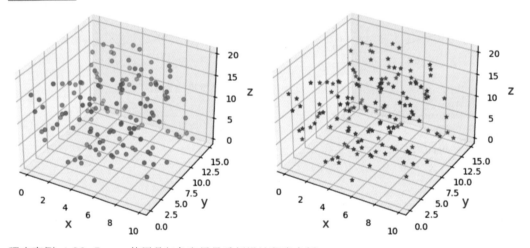

程序实例 ch29_5.py：使用品红色和星号重新设计程序实例 ch29_4.py。

```
14   ax.scatter(x, y, z, marker='*', color='m')
```

执行结果　可以参考上方右图。

程序实例 ch29_6.py：建立不同年龄、身高与体重的分布图，所有数据皆使用随机数函数 randint( ) 产生。

```
1  # ch29_6.py
2  import matplotlib.pyplot as plt
3  import numpy as np
4
5  plt.rcParams["font.family"] = ["Microsoft JhengHei"]
6  np.random.seed(10)
7  x_heights = np.random.randint(120,190,50)
8  y_weights = np.random.randint(30,100,50)
9  z_ages = np.random.randint(low=10,high=35,size=50)
10 # 性别标签 1 是男生，0 是女生
11 gender = np.random.choice([0, 1],50)
12 # 建立轴对象
13 fig = plt.figure()
14 ax = fig.add_subplot(projection='3d')
15 # 绘制散点图
16 ax.scatter(x_heights,y_weights,z_ages,c=gender)
17 ax.set_xlabel('身高（单位：厘米）',color='m')
18 ax.set_ylabel('体重（单位：千克）',color='m')
19 ax.set_zlabel('年龄（单位：岁）',color='m')
20 ax.set_title('不同年龄体重与身高分布图',fontsize=16,color='b')
21 plt.show()
```

执行结果

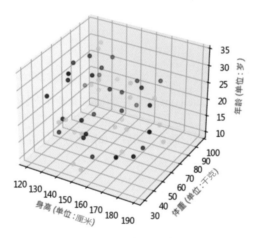

在程序实例 ch29_2.py 中，笔者使用 plot( ) 函数绘制螺旋图，如果改成使用 scatter( ) 函数，则可以得到不同结果。

程序实例 ch29_7.py：使用 scatter( ) 函数重新设计程序实例 ch29_2.py。

```
1  # ch29_7.py
2  import matplotlib.pyplot as plt
3  import numpy as np
4
5  z = np.linspace(0,1,300)
6  x = z * np.sin(30*z)
7  y = z * np.cos(30*z)
8  c = x + y
9  fig = plt.figure()
10 ax = fig.add_subplot(projection='3d')
11 ax.set_xlabel('x',fontsize=14,color='b')
12 ax.set_ylabel('y',fontsize=14,color='b')
13 ax.set_zlabel('z',fontsize=14,color='b')
14 ax.scatter(x, y, z, c = c)
15 plt.show()
```

执行结果 | 可以参考下方左图。

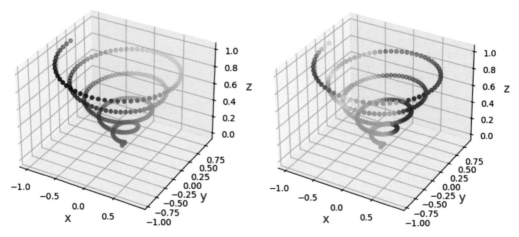

上述色彩是默认值，可以使用 cmap 参数设定色彩。

程序实例 ch29_8.py：使用 HSV 映射色彩重新设计程序实例 ch29_7.py。

```
14   ax.scatter(x, y, z, c=c, cmap='hsv')
```

执行结果 | 可以参考上方右图。

29-3-2　建立图例

建立图例并不困难，只要在 scatter( ) 函数内使用 label 参数建立标签，然后使用轴对象 ax 调用 legend( ) 函数即可。

程序实例 ch29_9.py：建立两个类型的散点，然后增加图例标记这两类散点。

```
1   # ch29_9.py
2   import matplotlib.pyplot as plt
3   import numpy as np
4
5   plt.rcParams["font.family"] = ["Microsoft JhengHei"]
6   plt.rcParams["axes.unicode_minus"] = False
7   np.random.seed(10)
8   # 第 A 组数据
9   x1 = np.random.randn(100)
10  y1 = np.random.randn(100)
11  z1 = np.random.randn(100)
12  # 第 B 组数据
13  x2 = np.random.randn(100)
14  y2 = np.random.randn(100)
15  z2 = np.random.randn(100)
16
17  fig = plt.figure()
18  ax = fig.add_subplot(projection='3d')
19  # 绘制散点图
20  ax.scatter(x1,y1,z1,c=z1,cmap='Oranges',marker='d',label='A 数据组')
21  ax.scatter(x2,y2,z2,c=z2,cmap='Blues',marker='*',label='B 数据组')
22  ax.set_xlabel('x',fontsize=14,color='b')
23  ax.set_ylabel('y',fontsize=14,color='b')
24  ax.set_zlabel('z',fontsize=14,color='b')
25  ax.legend()                                    # 建立图例
26  plt.show()
```

执行结果

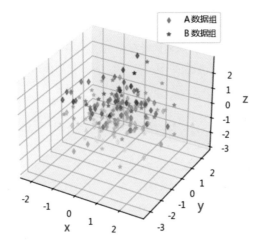

29-3-3　建立色彩条

因为使用轴对象绘制 3D 图，所以使用 colorbar( ) 函数时，需要将 ax 调用 scatter( ) 函数时的回传值当作 colorbar( ) 函数的参数。

程序实例 ch29_10.py：扩充设计程序实例 ch29_8.py，增加色彩条。

```
1  # ch29_10.py
2  import matplotlib.pyplot as plt
3  import numpy as np
4
5  z = np.linspace(0,1,300)
6  x = z * np.sin(30*z)
7  y = z * np.cos(30*z)
8  c = x + y
9  fig = plt.figure()
10 ax = fig.add_subplot(projection='3d')
11 ax.set_xlabel('x',fontsize=14,color='b')
12 ax.set_ylabel('y',fontsize=14,color='b')
13 ax.set_zlabel('z',fontsize=14,color='b')
14 sc = ax.scatter(x, y, z, c=c, cmap='hsv')    # 散点图对象
15 fig.colorbar(sc)                             # 色彩条
16 plt.show()
```

执行结果

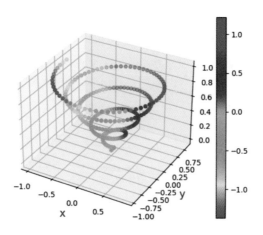

29-4 3D 折线图和 3D 散点图的实例

matplotlib 模块允许在一个 3D 轴对象内同时存在 3D 折线图和 3D 散点图。

程序实例 ch29_11.py : 绘制 3D 折线图和 3D 散点图，同时使用图例标记。

```python
1  # ch29_11.py
2  import matplotlib.pyplot as plt
3  import numpy as np
4
5  fig = plt.figure()
6  ax = fig.add_subplot(projection='3d')
7  N = 150
8  # 建立折线图用的 3D 坐标数据
9  z = np.linspace(0, 20, N)
10 x1 = np.cos(z)
11 y1 = np.sin(z)
12 # 绘制 3D 折线图
13 ax.plot(x1, y1, z, color='m', label='plot')
14
15 # 建立散点图用的 3D 坐标数据, z 则沿用
16 x2 = np.cos(z) + np.random.randn(N) * 0.1
17 y2 = np.sin(z) + np.random.randn(N) * 0.1
18 # 绘制 3D 散点图
19 ax.scatter(x2,y2,z,c=z,cmap='hsv',label='scatter')
20
21 ax.legend()
22 plt.show()
```

执行结果

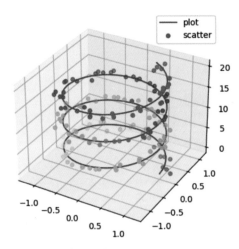

程序实例 ch29_12.py : 绘制散点图，此程序中的 X 和 Y 由 meshgrid( ) 函数产生，Z 轴值则是指数 e 的次方，此次方公式是 Z 轴的关键。

```python
1  # ch29_12.py
2  import matplotlib.pyplot as plt
3  import numpy as np
4
5  N = 50
6  x = np.linspace(-5, 5, N)
7  y = np.linspace(-5, 5, N)
8  X, Y = np.meshgrid(x, y)        # 建立 X 和 Y 数据
9  Z = np.exp(-(0.5*X**2+0.5*Y**2))  # 建立 Z 数据
10 np.random.seed(10)
11 c = np.random.rand(N, N)
12
```

```
13  fig = plt.figure()
14  ax = fig.add_subplot(projection='3d')
15  sc = ax.scatter(X, Y, Z, c=c, marker='o', cmap='hsv')
16  fig.colorbar(sc)
17  ax.set_xlabel('X',color='b')
18  ax.set_ylabel('Y',color='b')
19  plt.show()
```

执行结果

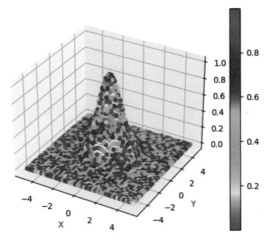

上述实例如果调整第 9 行的 0.5 值，可以有不同范围的凸起效果。

程序实例 ch29_12_1.py：使用 0.1 取代 0.5，重新设计程序实例 ch29_12.py。
```
 9  Z = np.exp(-(0.1*X**2+0.1*Y**2))    # 建立 Z 数据
```

执行结果　可以参考下方左图。

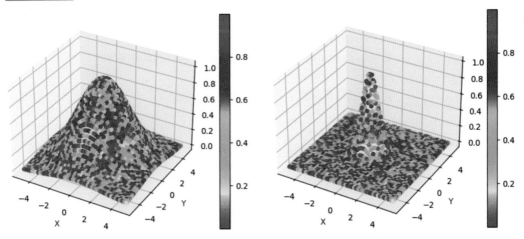

程序实例 ch29_12_2.py：使用 1 取代 0.5，重新设计程序实例 ch29_12.py。
```
 9  Z = np.exp(-(X**2+Y**2))            # 建立 Z 数据
```

执行结果　可以参考上方右图。

第 3 0 章

3D 曲面与轮廓设计

30-1　plot_surface( ) 函数

前一章笔者介绍了使用 projection='3d' 关键参数建立一个 3D 轴对象的方法，本节将使用下列函数建立曲面。

```
matplotlib.Axes3D.plot_surface(X, Y, Z, rcount, ccount, rstride, cstride, cmap)
```

上述各参数意义如下：

❑　X, Y, Z：轴数据。
❑　rcount, ccount：这是选项，默认是 50，表示每个方向最大的样本数，如果设定超过此样本数，则使用向下采样，透过切片采 50 个样本数。
❑　rstride, cstride：这是选项，表示每个方向向下采样的步幅，这些参数与 rcount 和 ccount 互斥，如果只设定 rstride 或 cstride 之一，则另一个默认是 10。
❑　cmap：曲面的色彩映射设定。

30-2　plot_surface( ) 函数的系列实例

曲面设计的重点是 Z 轴的公式，其实这是双重积分的一环，更多内容读者可以参考笔者所著的《机器学习微积分一本通（Python 版）》。

30-2-1　测试数据

matplotlib 官方模块已提供测试数据，可以使用下列方式取得。

```
from mpl_toolkits.mplot3d import axes3d
...
X, Y, Z = axes3d.get_test_data(0.05)
```

程序实例 ch30_1.py：使用测试数据和 plot_surface( ) 函数绘制曲面。

```
1  # ch30_1.py
2  from mpl_toolkits.mplot3d import axes3d
3  import matplotlib.pyplot as plt
4  import numpy as np
5
6  plt.rcParams["font.family"] = ["Microsoft JhengHei"]
7  plt.rcParams["axes.unicode_minus"] = False
8  fig = plt.figure()
9  ax = fig.add_subplot(111, projection='3d')
10 # 取得测试数据
11 X, Y, Z = axes3d.get_test_data(0.05)
12 # 绘制曲线表面
13 ax.plot_surface(X, Y, Z, cmap="bwr")
14 ax.set_xlabel('X',color='b')
15 ax.set_ylabel('Y',color='b')
16 ax.set_zlabel('Z',color='b')
17 ax.set_title('绘制曲线表面',fontsize=14,color='b')
18 plt.show()
```

执行结果

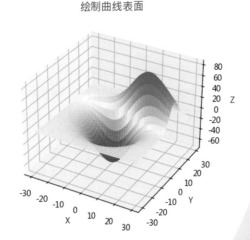

绘制曲线表面

30-2-2　曲线系列实例

程序实例 ch30_2.py：曲面设计 1。

```
1   # ch30_2.py
2   import matplotlib.pyplot as plt
3   from mpl_toolkits.mplot3d import Axes3D
4   import numpy as np
5
6   def f(x, y):                                # 曲面函数
7       return (np.power(x,2) + np.power(y, 2))
8
9   fig = plt.figure()
10  ax = Axes3D(fig)                            # 建立 3D 轴对象
11
12  X = np.arange(-3, 3, 0.1)                   # 曲面 X 区间
13  Y = np.arange(-3, 3, 0.1)                   # 曲面 Y 区间
14  X, Y = np.meshgrid(X, Y)                    # 建立取样数据
15  ax.plot_surface(X, Y, f(X,Y), cmap='hsv')   # 绘制 3D 图
16  ax.set_xlabel('x', color='b')
17  ax.set_ylabel('y', color='b')
18  ax.set_zlabel('z', color='b')
19  plt.show()
```

执行结果　可以参考下方左图。

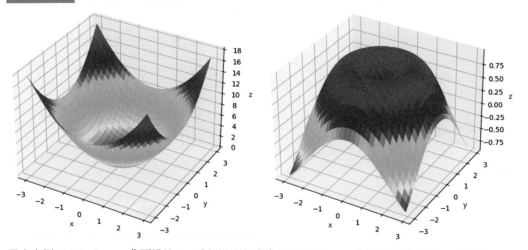

程序实例 ch30_3.py：曲面设计 2，重新设计程序实例 ch30_2.py，此程序只修改 f(x, y) 函数。

```
6   def f(x, y):                                # 曲面函数
7       r = np.sqrt(np.power(x,2) + np.power(y, 2))
8       return (np.sin(r))
```

执行结果　可以参考上方右图。

程序实例 ch30_4.py：曲面设计 3，重新设计程序实例 ch30_3.py，此程序除了修改 f(x, y) 函数，还将 cmap 改为 seismic。

```
1  # ch30_4.py
2  import matplotlib.pyplot as plt
3  from mpl_toolkits.mplot3d import Axes3D
4  import numpy as np
5
6  def f(x, y):                              # 曲面函数
7      return np.sin(np.sqrt(x ** 2 + y ** 2))
8
9  fig = plt.figure()
10 ax = Axes3D(fig)                          # 建立 3D 轴对象
11
12 X = np.arange(-3, 3, 0.1)                 # 曲面 X 区间
13 Y = np.arange(-3, 3, 0.1)                 # 曲面 Y 区间
14 X, Y = np.meshgrid(X, Y)                  # 建立取样数据
15 ax.plot_surface(X, Y, f(X,Y), cmap='seismic') # 绘制 3D 图
16 ax.set_xlabel('x', color='b')
17 ax.set_ylabel('y', color='b')
18 ax.set_zlabel('z', color='b')
19 plt.show()
```

执行结果　可以参考下方左图。

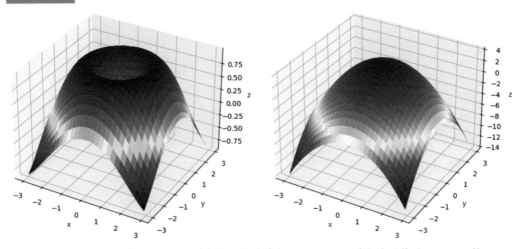

程序实例 ch30_5.py：曲面设计 4，重新设计程序实例 ch30_4.py，此程序只修改 f(x, y) 函数。

```
6  def f(x, y):                              # 曲面函数
7      return (4 - x**2 - y**2)
```

执行结果　可以参考上方右图。

30-3 plot_wireframe( ) 函数

本节将使用下列函数绘制曲面。

```
matplotlib.Axes3D.plot_wireframe(X, Y, Z, rcount, ccount, rstride,
cstride)
```

上述各参数意义如下：

❑　X, Y, Z：轴数据。

❑　rcount, ccount：这是选项，默认是 50，表示每个方向最大的样本数，如果设定超过此样本

数，则使用向下采样，透过切片只采 50 个样本数。

❑ rstride, cstride：这是选项，表示每个方向向下采样的步幅，这些参数与 rcount 和 ccount 互斥，如果只设定 rstride 或 cstride 之一，则另一个默认是 1。

30-4 plot_wireframe( ) 函数的系列实例

plot_wireframe( ) 函数可以绘制 3D 线框图。

30-4-1 测试数据

本节实例主要使用 matplotlib 官方所提供的测试数据，然后使用不同的采样步幅进行说明。

程序实例 ch30_6.py：使用与程序实例 ch30_1.py 相同的测试数据和 plot_wireframe( ) 函数用 3D 线框绘制曲面。

```
1  # ch30_6.py
2  from mpl_toolkits.mplot3d import axes3d
3  import matplotlib.pyplot as plt
4  import numpy as np
5
6  fig = plt.figure()
7  ax = fig.add_subplot(111, projection='3d')
8  # 取得测试数据
9  X, Y, Z = axes3d.get_test_data(0.05)
10 # 用 3D 线框绘制曲线表面
11 ax.plot_wireframe(X, Y, Z, color='g')
12 plt.show()
```

执行结果 可以参考下方左图。

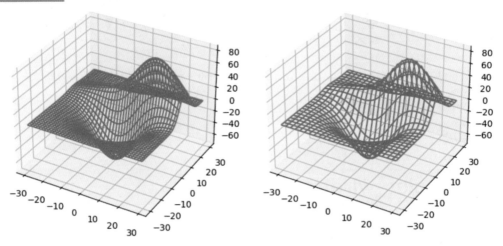

程序实例 ch30_7.py：重新设定 cstride 和 rstride 参数，修改程序实例 ch30_6.py。

```
11 ax.plot_wireframe(X, Y, Z, cstride=5, rstride=5, color='g')
```

执行结果 可以参考上方右图。

上述程序若持续将 cstride 和 rstride 参数值增大，可以看到更松散的 3D 线框曲面。

30-4-2 3D 线框应用到曲面的实例

程序实例 ch30_8.py：将 3D 线框函数 plot_wireframe( ) 应用到曲面绘制。

```
1  # ch30_8.py
2  import matplotlib.pyplot as plt
3  import numpy as np
4
5  def f(x, y):
6      return np.sin(np.sqrt(x ** 2 + y ** 2))
7
8  plt.rcParams["font.family"] = ["Microsoft JhengHei"]
9  plt.rcParams["axes.unicode_minus"] = False
10 fig = plt.figure()
11 ax = fig.add_subplot(111, projection='3d')
12 # 定义数据
13 x = np.linspace(0, 5, 20)
14 y = np.linspace(0, 5, 20)
15 X, Y = np.meshgrid(x, y)
16 Z = f(X, Y)
17 # 用 3D 线框绘制曲线表面
18 ax.plot_wireframe(X, Y, Z, color = 'm')
19 ax.set_title('wireframe( )函数的实例',fontsize=16,color='b');
20 plt.show()
```

执行结果

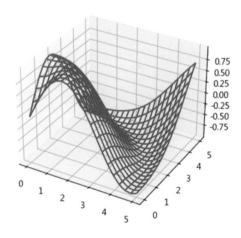

wireframe( )函数的实例

30-5 3D 轮廓图

本节将使用下列函数绘制 3D 轮廓图，其语法可以参考第 24 章。

```
matplotlib.Axes3D.contour(X, Y, Z, zdir, **kwargs)
matplotlib.Axes3D.contourf(X, Y, Z, zdir, **kwargs)
```

上述 zdir 参数主要是指投影方向，可以有 x、y、z，默认是 z。另外，也可以使用下列函数绘制
3D 轮廓图。

```
matplotlib.Axes3D.contour3D(X, Y, Z, zdir, **kwargs)
matplotlib.Axes3D.contourf3D(X, Y, Z, zdir, **kwargs)
```

上述 contour3D( ) 函数和 contour( ) 函数功能相同，contourf3D( ) 函数和 contourf( ) 函数功能相同。

30-6　contour( ) 函数和 contourf( ) 函数的系列实例

30-6-1　测试数据

本节实例主要使用 matplotlib 官方所提供的测试数据进行说明。

程序实例 ch30_9.py：使用与程序实例 ch30_1.py 相同的测试数据和 contour( ) 函数绘制轮廓图。

注：程序实例 ch30_9_1.py 使用 contour3D( ) 函数取代 contour( ) 函数，可以得到相同的结果。

```
1  # ch30_9.py
2  from mpl_toolkits.mplot3d import axes3d
3  import matplotlib.pyplot as plt
4
5  ax = plt.figure().add_subplot(projection='3d')
6  X, Y, Z = axes3d.get_test_data(0.05)
7  ax.contour(X, Y, Z, cmap='jet')
8  plt.show()
```

执行结果　可以参考下方左图。

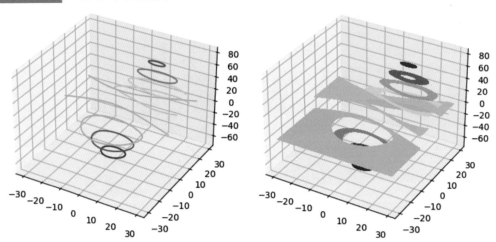

另外，此实例第 5 行，笔者只用一行就建立了 3D 轴对象，主要是让读者了解建立轴对象的不同方法。

程序实例 ch30_10.py：使用 contourf( ) 函数重新设计程序实例 ch30_9.py。注：程序实例 ch30_10_1.py 使用 contourf3D( ) 函数取代 contourf( ) 函数，可以得到相同的结果。

```
7  ax.contourf(X, Y, Z, cmap='jet')
```

执行结果　可以参考上方右图。

程序实例 ch30_11.py：使用测试数据绘制轮廓图，同时使用 offset 参数，将轮廓图投影到 X、Y、Z 坐标面。

```
1  # ch30_11.py
2  from mpl_toolkits.mplot3d import axes3d
3  import matplotlib.pyplot as plt
4
5  fig = plt.figure()
6  ax = fig.gca(projection='3d')
7  # matplotlib 官方测试数据
8  X, Y, Z = axes3d.get_test_data(0.05)
9  # 绘制 3D 框线图
10 ax.plot_wireframe(X, Y, Z, rstride=5, cstride=5, alpha=0.3)
11 # 测试数据投影到 X，Y，Z 平面，同时设定偏移将数据投影到墙面
12 cset = ax.contourf(X, Y, Z, zdir='z', offset=-100, cmap='jet')
13 cset = ax.contourf(X, Y, Z, zdir='x', offset=-40, cmap='jet')
14 cset = ax.contourf(X, Y, Z, zdir='y', offset=40, cmap='jet')
15 # 建立显示区间和设定坐标轴名称
16 ax.set_xlim(-40, 40)
17 ax.set_ylim(-40, 40)
18 ax.set_zlim(-100, 100)
19 ax.set_xlabel('X',color='b')
20 ax.set_ylabel('Y',color='b')
21 ax.set_zlabel('Z',color='b')
22 plt.show()
```

执行结果

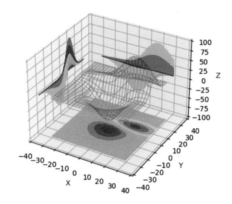

30-6-2　3D 轮廓图的实例

程序实例 ch36_12.py：使用自建数据，搭配 contourf( ) 函数绘制轮廓图。

```
1  # ch30_12.py
2  import matplotlib.pyplot as plt
3  import numpy as np
4
5  fig = plt.figure()
6  ax = fig.gca(projection='3d')
7  # 建立数据
8  N = 50
9  x = np.linspace(-5, 5, N)
10 y = np.linspace(-5, 5, N)
11 X, Y = np.meshgrid(x, y)
12 c = np.random.rand(N, N)
13 Z = 10 * np.exp(-(0.5*X**2+0.5*Y**2))
14 # 绘制 3D 框线图
15 ax.plot_wireframe(X,Y,Z,rstride=5,cstride=5,color='g')
16 # 数据投影到 X，Y，Z 平面，同时设定偏移将数据投影到墙面
17 cset = ax.contourf(X,Y,Z,zdir='z',offset=-10,cmap='cool')
18 cset = ax.contourf(X,Y,Z,zdir='x',offset=-10,cmap='cool')
19 cset = ax.contourf(X,Y,Z,zdir='y',offset=10,cmap='cool')
20 # 建立显示区间和设定坐标轴名称
21 ax.set_xlim(-10, 10)
22 ax.set_ylim(-10, 10)
23 ax.set_zlim(-10, 10)
24 ax.set_xlabel('X',color='b')
25 ax.set_ylabel('Y',color='b')
26 ax.set_zlabel('Z',color='b')
27 plt.show()
```

执行结果

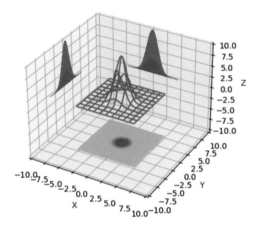

30-7 3D 视角

在绘制 3D 图形时，也可以使用 view_init( ) 函数绘制仰角和方位角，此函数语法如下：

```
matplotlib.Axes3D.view_init(elev=None, azim=None, vertical_axis='z')
```

上述各参数意义如下：

❑ elev：垂直平面的仰角，单位是角度。

❑ azim：水平面的方位角。

❑ vertical_axis：要垂直对齐的轴，azim 是围绕该轴旋转。

程序实例 ch30_13.py：使用 elev=60, azim=45 重新设计程序实例 ch30_4.py。

```
1   # ch30_13.py
2   import matplotlib.pyplot as plt
3   from mpl_toolkits.mplot3d import Axes3D
4   import numpy as np
5
6   def f(x, y):                                  # 曲面函数
7       return np.sin(np.sqrt(x ** 2 + y ** 2))
8
9   fig = plt.figure()
10  ax = Axes3D(fig)                              # 建立 3D 轴对象
11
12  X = np.arange(-3, 3, 0.1)                     # 曲面 X 区间
13  Y = np.arange(-3, 3, 0.1)                     # 曲面 Y 区间
14  X, Y = np.meshgrid(X, Y)                      # 建立取样数据
15  ax.plot_surface(X, Y, f(X,Y), cmap='seismic') # 绘制 3D 图
16  ax.set_xlabel('x', color='b')
17  ax.set_ylabel('y', color='b')
18  ax.set_zlabel('z', color='b')
19  ax.view_init(60,45)                          # 设定 3D 视角
20  plt.show()
```

执行结果

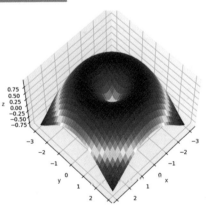

30-8　3D 箭头图

下列函数可以在 3D 空间绘制 3D 箭头图，其语法可以参考第 24 章。

```
matplotlib.Axes3D.quiver([X, Y], U, V, [C], **kw)
```

也可以使用下列函数，功能相同。

```
matplotlib.Axes3D.quiver3D([X, Y], U, V, [C], **kw)
```

程序实例 ch30_14.py：绘制 3D 箭头图。

```
1  # ch30_14.py
2  import matplotlib.pyplot as plt
3  import numpy as np
4
5  ax = plt.figure().add_subplot(projection='3d')
6  # 建立网格空间
7  x, y, z = np.meshgrid(np.arange(-0.8, 1, 0.2),
8                        np.arange(-0.8, 1, 0.2),
9                        np.arange(-0.8, 1, 0.8))
10 # 建立箭头方向
11 u = np.sin(np.pi * x) * np.cos(np.pi * y) * np.cos(np.pi * z)
12 v = -np.cos(np.pi * x) * np.sin(np.pi * y) * np.cos(np.pi * z)
13 w = (np.sqrt(2.0 / 3.0) * np.cos(np.pi * x) * np.cos(np.pi * y) *
14     np.sin(np.pi * z))
15
16 ax.quiver(x, y, z, u, v, w,length=0.1,normalize=True,color='r')
17 plt.show()
```

执行结果

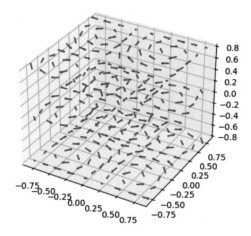

31

第 3 1 章

3D 长条图

31-1　使用 bar( ) 函数仿制 3D 长条图

使用第 13 章所介绍的 bar( ) 函数可以在不同平面上绘制 2D 长条图，这时在 3D 网格对象上观看，好像看到 3D 长条图的效果，应用在此模式下的 bar( ) 函数语法如下：

```
matplotlib.Axes3D.bar(left, height, zs=0, zdir='z')
```

上述各参数意义如下：

❑　left：指定长条的 x 坐标，这是 1D 数组数据。

❑　height：指定长条的高度，这是 1D 数组数据。

❑　zs：这是选项，指定长条的 z 坐标，如果是单个值，则应用在所有长条柱。

❑　zdir：绘制 2D 数据时，当作 z 方向，可以设为 x、y、z，默认是 z。

程序实例 ch31_1.py：使用 bar( ) 函数在不同的平面上绘制长条图，仿制 3D 长条图效果。

```
1  # ch31_1.py
2  import matplotlib.pyplot as plt
3  import numpy as np
4
5  fig = plt.figure()
6  ax = fig.add_subplot(111, projection='3d')
7
8  np.random.seed(10)              # 随机数种子值
9
10 colors = ['m', 'r', 'g', 'b']   # 不同平面的颜色
11 yticks = [3, 2, 1, 0]           # y 坐标平面
12 ax.set_yticks(yticks)           # 设定 y 轴刻度标记
13 # 依次在 y = 3, 2, 1, 0 平面上绘制长条图
14 for c, k in zip(colors, yticks):
15     left = np.arange(12)        # 建立 x 轴坐标
16     height = np.random.rand(12) # 建立长条高度
17     ax.bar(left, height, zs=k, zdir='y', color=c, alpha=0.8)
18 ax.set_xlabel('X',color='b')
19 ax.set_ylabel('Y',color='b')
20 ax.set_zlabel('Z',color='b')
21 plt.show()
```

执行结果

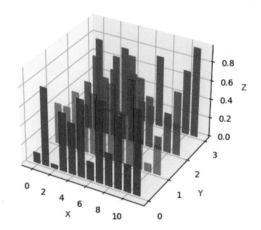

31-2　使用 bar3d( ) 函数绘制 3D 长条图

这是通过设定宽度、深度和高度绘制 3D 长条图的方法，同时也可以设定不同颜色的长条，此函数语法如下：

```
bar3d(x, y, z, dx, dy, dz, color=None, zsort='average', shade=True,
lightsource=None, **kwargs)
```

上述各参数意义如下：

- ❑ x, y, z：长条的 x、y、z 坐标。
- ❑ dx, dy, dz：长条的宽度 (x)、深度 (y) 和高度 (z)，相当于定义长条外形。
- ❑ color：色彩。
- ❑ zsort：z 轴的排序方案。
- ❑ shade：阴影，默认是 True。
- ❑ lightsource：当 shade 是 True 时所使用的光源。
- ❑ edgecolor：长条边界色彩。

31-3 bar3d( ) 函数的系列实例

31-3-1 基础实例

程序实例 ch31_2.py：用简单的实例构建 10 根 3D 长条图，此实例会在指定位置建立 3D 长条，其中 z 轴就是长条的高度，因为每个长条的高度皆从 0 开始，所以第 10 行定义所有长条皆是 0。

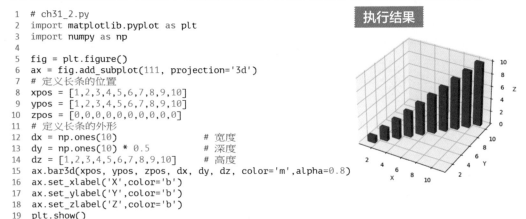

```
 1  # ch31_2.py
 2  import matplotlib.pyplot as plt
 3  import numpy as np
 4
 5  fig = plt.figure()
 6  ax = fig.add_subplot(111, projection='3d')
 7  # 定义长条的位置
 8  xpos = [1,2,3,4,5,6,7,8,9,10]
 9  ypos = [1,2,3,4,5,6,7,8,9,10]
10  zpos = [0,0,0,0,0,0,0,0,0,0]
11  # 定义长条的外形
12  dx = np.ones(10)                 # 宽度
13  dy = np.ones(10) * 0.5           # 深度
14  dz = [1,2,3,4,5,6,7,8,9,10]      # 高度
15  ax.bar3d(xpos, ypos, zpos, dx, dy, dz, color='m',alpha=0.8)
16  ax.set_xlabel('X',color='b')
17  ax.set_ylabel('Y',color='b')
18  ax.set_zlabel('Z',color='b')
19  plt.show()
```

从上述程序可以看到，长条共有 10 根，为了让读者了解长条的定义，上图标记了 x、y 和 z 轴，同时第 12 行标记长条宽度是 1，第 13 行标记长条深度是 0.5，第 14 行标记每根长条图的高度，分别是 1、2、…、10。

如果使用其他比较浅的色彩，当 alpha=0.5 时，可以透视看到长条背后的网格，读者可以自行测试。

31-3-2 3D 长条的色彩与阴影的设定

几个与色彩设定有关的参数如下：

color：色彩设定。

edgecolor : 长条边界色彩。

shade : 默认是 True，表示长条有阴影。

程序实例 ch31_3.py : 建立长条的黑色边界。

```
1   # ch31_3.py
2   import matplotlib.pyplot as plt
3   import numpy as np
4
5   fig = plt.figure()
6   ax = fig.add_subplot(111, projection='3d')
7   # 定义长条的位置
8   xpos = [1,2,3,4,5,6,7,8,9,10]
9   ypos = [1,2,3,4,5,6,7,8,9,10]
10  zpos = [0,0,0,0,0,0,0,0,0,0]
11  # 定义长条的外形
12  dx = np.ones(10)                # 宽度
13  dy = np.ones(10) * 0.5          # 深度
14  dz = [1,2,3,4,5,6,7,8,9,10]     # 高度
15  ax.bar3d(xpos, ypos, zpos, dx, dy, dz,
16          color='lightgreen',
17          edgecolor='black')
18  ax.set_xlabel('X',color='b')
19  ax.set_ylabel('Y',color='b')
20  ax.set_zlabel('Z',color='b')
21  plt.show()
```

执行结果　可以参考下方左图。

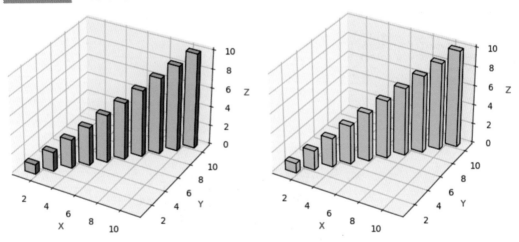

程序实例 ch31_4.py : 取消阴影，重新设计程序实例 ch31_3.py。

```
15  ax.bar3d(xpos, ypos, zpos, dx, dy, dz,
16          color='lightgreen',
17          edgecolor='black',shade=False)
```

执行结果　可以参考上方右图。

31-4　建立多组长条数据

如果要绘制多组长条图，可以使用 ravel( ) 函数先将 2D 数组降维。

程序实例 ch31_5.py：建立 5 组长条图。

```
1  # ch31_5.py
2  import matplotlib.pyplot as plt
3  import numpy as np
4
5  # 定义 xpos, ypos, zpos 坐标位置
6  x = list(range(1,6))
7  y = list(range(1,6))
8  xx, yy = np.meshgrid(x, y)
9  xpos = xx.ravel()
10 ypos = yy.ravel()
11 zpos = np.zeros(len(x)*len(y))
12 # 定义长条
13 dx = np.ones(len(x)*len(y)) * 0.6
14 dy = np.ones(len(x)*len(y)) * 0.6
15 z = np.linspace(1,3,25).reshape(len(x),len(y))
16 dz = z.ravel()
17 # 定义颜色
18 color = ["yellow","aqua","lightgreen","orange","blue"]
19 color_list = []
20 for i in range(len(x)):
21     c = color[i]
22     color_list.append([c] * len(y))
23 colors = np.asarray(color_list)
24 barcolors = colors.ravel()
25 # 建立 3D 轴对象
26 fig = plt.figure()
27 ax = fig.add_subplot(111, projection="3d")
28 # 绘制 3D 长条图
29 ax.bar3d(xpos, ypos, zpos, dx, dy, dz, color=barcolors)
30 # 显示坐标轴
31 ax.set_xlabel('X', color='b')
32 ax.set_ylabel('Y', color='b')
33 ax.set_zlabel('Z', color='b')
34 plt.show()
```

执行结果

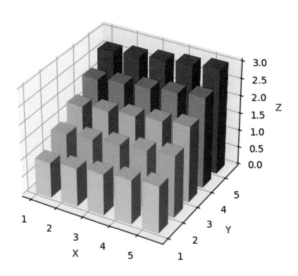

31-5 3D 长条图的应用

程序实例 ch31_6.py：建立两组长条图，一组有阴影，一组没有阴影。

```python
1  # ch31_6.py
2  import matplotlib.pyplot as plt
3  import numpy as np
4
5  plt.rcParams["font.family"] = ["Microsoft JhengHei"]
6  # 建立图像和 3D 轴对象
7  fig = plt.figure(figsize=(8,3))
8  ax1 = fig.add_subplot(121, projection='3d')
9  ax2 = fig.add_subplot(122, projection='3d')
10 # 建立 x, y, z
11 _x = np.arange(3)
12 _y = np.arange(6)
13 _xx, _yy = np.meshgrid(_x, _y)
14 x, y = _xx.ravel(), _yy.ravel()
15 z = np.zeros(len(_x) * len(_y))
16 # 建立 dx, dy, dz
17 dx = np.ones(len(x))
18 dy = dx
19 dz = x + y
20 # 建立 3D 长条图
21 ax1.bar3d(x,y,z,dx,dy,dz,shade=True,edgecolor='w',color='g')
22 ax1.set_title('含阴影',fontsize=16,color='m')
23 ax1.set_xlabel('X',color='b')
24 ax1.set_ylabel('Y',color='b')
25 ax1.set_zlabel('Z',color='b')
26 ax2.bar3d(x,y,z,dx,dy,dz,shade=False,edgecolor='w',color='g')
27 ax2.set_title('不含阴影',fontsize=16,color='m')
28 ax2.set_xlabel('X',color='b')
29 ax2.set_ylabel('Y',color='b')
30 ax2.set_zlabel('Z',color='b')
31 plt.show()
```

执行结果

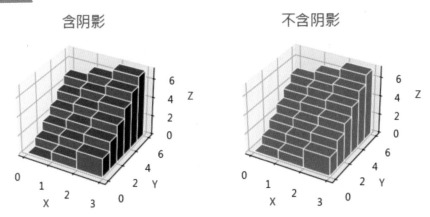

程序实例 ch31_7.py：建立 3 组不同颜色的递减长条。

```
1   # ch31_7.py
2   import matplotlib.pyplot as plt
3   import numpy as np
4
5   # 建立图像和 3D 轴对象
6   fig = plt.figure()
7   ax = fig.gca(projection = '3d')
8   # 建立 x, y, z
9   _x = np.linspace(0, 10, 10)
10  _y = np.linspace(1, 10, 3)
11  _xx, _yy = np.meshgrid(_x, _y)
12  _zz = np.exp(-_xx * (1. / _yy))
13  x = _xx.flatten()
14  y = _yy.flatten()
15  z = np.zeros(_zz.size)
16  # 建立 dx, dy, dz, 即定义长条
17  dx = .25 * np.ones(_zz.size)
18  dy = .25 * np.ones(_zz.size)
19  dz = _zz.flatten()
20  # 定义颜色
21  color = ["yellow","aqua","lightgreen"]
22  color_list = []
23  for i in range(len(_y)):
24      c = color[i]
25      color_list.append([c] * len(_x))
26  colors = np.asarray(color_list)
27  barcolors = colors.ravel()
28  # 建立 3D 长条图
29  ax.bar3d(x, y, z, dx, dy, dz, color=barcolors, alpha=0.5)
30  # 显示坐标轴
31  ax.set_xlabel('x',color='b')
32  ax.set_ylabel('y',color='b')
33  ax.set_zlabel('z',color='b')
34  plt.show()
```

执行结果

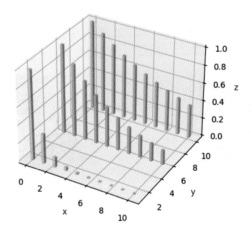

上述程序第 13 行指令如下：

```
x = _xx.flatten( )
```

上述 flatten( ) 函数的功能和 ravel( ) 函数相同，都是将数据降至 1D，不过 ravel( ) 函数将多维数据转成 1D 时不会产生数据副本，flatten( ) 函数则回传数据副本。

第 3 2 章

设计动画

使用 matplotlib 模块除了可以绘制静态图表，还可以绘制动态图表，本章将讲解绘制动态图表常用的 animation 模块。

32-1　FuncAnimation( ) 函数

为了使用 FuncAnimation( ) 函数，需要导入 animation 模块，如下所示：

```
import matplotlib.animation as animation
```

未来 FuncAnimation( ) 函数需要使用 animation.FuncAnimaiton( ) 方式调用。或者使用下列方式直接导入 FuncAnimation( ) 函数。

```
from matplotlib.animation import FuncAnimation
```

导入上述模块后，就可以直接使用 FuncAnimation( ) 函数设计动态图表，此函数语法如下：

```
animation.FuncAnimation(fig, func, frames=None, init_func=None,
fargs=None, save_count=None, *, cache_frame_data=True, **kwargs)
```

上述动画的运作规则主要是重复调用 func 函数参数来制作动画，各参数意义如下：

❑ fig：用于显示动态图形对象。
❑ func：每一个帧调用的函数，通过第一个参数给帧的下一个值，程序设计师习惯用 animate( ) 或 update( ) 为函数名称，当作 func 参数。
❑ frames：可选参数，这是可以迭代的，主要是传递给 func 的动画数据来源。如果所给的是整数，系统会使用 range(frames) 方式处理。
❑ init_func：起始函数，会在第一个帧之前被调用一次，主要是绘制清晰的框架。此函数必须回传对象，以便重新绘制。
❑ fargs：可选参数，可以是元组或列表，主要是传递给 func 的附加参数。
❑ save_count：可选参数，这是从帧到缓存的后备，只有在无法推断帧数时使用，默认是 100。
❑ interval：可选参数，每个帧之间的延迟时间，默认是 100，相当于 0.1 秒。
❑ repeat_delay：可选参数，主要在重复动画之前添加，单位为毫秒，默认是 0。
❑ repeat：当列表内的系列帧显示完成时，是否继续，默认是 True。
❑ cache_frame_data：可选参数，用于控制数据在高速缓存，默认是 True。
❑ blit：是否优化绘图，默认是 False。

下面将通过各种实例介绍 matplotlib 模块各类动画的应用。

32-2　动画设计的基础实例

32-2-1　设计移动的 sin 波形

程序实例 ch32_1.py：设计移动的 sin 波形。

```
1   # ch32_1.py
2   import matplotlib.pyplot as plt
3   import numpy as np
4   from matplotlib.animation import FuncAnimation
5
6   # 建立初始化的 line 数据 (x, y)
7   def init():
8       line.set_data([], [])
9       return line,
10  # 绘制 sin 波形, 此函数将被重复调用
11  def animate(i):
12      x = np.linspace(0, 2*np.pi, 500)        # 建立 sin 的 x 值
13      y = np.sin(2 * np.pi * (x - 0.01 * i))  # 建立 sin 的 y 值
14      line.set_data(x, y)                     # 更新波形的数据
15      return line,
16
17  # 建立动画需要的 Figure 对象
18  fig = plt.figure()
19  # 建立轴对象与设定大小
20  ax = plt.axes(xlim=(0, 2*np.pi), ylim=(-2, 2))
21  # 初始化线条 line, 变量, 须留意变量 line 右边的逗号','
22  line, = ax.plot([], [], lw=3, color='g')
23  # interval = 20, 相当于每隔 20 毫秒执行 animate()动画
24  anim = FuncAnimation(fig, animate,
25                       frames = 200,
26                       init_func = init,
27                       interval = 20)          # interval是控制速度
28  plt.show()
```

执行结果

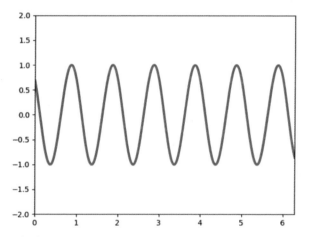

上述程序第 22 列行指令如下：

```
line, = ax.plot([ ], [ ], lw=3, color='g')
```

此 line 右边的 ',' 不可省略，我们可以将此 line 视为变量，未来只要填上参数 [ ],[ ] 的值，此动画就会执行。动画的基础是 animate( ) 函数，此函数会被重复调用，第 11 行是 animate(i) 函数名称，其中 i 的值第一次被调用时是 0，第二次被调用时是 1，其余可依此类推递增，因为 FuncAnimation( ) 函数内的 frames 参数值是 200，相当于会重复调用 animati(i) 参数 200 次，超过 200 次后，i 计数又会重新开始。在第 12 行会设定变量 line 所需的 x 值，第 13 行会设定变量所需的 y 值，需留意在 y 值公式中使用了变量 i，所以每一次调用会产生新的 y 值。第 14 行使用 line.set_data( ) 函数，此函数会将 x 和 y 数据填入变量 line，因为 y 值不一样了，所以会产生新的波形。

```
line. set_data (x,y)
```

程序实例 ch32_2.py：在程序实例 ch32_1.py 的第 12 行，笔者设定 x 轴 0 ～ 2π 区间有 500 个点，如果点数不足，则无法建立完整的 sin 波形，但是也将产生有趣的动画。

```
12      x = np.linspace(0, 2*np.pi, 10)          # 建立 sin 的 x 值
```

执行结果

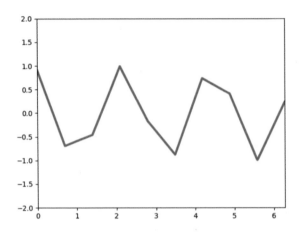

32-2-2　设计球沿着 sin 波形移动

程序实例 ch32_3.py：设计红色球在 sin 波形上移动。

```
1  # ch32_3.py
2  import numpy as np
3  import matplotlib.pyplot as plt
4  from matplotlib.animation import FuncAnimation
5
6  # 建立初始化点的位置
7  def init():
8      dot.set_data(x[0], y[0])          # 更新红色点的数据
9      return 初始,
10 # 绘制 sin 波形, 此函数将被重复调用
11 def animate(i):
12     dot.set_data(x[i], y[i])          # 更新红色点的数据
13     return dot,
14
15 # 建立动画需要的 Figure 对象
16 fig = plt.figure()
17 N = 200
18 # 建立轴对象与设定大小
19 ax = plt.axes(xlim=(0, 2*np.pi), ylim=(-1.5, 1.5))
20 # 建立和绘制 sin 波形
21 x = np.linspace(0, 2*np.pi, N)
22 y = np.sin(x)
23 line, = ax.plot(x, y, color='g',linestyle='-',linewidth=3)
24 # 建立和绘制红点
25 dot, = ax.plot([],[],color='red',marker='o',
26              markersize=15,linestyle='')
27 # interval = 20, 相当于每隔 20 毫秒执行 animate()动画
28 ani = FuncAnimation(fig=fig, func=animate,
29              frames=N,
30              init_func=init,
31              interval=20,
32              blit=True,
33              repeat=True)
34 plt.show()
```

执行结果

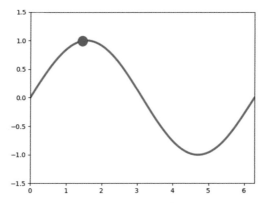

　　如果想要设计红色球沿着 sin 波形的轨迹移动，可以删除程序第 23 行绘制的 sin 波形线。

程序实例 ch32_4.py：隐藏 sin 波形，只要取消第 23 行功能即可。

```
23  #line, = ax.plot(x, y, color='g',linestyle='-',linewidth=3)
```

执行结果

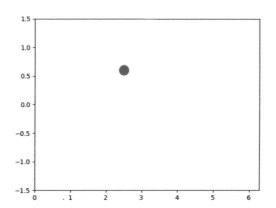

32-2-3　绘制 cos 波形的动画

　　本节虽然是设计 cos 波形的动画，但更重要的是讲解 line 变量设定 y 值数据，其语法如下：

```
line.set_ydata(xx)
```

　　上述 xx 值可以更新 line 变量的数据，相当于更改波形。

程序实例 ch32_5.py：绘制 cos 波形的动画。

```
1   # ch32_5.py
2   import matplotlib.pyplot as plt
3   from matplotlib.animation import FuncAnimation
4   import numpy as np
5
6   # 绘制 cos 波形, 此函数将被重复调用
7   def animate(i):
8       line.set_ydata(np.cos(x - i / 50))  # 更新 line 变量
9           的数据return line,
10  # 建立动画需要的 Figure 对象和轴对象 ax
11  fig, ax = plt.subplots()
```

```
12  # 建立 x 数据
13  x = np.arange(0, 2*np.pi, 0.01)
14  # 建立 line 变量
15  line, = ax.plot(x, np.cos(x))
16  # interval = 20, 相当于每隔 20 毫秒执行 animate()动画
17  ani = FuncAnimation(fig, animate,
18                              frames=200,
19                              interval=20)
20  plt.show()
```

执行结果

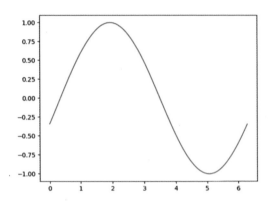

32-2-4 建立逆时针的螺纹线

程序实例 ch32_6.py : 建立逆时针的螺纹线。

```
1   # ch32_6.py
2   from matplotlib.animation import FuncAnimation
3   import matplotlib.pyplot as plt
4   import numpy as np
5
6   # 建立初始化的 line 数据 (x, y)
7   def init():
8       line.set_data([], [])
9       return line,
10  # 建立逆时针的螺纹线
11  def animate(i):
12      r = 0.1 * i
13      x = r * np.sin(-r)            # 建立 x 点数据
14      y = r * np.cos(-r)            # 建立 y 点数据
15      xlist.append(x)               # 将新的点数据 x 加入 xlist
16      ylist.append(y)               # 将新的点数据 y 加入 ylist
17      line.set_data(xlist, ylist)   # 更新线条
18      return line,
19  # 建立动画需要的 Figure 对象
20  fig = plt.figure()
21  # 建立轴对象与设定大小
22  axes = plt.axes(xlim=(-25, 25), ylim=(-25, 25))
23  # 初始化线条 line, 变量, 须留意变量 line 右边的逗号','
24  line, = axes.plot([], [], lw=3, color='g')
25  # 初始化线条的 x, y 数据, xlist, ylist
26  xlist, ylist = [], []
27  # interval = 10, 相当于每隔 10 毫秒执行 animate()动画
28  anim = FuncAnimation(fig, animate,
29                              init_func = init,
30                              frames = 200,
31                              interval = 10)
32  plt.show()
```

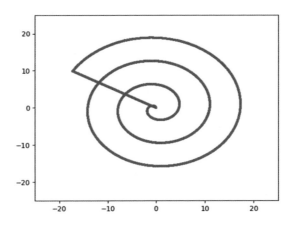

32-3　走马灯设计

我们可以通过不断地在相同位置输出字符串的方式建立走马灯。

程序实例 ch32_7.py：设计走马灯。

```
1   # ch32_7.py
2   from matplotlib.animation import FuncAnimation
3   import matplotlib.pyplot as plt
4
5   # 输出文字，此函数将被重复调用
6   def animate(i):
7       label.set_text(string[:i + 1])        # 显示字符串
8
9   plt.rcParams["font.family"] = ["Microsoft JhengHei"]
10  # 建立动画需要的 Figure 对象和轴对象
11  fig, ax = plt.subplots()
12  # 建立轴对象与设定大小
13  ax.set(xlim=(-1,1), ylim=(-1,1))
14  string = '我的梦幻大学 - 明志科技大学'  # 设定字符串
15  # 使用水平与垂直居中在坐标 (0,0) 位置显示字符串
16  label = ax.text(0,0,string[0],ha='center',va='center',
17                  fontsize=20, color="b")
18  # interval = 300, 相当于每隔 0.3 秒执行 animate )动画
19  anim = FuncAnimation(fig,animate,
20                       frames=len(string),# 字符串长度当作frames数
21                       interval=300)
22  ax.axis('off')
23  plt.show()
```

下列是走马灯画面。

我的梦幻大学 - 明志科技大学

32-4　设计动态矩阵图像

设计动态矩阵图像的原则是每次执行 animate(i) 函数时产生新的矩阵图像。

程序实例 ch32_8.py：设计 cmap='jet' 的矩阵图像。

```
1   # ch32_8.py
2   from matplotlib.animation import FuncAnimation
3   import matplotlib.pyplot as plt
4   import numpy as np
5
6   # 输出矩阵图像，此函数将被重复调用
7   def animate(i):
8       pict = np.random.rand(8,8)
9       ax.imshow(pict, cmap='jet')
10  # 建立动画需要的 Figure 对象和轴对象
11  fig, ax = plt.subplots()
12  # interval = 50，相当于每隔 0.05 秒执行 animate()动画
13  anim = FuncAnimation(fig,animate,frames=50,interval=50)
14  ax.set_axis_off()
15  plt.show()
```

执行结果

32-5　ArtistAnimation( ) 函数使用列表当作动画来源

在讲解使用列表当作动画来源之前，先介绍一下 1×3 数组和 3×1 数组的加法。

程序实例 ch32_9.py：建立 1×3 数组 x 和 y，将 y 改为 3×1 数组，然后执行 1×3 数组和 3×1 数组的加法。

```
1   # ch32_9.py
2   import numpy as np
3   x = np.array([1, 2, 3])          # 1 × 3 数组 x
4   y = np.array([2, 3, 4])          # 1 × 3 数组 y
5   print(f'x = {x}')
6   print(f'y = {y}')
7   print('='*50)
8   y = y.reshape(-1,1)              # y 改为 3 × 1 数组
9   print(f'新的 y = \n{y}')
10  print('='*50)
11  print(f'x + y = \n{x+y}')
```

执行结果

```
========================= RESTART: D:/matplotlib/ch32/ch32_9.py
x = [1 2 3]
y = [2 3 4]
=========================
新的 y =
[[2]
 [3]
 [4]]
=========================
x + y =
[[3 4 5]
 [4 5 6]
 [5 6 7]]
```

从上述执行结果可以看到，1×3 数组和 3×1 数组相加后可以得到 3×3 矩阵，有了这个矩阵，就可以使用 imshow( ) 函数显示此矩阵的数值图像，只要每次显示的图像不同，就可以达到动画效果。

当我们建立了矩阵的数值图像后，可以使用列表存储矩阵的数值图像，此图像就是一个帧，通过不断地使用 append( ) 函数功能，列表就成了存储系列帧的图像包，相当于每个列表元素就是一个帧。

前面几节我们使用 FuncAnimation( ) 函数的 func 参数不断地调用 animate( ) 函数来达到动画的目的。在 matplotlib.animation 模块中有 ArtistAnimation( ) 函数，此函数可以用设定列表方式循序调用列表的元素，即显示帧，因为每个列表元素的帧皆不相同，所以可以达到动画的效果。此函数语法如下：

```
matplotlib.animation.ArtistAnimation(fig, artists, *args, **kwargs)
```

上述各参数意义如下：

❑　fig：用于显示动态图形对象。
❑　artists：每个元素是一个帧的列表。
❑　interval：可选参数，每个帧之间的延迟时间，默认是 200，相当于 0.2 秒。
❑　repeat_delay：可选参数，主要在重复动画之前添加，单位为毫秒，默认是 0。
❑　repeat：当列表内的系列帧显示完成时，是否继续，默认是 True。

程序实例 ch32_10.py：使用列表存储图像，然后使用 ArtistAnimation( ) 函数调用此列表的系列帧，达到显示动画的目的。

```
1  # ch32_10.py
2  from matplotlib.animation import ArtistAnimation
3  import matplotlib.pyplot as plt
4  import numpy as np
5
6  # 建立动画需要的 Figure 对象和轴对象
7  fig, ax = plt.subplots()
8  # 建立图像数值
9  def f(x, y):
10     return np.sin(x) + np.cos(y) * 2      # 数值相加变成矩阵
11 # 建立 x 和 y 数组
12 x = np.linspace(0, 2 * np.pi, 120)
13 y = np.linspace(0, 2 * np.pi, 120).reshape(-1, 1)
14 # 建立图像列表 pict，每一列皆是一个 frame
15 picts = []
16 # for 循环填满 60 个图像
17 for i in range(60):
18     x += np.pi / 2                        # 建立图像数组 x
19     y += np.pi / 25                       # 建立图像数组 y
20     pict = ax.imshow(f(x, y), cmap='hsv')
```

```
21       if i == 0:                               # 绘制索引 0
22           ax.imshow(f(x, y), cmap='hsv')
23       picts.append([pict])                     # 图像存储到列表
24   # interval = 100，相当于每隔 0.1 秒执行 animate()动画
25   ani = ArtistAnimation(fig, picts,
26                          interval=100,
27                          repeat_delay=500,
28                          repeat=True)
29   plt.axis('off')
30   plt.show()
```

执行结果

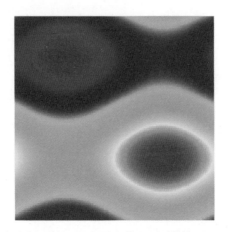

程序实例 ch32_11.py：程序实例 ch32_10.py 因为第 28 行设定 repeat=True，所以会不断地执行，此程序设定 repeat=False，在所有帧显示完成后就终止显示。

```
25   ani = ArtistAnimation(fig, picts,
26                          interval=100,
27                          repeat_delay=500,
28                          repeat=False)
```

执行结果   与程序实例 ch32_10.py 相同，不过所有帧显示完成后，画面会中止。